[口絵1] 本書のテーマとなるスイッチング電源の構成例

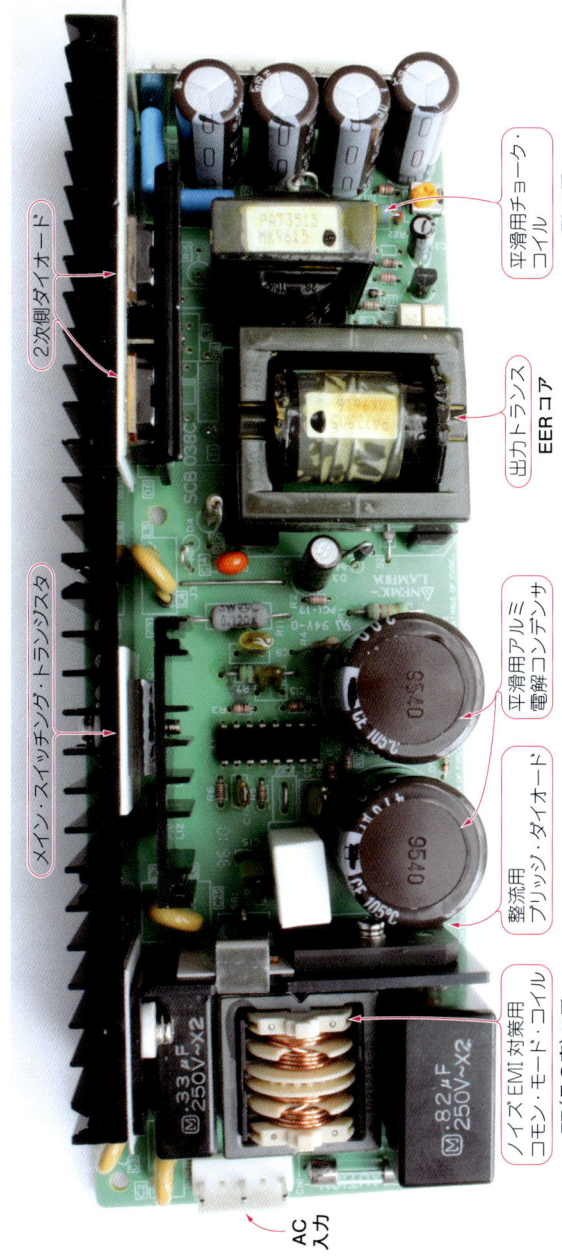

AC100V入力、**DC36V・4.2A**(150W) **出力**の組み込み用電源回路である(デンセイ・ラムダ VS150-36)。フォワード・コンバータと呼ばれる典型的な回路方式。
写真の左側からAC100Vが入力される。AC入力段にはノイズEMI対策に欠かせない**コモン・モード・コイル**が配置。上部を占める黒い部分はメインのパワー・スイッチング用半導体、2次側ダイオードの放熱用フィン。大きい二つのアルミ電解コンデンサのある部分がAC100Vの整流・平滑回路、その上部に制御用DIP ICが並んでいる。
その右に**平滑用チョーク・コイル**があって、出力側平滑コンデンサが並んでいる。
コモン・モード・コイルにはET(日の字形)コア、出力トランスにはEERコア、平滑用チョーク・コイルにはEIコアが使用されている。本書では、スイッチング電源の設計においてとくにわかりにくいと言われているチョーク・コイル、出力トランスの設計についてていねいに紹介する。

口絵1

[口絵2] 大電流用途に向け進化しているチョーク・コイル

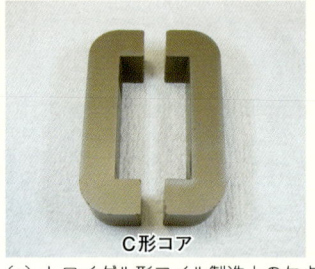

C形コア

(a) トロイダル形コイル製造上の欠点を改善するよう工夫されたC形コア(センダスト材)と呼ばれる大電流チョーク・コイル(東邦亜鉛㈱). 解説はp.136

(b) UU形コア・ブロック(センダスト材)に平角線を巻き線した大電流チョーク・コイル(東邦亜鉛㈱ハイ・パワー・チョーク, 定格40A(240μH)のインバータ用チョーク・コイル). 解説はp.79

(c) EER形コア(センダスト材)にエッジ・ワイズ巻き線を利用した大電流チョーク・コイル(東邦亜鉛㈱タクロンHKコイルEER形シリーズ, 標準品がラインアップされている)

(d) 平角線を使用せず大電流対応を実現したコモン・モード・コイルの一例. 複数の丸形線材を並列化しエッジ・ワイズ状を実現している. 高周波特性も良好(ポニー電機㈱)

[口絵3] スイッチング電源に使用されている出力トランスの例

（a）EE-16コアによる出力トランス　　　　　（b）RM-8コアによる出力トランス

（c）EER-28低背型コアによる出力トランス

（d）PQ-2620コアによる出力トランス

　出力トランスはほとんどがカスタム設計となる．AC入力タイプのスイッチング電源では，絶縁をふくめた**安全規格への対応**も重要であり，トランスの設計・製造には多くのノウハウが必要となる．現実には専門メーカの力を借りなければならないが，小型化・高効率化などの要求も大きいので，回路設計者側でも製造ノウハウの取得がきわめて重要である［写真提供㈱タムラ製作所］

口絵 3

［口絵4］ チョーク・コイル 二つのポイント

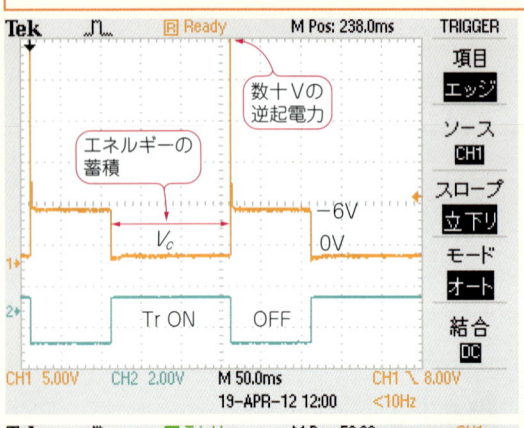

◀コイルにおけるエネルギーの蓄積と逆起電力

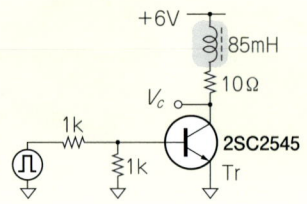

85mHのチョーク・コイルをスイッチング・トランジスタの負荷にしてコイル端の波形を観測した．数十Vの逆起電力を発生していることがわかる

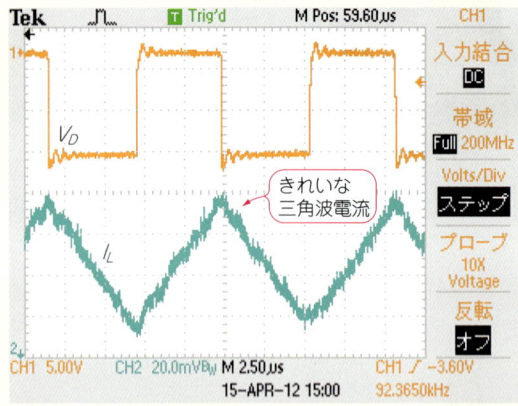

〈過大電流によるチョーク・コイルの磁気飽和を見る実験〉

◀正常なコイル電流I_Lが流れている

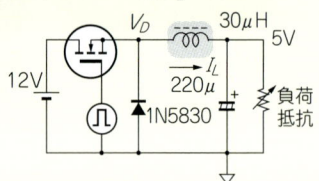

負荷抵抗を可変して，チョーク・コイルに流れる電流I_Lを観測した．上の波形ではきれいな傾斜の三角波だが，負荷電流が大きくなるとチョーク・コイルが飽和して電流波形が非線形になってくる

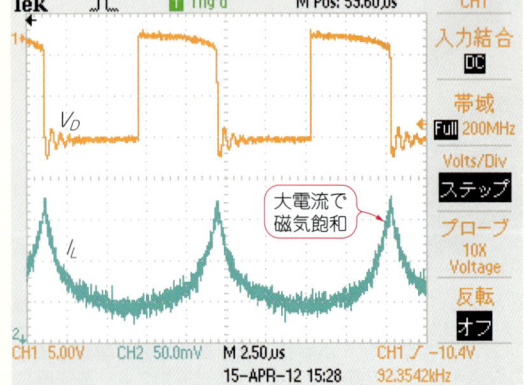

◀コイル電流I_Lが大きく，コイルが磁気飽和に近くなっている．I_Lが小さいときはきれいな三角波電流だが，磁気飽和により電流波形が非線形になっている

［口絵５］ 出力トランス試作の工程 ［この項の執筆：梅前 尚］[1]

〈試作トランスの仕様〉
- 入力電圧：AC85〜265V（ワールド・ワイド入力）
- 出力仕様：5/12/15V，3出力＝58W
- 回路：他励式フライバック・コンバータ方式
- 発振周波数 80kHz

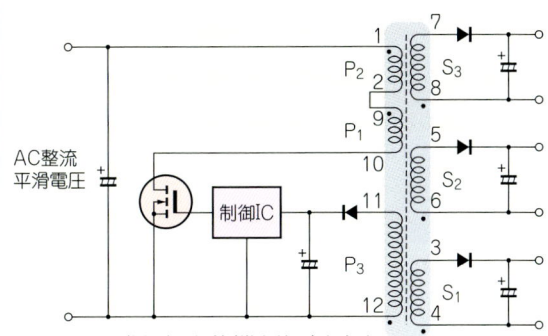

● はトランス巻き線の極性（巻き始め）を表す

（a）試作回路の構成

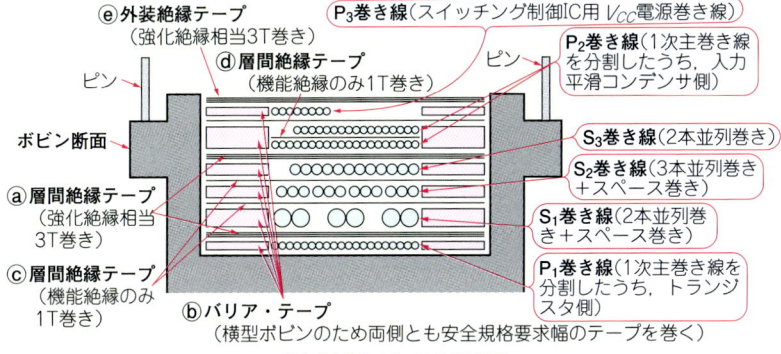

（b）試作トランスの断面図

〈使用する部材〉
- コア：PC40材 EER-35（TDK）
- ボビン：BEER35-1116CP HFR（TDK）
- バリア・テープ：コンビネーション・テープ（ポリエステル・フィルム＋ポリエステル不織布），673F0.27（寺岡製作所）
- 層間絶縁テープ，外装絶縁テープ，クロスオーバ・テープ：ポリエステル・フィルム・テープ，631S#25（寺岡製作所）
- 銅線：1種ポリウレタン銅線（UEW1）

（c）試作したトランスの外観

口絵 5

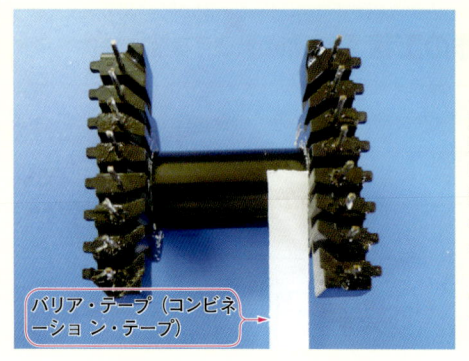

[写真1] まずピン部分にバリア・テープを巻く
ピン側に必要な絶縁距離幅のバリア・テープを巻く．絶縁距離（空間距離・沿面距離）は，トランスおよび製品に適用される安全規格において，1次-2次間の動作電圧と製品の電源電圧，絶縁材料の種類，汚損度などの使用条件により必要な値が決められている．何ミリ必要であるかは都度，最新の規格書を確認する．
バリア・テープにはポリエステル・フィルムにポリエステル不織布などを重ね合わせたコンビネーション・テープが用いられる．テープの厚さは，その層に巻くマグネット・ワイヤの仕上り外径と同じかやや大きい値とする

バリア・テープ（コンビネーション・テープ）

[写真2] 反対側にもバリア・テープを巻く
横型のボビンを使用する場合は，反対側も同じ幅のバリア・テープを巻いて，ピンからの引き出し部と巻き線間の絶縁距離を確保する．縦型のボビンを使用するときは，写真3を参照

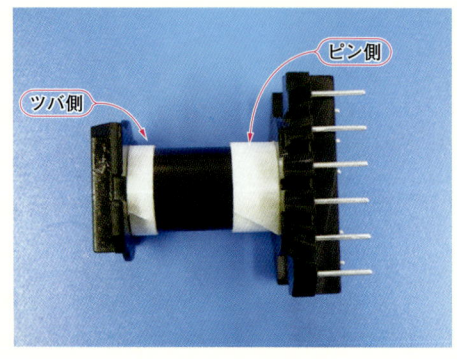

ピン側

ツバ側

[写真3] 縦型ボビンにバリア・テープを巻くとき
縦型ボビンを使用する場合は，ピン側に安全規格で必要な幅以上のバリア・テープを巻いて，ピンから引き出し部と巻き線間の絶縁距離を確保する．ピンと反対側（ツバ側）にはピン側に巻いたバリア・テープの1/2以上の幅のテープを巻き，1次・2次それぞれのテープ幅の合計が必要な絶縁距離となるようにする

口絵6

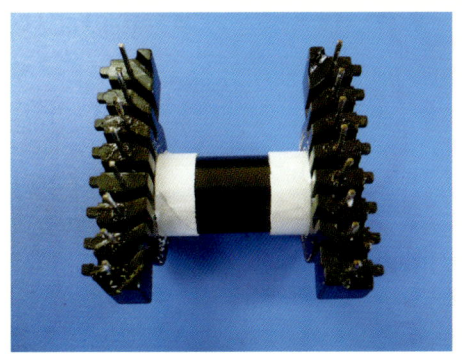

[写真4] バリア・テープの仕上りイメージ
ボビンの両側にバリア・テープを巻くと巻き線準備は完了

[写真5] 1層目の巻き線を巻く
マグネット・ワイヤの端をピンにからげ(写真6)，ボビンに設けられた溝を通してボビン内に引き込み，巻き線作業を始める．通常，1層目にはスイッチング素子のドレイン(バイポーラ・トランジスタの場合はコレクタ)に接続される巻き線を配置して，巻き線から発生するノイズを外側の巻き線でシールドする(図(a)の試作回路を参照)

ワイヤ端をピンに絡げて，ボビンの溝に通す

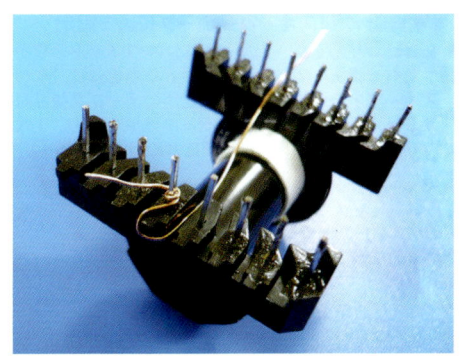

[写真6] マグネット・ワイヤをピンにからげたところ
マグネット・ワイヤ端をボビンの溝に通してから，ピンに1～2回からげて巻き始め部分を固定する．しっかり固定しておかないと，巻き線機を回転させて巻き線作業をする際にマグネット・ワイヤ端がボビンの回転方向に引っ張られてほどけてしまう．ピンに確実にからげるようにすることが重要

口絵 7

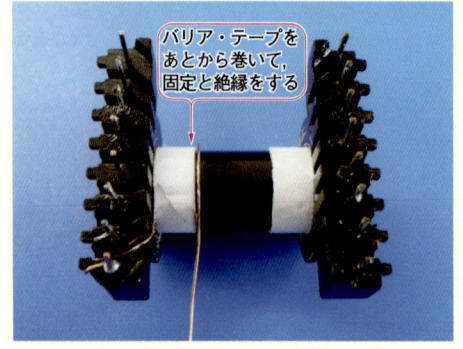

[写真7] バリア・テープで巻き始めを固定する方法
巻き始め部はボビン内に引き込んだ後，バリア・テープのところで直角に曲げて巻き始めるが，このときマグネット・ワイヤが引っ張られて斜めになり，バリア・テープに乗り上げて必要な絶縁距離を確保できなくなったり，後から巻く巻き線の引き出し部とマグネット・ワイヤ同士が接触したりすることがある．これを防ぐために，クロスオーバ・テープを引き込み部に張り付けたり，バリア・テープを後から巻くなどして，引き込み部の固定と絶縁をすることがある

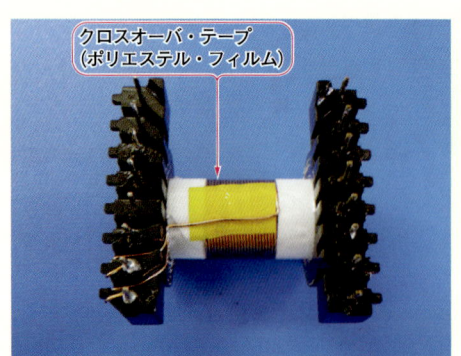

[写真8] 1層目の巻き終わり部を処理する
マグネット・ワイヤを必要数巻いたら，クロスオーバ・テープを張り付けて，巻き始め部との絶縁を確保しながらボビンの外にワイヤを引き出し，ピンにからげる

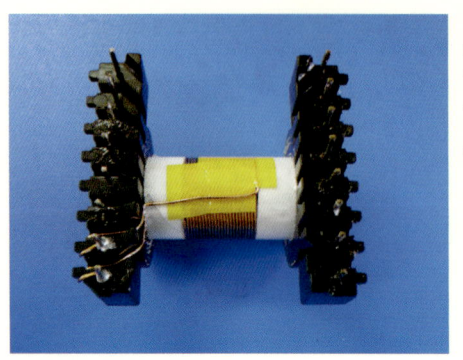

[写真9] クロスオーバ・テープによる固定
巻き終わり部を引き出すときに，マグネット・ワイヤが引っ張られて巻き乱れを生じる場合には，クロスオーバ・テープとは別に固定用のテープを張り付けたり，大きめのサイズにテープを切り取り，1枚のクロスオーバ・テープで固定と絶縁を兼ねる

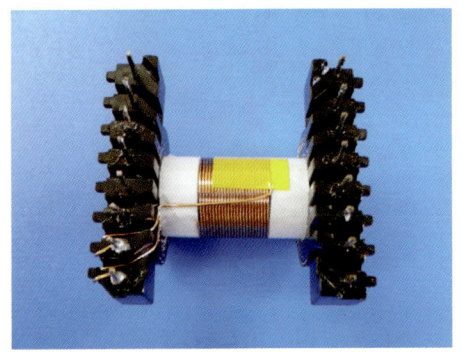

[写真10] 絶縁を必要としない巻き終わり部の処理
低電圧の2次側巻き線のように，巻き始めと巻き終わりの間に絶縁破壊を生じない低電圧しか印加されない巻き線の場合は，クロスオーバ・テープを省略することもできる

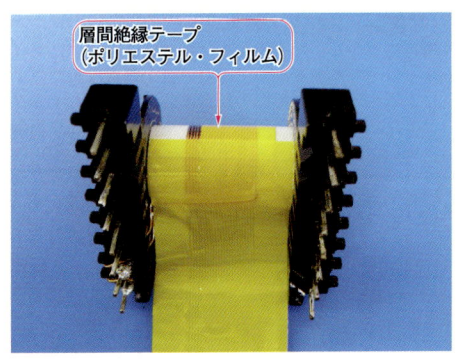

[写真11] 層間絶縁テープを巻く
巻き線を終えたら層間絶縁テープを巻く．1次・2次間の層間絶縁テープは，基礎絶縁相当の絶縁耐量をもつテープでは3ターン，強化絶縁相当のテープでは2ターン巻き，1層の絶縁が壊れても残りの層で絶縁が保てるようにしておく

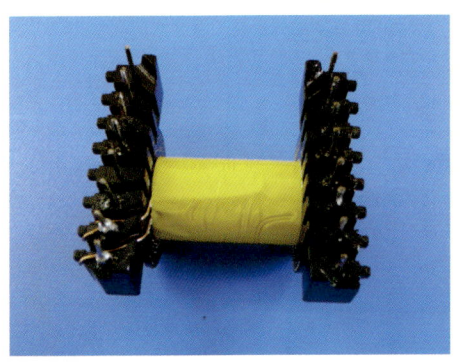

[写真12] 1層目を仕上げる
層間絶縁テープを巻いたら，1層目の作業は完了．テープは全周に渡って必要なターン数が確保できるように，巻き始めたところから少し多めにカットして重なりができるようにしておく

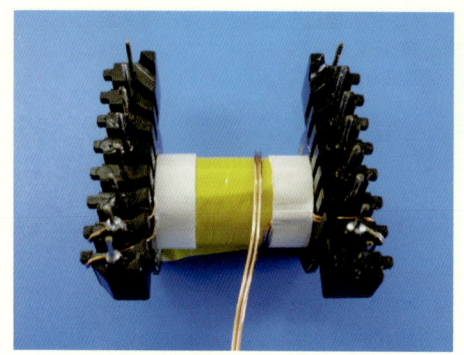

[写真13] 2層目以降を巻く
1層目を巻き終えたら，層間絶縁テープの上からバリア・テープを巻いて1層目と同じ要領で2層目以降の巻き線作業を進める．2本並列巻きとしている

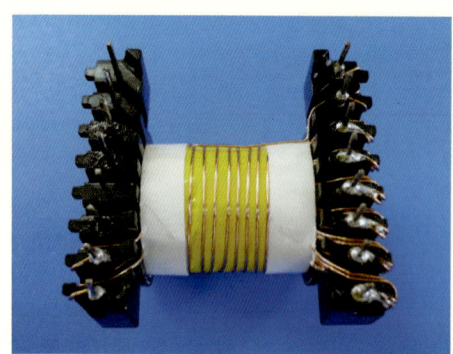

[写真14] スペース巻きで巻く
巻き数が少ない巻き線では，巻き幅いっぱいにマグネット・ワイヤを配置できないことがある．このような場合には巻き線間の結合が悪くなり漏れインダクタンスが増加して効率を下げるので，巻き線が巻き幅いっぱいになるよう隙間を空けて巻く「スペース巻き」と呼ばれる手法を用いて，1-2次間結合を改善することができる

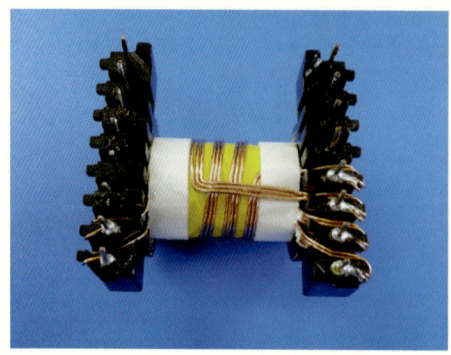

[写真15] 3本並列巻きで巻く
出力電流が多く太いマグネット・ワイヤを使用しなければならない場合で，巻き幅に余裕があるときには，細いマグネット・ワイヤを複数並列に巻いて必要な導体断面積を確保しながら，巻き高さを抑えることのできる「並列巻き」と呼ばれる手法が有効．ただし，あまり並列数を多くすると巻き線作業がしにくくなるので，通常は2～4本程度とする場合が多い

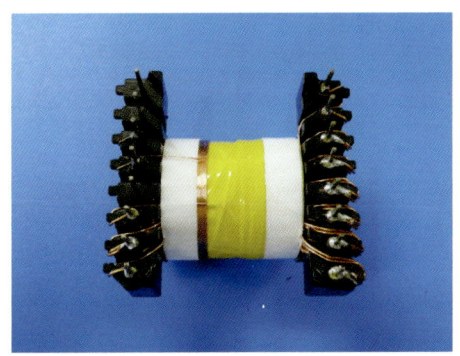

[写真16] 最上層を巻き終える

最上層には1次側の補助巻き線を持ってくることが多い.これは2次側巻き線と異なり大きなエネルギーが伝達されないので,巻き線間の結合が問題にならないためである.ただし,補助巻き線は通常巻き数が少なく巻き幅いっぱいとはならないため,これが原因で出力電圧が不安定になったりノイズの発生要因となるときには,スペース巻きにしたり内側に持ってくることもある

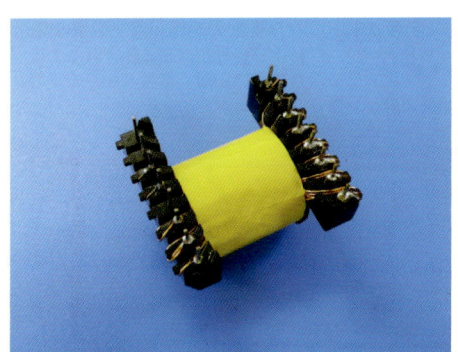

[写真17] 外装絶縁テープを巻きピン部にはんだ付けする

最上層まで巻き線作業が完了したら最後に外装絶縁テープを巻く.外装巻き線テープはコアやトランス周辺の回路部品と巻き線との絶縁を確保するためのものなので,層間絶縁テープと同様に絶縁に必要なターン数を巻く.外装絶縁テープを巻き終えたら,ピン部分をはんだ付けし,マグネット・ワイヤをピンに電気的に接続する

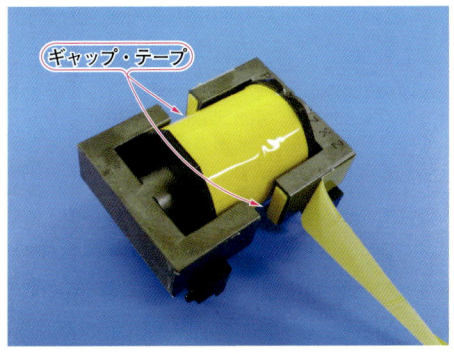

[写真18] コアを取り付ける

巻き線が完了し,ピン部のはんだ付けができたら,コアを取り付ける.ギャップ加工されていないコアを用いる場合には,コアの両足に必要なギャップ厚をもつギャップ紙やテープを貼り付けてギャップを確保する.コアの固定はポリエステル・フィルム・テープを用いたり,接着剤をコア間ならびにコア・ボビン間に塗布する

[写真19] 完成
コアの取り付けを終えるとトランスの完成．必要に応じてこの後ワニス含浸を施す．コアをテープにて固定している場合は，動作中にコアががたついてうなり音の原因となるので，ワニス含浸は必ず行う

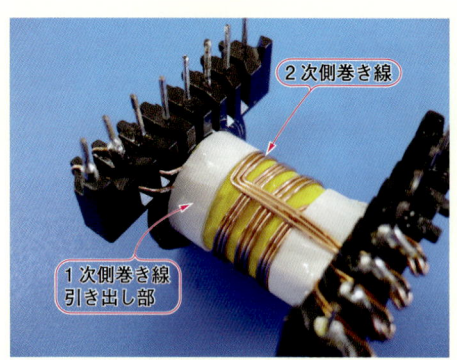

[写真20] トランス内部の絶縁距離が必要な個所
バリア・テープにより絶縁距離が確保されるのは，引き出し部分巻き線間の距離．横型ボビンの場合は両側のピン部分で距離が必要となる

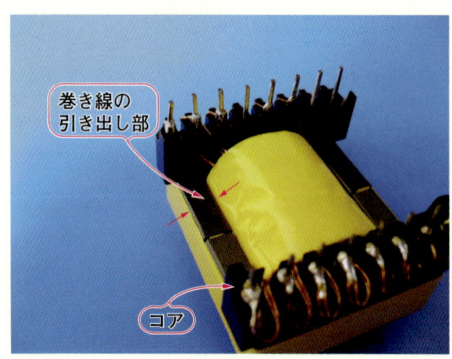

[写真21] トランス外部の絶縁距離が必要な個所
よく見落としがちなのが，巻き線の引き出し部分とコアとの距離．ボビンの両端の溝を利用して引き出す場合，導電体であるコアとの距離が十分に確保できない場合がある．引き出し部の作業のばらつきで距離が取れなくなることもあるので，ボビン端を使用しないようにするか，マグネット・ワイヤに絶縁チューブを通すなどして，コアと巻き線との絶縁を確保する．絶縁チューブには，耐熱性，絶縁性に優れたシリコーン・ワニス・ガラス・チューブなどを使用する

スイッチング電源の
コイル/トランス設計

磁気回路-コア選択-巻き線の難題を解く

戸川治朗[著]
Jiro Togawa

CQ出版社

はじめに

　あらゆる分野の電子機器用電源部として，スイッチング電源が採用されています．中でも本体の電子回路部分と一緒にプリント基板上に実装する，いわゆる**オンボード型電源**の比率がきわめて高くなってきています．そして近年では，小型化とりわけ薄型化の要求が強まり，コイルやトランスの形状がそれを阻害する大きな要因となっています．

　さらに電子機器におけるノイズ発生や電力変換効率，すなわち内部の電力損失に対して，法的な規制値もたいへん厳しい目標値が設定されています．コイルやトランスは，これらの特性を大きく左右する最重要部品といっても過言ではありません．

　スイッチング電源は本来，コイルやトランスといったインダクティブ・デバイスを媒介して，安定ではない入力源から安定化された直流出力へ電力変換し，本体の電子回路へエネルギーを供給するのが目的です．ところがこのインダクティブ・デバイスは，一見きわめて単純な構造なのですが，多岐のパラメータをもっているため最適化された設計をするのは容易ではありません．詳細は本書に紹介していますが，とりわけトランスにおいては電気的に絶縁をしながら電気エネルギーを変換し伝達するという，あい矛盾した機能を果たさなければならない使命をもっています．

　しかも電源部の信頼性や特性は，コイルやトランス設計の良し悪し如何で大きな影響を受けてしまいます．回路方式によっては，大半の動作がトランスの設計に依存しているものもあり，ちょっとしたミスで大きな事故や障害にいたる場合も少なくありません．ですから，当初の設計時点から細心の注意を払っておかなければならないわけです．たとえば，同じ材料で同じ電線を同じ数だけ巻き線したとしても，巻き方一つで特性に変化が生じてしまうというたいへん厄介な代物です．

　電子回路自体は比較的簡単な測定器で動作を確認することが可能ですが，コイルとりわけトランスにいたっては目論見どおりの動作状況にあるかどうかの判定をすることさえ，決して容易ではありません．その大きな理由としては，巻き線内部にコアつまり鉄芯を挿入すると，コアの見えない挙動によって特性や動作状態が決定されてしまうからです．表現が適切かどうかは別として，コアというのはたいへん観念的な電子材料で，これを使用しているコイルやトランス類もたいへん理解しに

くい部品なのです．

　相当の経験をもった技術者ですら，可能ならば避けて通りたいと思う部品がコイルやトランスともいえます．しかし，そうはいかず皆がたいへん苦慮をしているところです．多くの技術者がトライ・アンド・エラーを繰り返しながら，詳細を詰めているのが現状ではないでしょうか．

　本書では，ときには比喩的な表現も使いながら，コアの特性と使い分けをできるだけ平易に解説したつもりでいます．また，巻き線する電線の選択やどの程度の数を巻けばよいのかなども，種々のスイッチング電源の回路方式に応じて解説してあります．

　完璧というのは至難の業ですが，できるだけ最適化されたコイルやトランスで安定した，しかも効率の良いスイッチング電源回路を設計するうえでの一助になることを願っております．

2012年7月　著者

スイッチング電源のコイル/トランス設計

目次

[口絵1] 本書のテーマとなるスイッチング電源の構成例
[口絵2] 大電流用途に向け進化しているチョーク・コイル
[口絵3] スイッチング電源に使用されている出力トランスの例
[口絵4] チョーク・コイル 二つのポイント
[口絵5] 出力トランス試作の工程 [執筆：梅前 尚]

はじめに ──────────────────────── 003

第1章 チョーク・コイルとトランスのあらまし ──── 011

1-1 チョーク・コイルのしくみと働き ────── 011
インダクタ/チョーク・コイル/リアクトル… 011
抵抗器…どのような周波数でも一様に電流を制限する 011
コイル…交流を流れにくくする 012
コイルのインピーダンスとは 013
コイルはエネルギーを蓄える 015
コイルに発生する逆起電力 016
高周波コイルとしての性能指数と自己共振周波数 018

1-2 トランスのしくみと働き ────── 020
トランスを使う目的…エネルギーの変換と伝達 020
どのようにエネルギー変換が行われるのか 021
2次側巻き線は複数でもよい 022
電流を変換するときは変流器 023
インピーダンス変換器としても 024
パルス・トランス…ドライブ・トランスとしても使用 025

第2章 コイル/トランスのコア材を徹底理解する ──── 027

2-1 コア材の役割と特性 ────── 027
なぜコアを使うのか 027
磁気エネルギーの伝達効率を上げるために 029
コアを選ぶときの最初のキーワードは透磁率 μ 030
外形・形状から決まるコア定数 C_1 031
大電流・高インダクタンスは大型コアが必要になる 032
コアの特性は磁束密度と起磁力…B-H曲線で表す 034
コアには残留磁束密度と保持力がある 036
動作時の磁束密度 $\varDelta B$ は 036
コアの透磁率…初透磁率と実効透磁率 038
コアの特性は材質によって決まる 039
Column(1) 透磁率，比透磁率，初透磁率，実効透磁率 033

目次 | 005

2-2 コア材の温度特性と損失 ──── 040
キュリー温度と透磁率 μ の温度特性　040
飽和磁束密度 B_s の温度特性　041
コア自身の発熱要因は鉄損…ヒステリシス損＋渦電流損　041
巻き線による損失…銅損＋渦電流損　043
高周波では巻き線の表皮効果による影響もある　044

2-3 コアを磁気飽和させないように使うには ──── 045
磁気飽和を起こさないように使うことが基本　045
インダクタ…チョーク・コイルの電流特性　045
磁気飽和を抑えるには B-H 曲線をなだらかに… μ を下げる　048
ギャップをどのように入れるか　050
ギャップ挿入とインダクタンス/実効透磁率 μ_e の変化　051
ギャップを入れることによる新たな問題点　052
漏れ磁束を防ぐには電磁シールド　052
Column(2) トランスの熱暴走？　046
Column(3) CGS→SI 変換　053

2-4 コア材料 種類のあらまし ──── 054
電流の向きで磁化が反転する軟質磁性材　054
  2-4-1 低周波用に使われるコア　055
  商用周波数トランスに使われている電磁鋼板(珪素鋼板)　055
  小型化したいときはパーマロイ・コア　057
  2-4-2 金属系粒子(パウダ)によるコア　058
  AC ライン・フィルタ用に使われている鉄ダスト・コア　058
  チョーク・コイルに多用されているセンダスト・コア　059
  高周波損失が小さい MPP およびハイフラックス・コア　060
  直流重畳特性に優れている鉄系アモルファス・コア　064
  B-H 曲線の角形比が大きいアモルファス・コア　064
  可飽和リアクトルとして注目されているファインメット・コア　065
  2-4-3 形状自由度が大きいフェライト系コア　066
  Mn-Zn フェライトと Ni-Zn フェライト　066
  スイッチング電源用の主流 Mn-Zn フェライト・コア　067
  高温度での磁気飽和を改善した High B 材フェライト・コア　069
  高周波用フェライト・コア　069
  低損失フェライト・コア　071
  インダクタンスを稼ぎたいとき有用な High μ 材フェライト・コア　072
  Ni-Zn 系フェライト・コア　073

2-5 コアの各種形状と使い分け ──── 075
理想に近い形状…トロイダル・コア(リング・コア)　075
ドラム形…小型チョーク・コイル用コアの形状　077
大電流用チョーク・コイルの形状　078
小容量電源トランスでは EE/EI コアが多い　079
スイッチング電源トランスの主流になっている EER コア　080
巻き太りしないチョーク・コイルに適した PQ コア　081
薄型化のために用意された EPC コア　082
CT やコモン・モード・コイルに適した UU 形コア　082

第3章 コイル/トランスの製作…巻き線の実践ノウハウ —— 087

3-1 巻き線…電線の選択はどうする？ —— 087
耐熱と絶縁から電線の種類を決める　087
電流の大きさから電線径を決める　088
高周波では細い線を並列にすることもある…リッツ線　091
高電圧を扱うときは絶縁を強化した3層絶縁電線　092
大電流に対応するには銅板…平角線　095

3-2 トロイダル・コアを巻いてみる —— 097
もっとも試作・実験しやすいコア　097
トロイダル・コアに何ターン巻くことができるか　098
巻き線の準備…巻き線長の算出　099
トロイダル・コアへの実際の巻き線　101
2A・60μHのチョーク・コイルを考える　102

3-3 巻き線以外に用意するもの —— 103
コアとセットのボビンを利用　104
絶縁保持のための絶縁テープ　106
巻き線の引き出し部に絶縁チューブ　106

3-4 実際の巻き線作業 —— 107
EI形コアを例にすると　107
層間紙を入れるとき　108
大きな電流を流すとき…並列巻き　109
コアとボビンの固定　109

3-5 実際のコアにどのくらい線が巻けるのか —— 111
Column(4)　巻き枠(ボビン)がないと巻き線できない　111
Column(5)　薄型化トランスの本命になってきたプレーナ・トランス　114

第4章 スイッチング電源用チョーク・コイルの設計 —— 115

4-1 チョーク・コイルのあらまし —— 115
基本はLCフィルタ…リプル・フィルタおよびノイズ・フィルタとして　116
エネルギーを蓄積/放出するチョーク・コイル　117
チョーク・コイルがもっている電流特性　120

4-2 フォワード・コンバータのチョーク・コイル設計 —— 122
絶縁電源2次側整流回路のチョーク・コイル　122
チョーク・コイルの中の電流はどうなっているか　123
コイルを飽和させずに流せる直流電流の大きさがポイント　124
大電流を流し大きなインダクタンスを求めると大型コアになる　126
ギャップを使ってMn-Znフェライトの直流重畳特性を改善する　126
チョーク・コイルに流れる電流を算出する　128
リプル電流はどのようにして決まるか　129
出力電流が減少すると電流不連続モードになる　130
電流不連続モードをさけるためのインダクタンス値を決める　130
12V・5A出力のためのインダクタンスの計算　132
過電流保護を想定した最大電流から直流重畳特性を求めておく　133

4-3 大電流対応チョーク・コイルの設計 ── 134
- ダブル・フォワード・コンバータ用チョーク・コイル 134
- 48V・5A（240W）出力コンバータのとき 135
- ブリッジ・コンバータ用チョーク・コイル 136
- 大電流用コアは何を使うか 139
- Column(6) 大電流対応のC形コイル 136

4-4 電流の大きさで特性が変化するチョーク・コイル ── 141
- 間欠発振を防止するためのスインギング・チョーク 141
- スインギング・チョーク・コイルをどのように作るか 142
- くさびギャップを使用する方法 143
- EI形コアにくさびギャップ…スペーサを使う 145

4-5 力率改善…昇圧型PFCコンバータ用チョーク・コイルの設計 ── 145
- 力率改善…PFCとは 145
- 240W出力PFC回路（電流臨界モード）のチョーク・コイル 148
- 電流ピーク値からチョーク・コイルの定数を算出する 149
- センダスト・コアで考える…2個のコイルを直列に 150
- Mn-Znフェライト・コアを使うと 152

4-6 非絶縁DC-DCコンバータ用チョーク・コイルの設計 ── 152
- 降圧コンバータ（5V→3.3V・5A）用チョーク・コイル 153
- フライバック・コンバータのチョーク・コイル 155
- 昇圧型コンバータ用チョーク・コイルの設計（24V・5mA） 156
- 実際のチョーク・コイルを決める 157

4-7 スイッチングするコイル…可飽和リアクトルによるマグアンプの利用 ── 159
- コアの磁気飽和を利用してスイッチングさせるマグアンプ 159
- MAのスイッチング時間制御 161
- 可飽和リアクトルMAの選択 162
- 入出力電圧差が大きいときのマグアンプの設計 164

第5章 スイッチング電源用トランス設計のあらまし ── 165

5-1 トランスの基礎知識 ── 165
- トランスの基本的な働き…励磁電流が流れる 165
- チョーク・コイルにも励磁電流は流れる 166
- トランスの等価回路 168

5-2 フォワード・コンバータ用トランスはリセットが必要 ── 169
- トランスの磁気リセットとは 169
- 磁気リセット回路のしくみ 170

5-3 トランスのギャップと漏れ磁束とシールド ── 172
- *B-H*曲線の直線部分を使用する 172
- 残留磁束密度*Br*の大きさに注意しなければならないとき 173
- フライバック・コンバータではギャップ付きトランス 174
- ギャップ付きトランスでは漏れ磁束への対策が必要 174
- シールドの問題点…渦電流による発熱 175
- ノイズ発生要因となる漏れインダクタンス 176
- 漏れインダクタンスを利用するトランスもある 177
- Column(7) オートトランスとその応用 178

Appendix	**商用周波数用電源トランスの仕様** ──────── 180
	小型ドロッパ電源では　180
	トランスの2次側出力電圧を決める　180
	トランスの仕様を決める　182
	そのほかの仕様　183
	入力電圧上昇によるトランスの磁気飽和　183 / 2次側電圧の変動　183
	トランスの温度上昇　184

第6章	**スイッチング電源用トランスの設計** ──────── 185
6-1	**スイッチング電源のあらましとトランス** ──── 185
	自励式と他励式　185
	出力容量で回路方式が異なる　185
	出力トランスの大きさはどのようにして決まるか　187
6-2	**フォワード・コンバータ用トランスの設計** ──── 188
	コア材の選択…原則としてHigh μ材 低損失タイプから選ぶ　189
	1次側巻き線の計算は　190
	2次側巻き線の計算　192
	複数(マルチ)出力を得るとき　192
	5V・30A＝150Wコンバータのトランス設計　193
6-3	**フル・ブリッジ・コンバータ用トランスの設計** ──── 195
	数kWに対応する出力回路　195
	低損失コアを選ぶ　196
	1次側巻き線の決定　198
	2次側巻き線の決定　198
	12V・50A＝600W出力トランスの設計　199
6-4	**RCC方式出力トランスの設計** ──── 201
	小出力容量では現在も主流　201
	コア材質の選択…B_sの高いコアが良い　202
	1次側巻き線の決定とインダクタンス　202
	2次側巻き線のインダクタンスと巻き線数　204
	ギャップによってインダクタンスを調整する　205
	24V・1.5A＝36W出力トランスの設計　206
6-5	**PWM制御フライバック・コンバータ用トランスの設計** ──── 209
	電流波形によるトランスの動作モードをどうするか　209
	直流重畳電流に注意する　210
	トランスのインダクタンス決定　211
	直流重畳特性を確認する　212
6-6	**ハイ・サイド駆動に効果…ドライブ・トランスの設計** ──── 213
	ドライブ・トランスとは…パルス・トランス　213
	ONドライブ方式のしくみ　215
	ONドライブ用トランスの設計　216
	2次側の巻き数　217
	UUコアへのギャップ設定　217
	ONドライブ回路の設計　219
	OFFドライブ回路の構成　220

第7章 ノイズ・フィルタのコイル設計 ── 223

7-1 スイッチング・ノイズ発生 二つのモード ── 223
電子機器のノイズとは　223
ノイズ発生の主因はスイッチング　224
ノイズ発生箇所を表す二つのモード　225

7-2 ノーマル・モード・フィルタの役割 ── 226
ノーマル・モード・フィルタの使用は限定的になっている　226
ノーマル・モード・ノイズはXコンデンサで抑える　228
実際のノーマル・モード・コイル…数十kHz以下では鉄ダスト・コア　229

7-3 コモン・モード・フィルタの役割 ── 230
コモン・モード・コイルでライン・インピーダンスをそろえる　230
コモン・モード・コイルはノイズを打ち消す　233
ノイズ打消しのしくみ　234

7-4 コモン・モード・コイルの実際 ── 235
トロイダル・コアが定番　235
広帯域特性の良いコイルを作るには　236
フィルタのポイントはインピーダンス-周波数特性　238
コア形状による特性の影響は　239
トロイダル・コアによるコモン・モード・コイルの課題　240
分割巻きを可能にした「日」の字形コア　241
低域にノイズが集中するときのコモン・モード・コイル　243
ノイズの帯域が広いときは2段直列ノイズ・フィルタ　245

7-5 フェライト・ビーズでノイズを抑える ── 247
線を通すことを目的とした形状…ビーズ・コア　247
ダイオード逆回復時のノイズ発生を抑える　250
アモルファスやファインメット・ビーズ・コアが効く　251
フォワード・コンバータにおけるダイオード逆回復特性の改善　253

第8章 コイル/トランスの測定 ── 255

8-1 コイル/トランスにおける基本測定 ── 255
インダクタンスの測定　255
直流電流重畳特性の測定　256
トランス巻き数比…ターン・レシオの測定　257
コモン・モード・コイルの測定　258
結合の良し悪しを測る…漏れインダクタンスの測定　259
トランス巻き線極性の確認　260

8-2 スイッチング電源としての安全性確認 ── 261
絶縁特性の確認　261
絶縁耐圧の確認　262
温度上昇の測定(抵抗法と温度計法)　262

参考・引用文献 ── 265
索引 ── 267
著者略歴 ── 271

第1章
チョーク・コイルとトランスのあらまし

電子回路，とくに電源回路には多くのチョーク・コイルやトランスが
さまざまな目的で使われ，それぞれ重要な役割を担っています．
はじめに電源回路，とくにスイッチング電源に使用されている
チョーク・コイルとトランスの目的や基本特性から紹介します．

1-1　チョーク・コイルのしくみと働き

● インダクタ/チョーク・コイル/リアクトル…

　チョーク・コイル(Choke Coil)はほぼ同義の受動部品としてインダクタ(Inductor)と呼ばれることがありますが，本書ではチョーク・コイルという用語を使うことにします．**口絵1～3**に，スイッチング電源やDC-DCコンバータに使用されているチョーク・コイルおよびトランスの一例を示しました．

　チョーク・コイルはリアクトル(Reactor)と呼ばれることもあります．語意から考えると，とくにコイルに蓄積したエネルギーを利用する動作(たとえばチョッパ型コンバータなど)のときに使われる用語と言えます．したがって，スイッチング電源に使用されるチョーク・コイルの多くは，本来の意味からはリアクトルのほうがふさわしいかもしれません．しかし，一般にはチョーク・コイルという用語が広く使用されており，本書ではチョーク・コイルで統一することとしました．

　チョーク・コイルは電源回路以外でも，ノイズ&EMI(ElectroMagnetic Interference：電磁波による干渉)対策などに幅広く使用されています．また，材料(コア材＋電線)さえ入手しておけば簡単に手巻きすることができるので，**自作できる**ことも大きな特徴です．

● 抵抗器…どのような周波数でも一様に電流を制限する

　電気・電子回路において抵抗器は，**図1-1**に示すように回路に流れる電流を制限

[図1-1] 抵抗器にパルス波形を加えると
抵抗器は理想的には抵抗成分だけ. よって周波数特性はない. パルス波形を加えても電流波形, 電圧波形とも変わらない

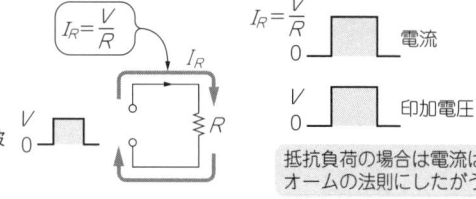

するために用いられているのはご存じのとおりです. 抵抗の存在する回路に流れる電流I_Rは, オームの法則に従って$I_R = V/R$となります. 流れる電流I_Rの大きさは, 加わる電圧が直流でも交流でもパルス波形でも方形波でも同様に, この式に従って決定されます. つまり, 流れる電流の大きさは周波数に関係なく, 抵抗Rの大きさ…値によって制限されるということです.

抵抗Rの抵抗値は(Ω)を単位として表されます. このとき抵抗Rは, 電流を制限する代償として電力を消費します. 電力を消費すると, 消費電力に比例した発熱…損失が生じます. このときの消費電力…電力損失をP_Rとすると,

$$P_R = I^2 \cdot R = \frac{V^2}{R} \quad \cdots\cdots\cdots\cdots\cdots\cdots\cdots\cdots\cdots\cdots\cdots\cdots\cdots\cdots\cdots\cdots\cdots\cdots\cdots\cdots\cdots\cdots\cdots\cdots\cdots (1\text{-}1)$$

の損失が発生します.

● コイル[注1-1]…交流を流れにくくする

ここで抵抗RをコイルLに置き換えてみます. コイルは直流に対して(理想的には)電流を制限することはありません. コイルは(理想的には)直流に対する抵抗成分は0なのです(実際には0ということはなくて, ものにもよるが巻き線による数mΩ～数Ωの値をもつ). **図1-2**に示すように交流を加えると, (電圧が同じであれば)周波数の高低によって流れる電流の大きさが変化します. 低い周波数であればある程度の電流が流れますが, 周波数が高くなると周波数に比例して電流が流れにくくなります. このときの流れにくさがインダクタンスと呼ばれます.

つまり, コイルを流れる電流の大きさはインダクタンスによって制限されるわけです. そして, 印加する電圧が正弦波交流であれば流れる電流の波形も正弦波になりますが, このときの電流は印加された電圧に対して位相が90°遅れて流れます.

図1-3に示すように方形波(矩形波)電圧を印加すると, 流れる電流はコイルLの

(注1-1)本書ではコイルとチョーク・コイルは使い分けしている. コイルのほうが広義で, コア(鉄芯)のない空芯コイルを含んでいる. チョーク・コイルは一般にコアと一体になっている. コアがあることでインダクタンスを稼ぐことができる.

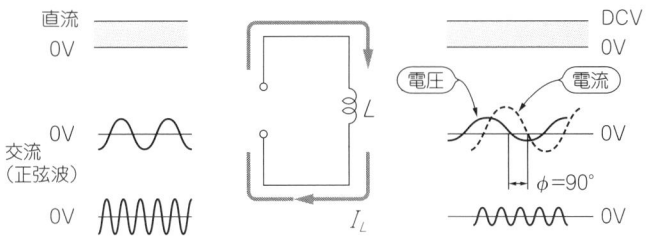

[図1-2] コイルに正弦波電流が流れると
波形の形は変わらないが，電流は流れにくくなるため，波形では位相が90°遅れてしまう．周波数が高くなると電圧/電流とも周波数上昇に比例して振幅が減少する

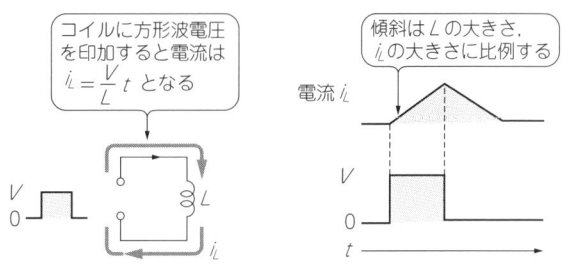

[図1-3] コイルに方形波電圧を加えると
方形波を加えると電流波形は時間とともに増大する積分波形になる．このときの電流波形の傾斜はインダクタンスの大きさに関連する．大きなインダクタンスだと傾斜はゆるくなる（コイルが磁気飽和を起こしていないとき）

　もつインダクタンスの大きさによって制限を受けることになります．印加される電圧が方形波だと，電流は時間とともに直線的に増加します．電圧が印加された瞬間から時間に対して直線的に増加していき，（理想的には）電圧が切れる（0Vになる）まで流れ続けます．これがコイルの重要な基本的特性です．
　抵抗Rの抵抗値（Ω）に相当するコイルLの値を表すのがインダクタンスですが，単位にはH（ヘンリー）が用いられています．**図1-3**においてコイルの中を流れる電流i_Lは，

$$i_L = \frac{V}{L} \cdot t \quad \cdots\cdots\cdots\cdots\cdots\cdots\cdots\cdots\cdots\cdots\cdots\cdots\cdots (1\text{-}2)$$

となります．コイルに印加する電圧が直流あるいは方形波状の場合には，コイルを流れる電流i_Lは印加する電圧に比例して増加し，さらに時間に対して1次関数的に増加をします．

● コイルのインピーダンスとは
　電気・電子回路の中にコイルを使う目的の一つに，交流電流の大きさを制限しようとする働きがあります．たとえば**図1-4**に示すように，電源回路の整流ブロック

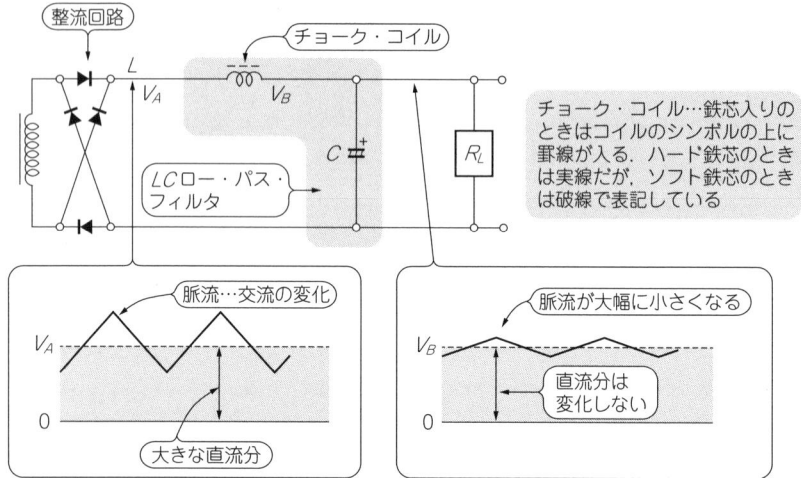

[図1-4] チョーク入力型整流回路の構成例
電源回路におけるチョーク・コイルの典型的な使い方．整流後の脈流…リプルを小さくしてきれいな直流を得るのが主目的．LC部分を見るとロー・パス・フィルタ構成になっている

から数Aあるいは数十Aなどの大きな直流電流を取り出したい場合があります．しかし整流直後の直流電圧には交流成分…いわゆるリプル電圧が重畳されています．きれいな直流電圧分だけを得ようとするとリプル電圧は不要というか，邪魔になってしまうのです．このように重畳しているリプル電圧…脈流成分を除去したいときコイルが使われます．リプル・フィルタやチョーク・コイルと呼ばれているものが，これに相当します．

ただし，実際のコイルには（理想的には0であるべきだが，巻き線による）直流抵抗分があるので，流れる（直流成分の）電流の大きさによって電圧降下を生じ，結果として電力損失を発生してしまいます．

コイルは交流成分の電流を抑制することが目的です．コイルが交流電流を抑制する能力…直流の抵抗値に相当するものをインピーダンスといいます．このインピーダンスの値はZで表され，

$$Z = \omega L = 2\pi f L \quad \cdots\cdots\cdots\cdots\cdots\cdots\cdots\cdots\cdots\cdots\cdots\cdots\cdots\cdots (1\text{-}3)$$

となります（fは周波数）．

コイルに流れる電流i_Lは，

$$i_L = \frac{V}{Z} = \frac{V}{\omega L} = \frac{V}{2\pi f L} \quad \cdots\cdots\cdots\cdots\cdots\cdots\cdots\cdots\cdots\cdots\cdots (1\text{-}4)$$

となります.理想的なコイルでは直流に対するインピーダンスが0になりますから,直流成分による電圧降下は発生しないことがわかります.

交流電流を抑制する能力は,コイルのインダクタンス値に比例しますし,周波数にも比例します.同じ周波数であればインダクタンスの大きなコイルほど交流電流を抑制する能力が高くなります.また,周波数が高ければ小さなインダクタンスのコイルでも,電流抑制の能力が高くできることになります.

DC-DCコンバータやスイッチング電源などではスイッチング周波数の高周波化がよく議論されていますが,周波数を高くすることはコイルやトランスの小型化,ひいては装置の小型化につながるのです.

● コイルはエネルギーを蓄える

コイルは交流成分を流れにくくすること以外に,コイルの中を流れた電流によって,コイル内部にエネルギーを蓄積するという大きな特徴があります.このエネルギーpは,

$$p = \frac{1}{2} L \cdot i_L^2 [\text{J}] \quad \cdots\cdots\cdots\cdots\cdots\cdots\cdots\cdots\cdots\cdots\cdots\cdots\cdots\cdots\cdots\cdots\cdots\cdots \text{(1-5)}$$

と表されます.単位のJはジュール量と呼ばれるものです.

このジュール量は1回だけコイルに蓄えられるエネルギー量を表していますが,単位時間当たりの蓄えられるエネルギー量p_wはこれを周波数倍して,

$$p_w = \frac{1}{2} L \cdot i_L^2 \cdot f [\text{W}] \quad \cdots\cdots\cdots\cdots\cdots\cdots\cdots\cdots\cdots\cdots\cdots\cdots\cdots\cdots\cdots \text{(1-6)}$$

となり,電力量Wで現すことができます.

コイルに蓄えられるエネルギーはコイルのインダクタンスLと,流れた電流i_Lの2乗に比例した値で決まります.コイルのインダクタンスLが一定だとすると,印加する電圧に従って流れる電流i_Lの傾斜が変化しますから,電圧が高くなれば同じ時間tでも電流値は大きくなり,蓄えられるエネルギー量p_wはその2乗に比例して増加するわけです.

逆に,同じ電圧を印加してもその時間tが長ければ,時間に比例して電流は増加しますから蓄えられるエネルギー量が増加します.

スイッチング電源回路ではこれらの作用を利用して,エネルギーの蓄積/放出により電力変換を行う例がたくさんあります.図1-5は非絶縁型DC-DCコンバータ…チョッパ・コンバータにおける電力変換の一例です.

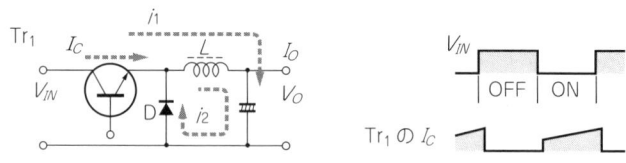

- 入力と出力が絶縁されていない
- Tr_1がONとすると出力電流I_Oを流しながら，Lにエネルギーを蓄える
- Tr_1がOFFすると，Lの逆起電力で，Dを通してi_2が流れる

[図1-5] コイルのエネルギー蓄積/放出を利用したDC-DCコンバータの例

チョッパ型コンバータと呼ばれている．降圧コンバータの例だが，回路構成を少し替えるだけで昇圧あるいは極性反転のコンバータを構成することができる．動作は第4章で詳しく紹介している．スイッチング電源のもっとも簡単な事例

● コイルに発生する逆起電力

図1-6に示すようにコイルに対してある一定時間，直流電圧を印加して電流を流してみます．すると，この間に流れる電流は先に示したように，時間に対して1次関数的に直線で増加します．そして印加電圧を切った時点で流れた電流i_Lは，

$$i_L = \frac{V}{L} \times t$$

となりますが，このときコイルにはエネルギーp_wが，

$$p_w = \frac{1}{2} L \cdot i_L^2 \cdot f [\text{W}] \quad \cdots\cdots\cdots\cdots\cdots\cdots\cdots\cdots\cdots\cdots\cdots\cdots\cdots\cdots\cdots\cdots\cdots (1\text{-}7)$$

と蓄えられます．

ここで蓄えられたエネルギーによって，コイルには今までとは逆極性の電圧が発生します．これを逆起電圧といい，この逆起電圧によって自分で蓄えていたエネルギーを放出します．これを逆起電力といいます．逆起電力によって，図1-7に示すように外部に電流を流し出します．

このとき，コイルに流れる電流の性格は非常に重要です．外部に流れ出す電流i_rは，印加されていた電圧Vが切れた瞬間に流れていた電流iと同じ値から，逆起電力による電流の放出が始まるのです．つまり，コイルへの電流は必ず連続して流れるという性格をもっています．

外部に接続された抵抗Rの値を変化させても，この現象は変わりません．ただし，コイルに蓄えられたエネルギーは一定ですから，抵抗値Rの値を変化させると放出

[図1-6] コイルへの印加電圧と蓄積されるエネルギー
印加電圧が2倍になると,電流傾斜も比例的に2倍になる

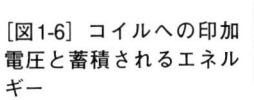
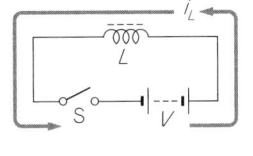
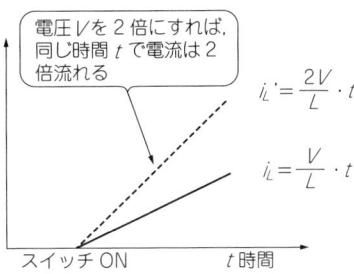

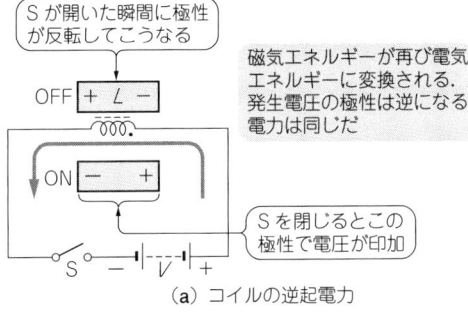

(a) コイルの逆起電力

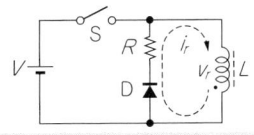

コイルLの逆起電圧v_rはSがOFFしても抵抗Rで抑えられてあまり高くならない

逆起電圧 $v_r = i \cdot R = \dfrac{V \cdot t}{L} \cdot R$

$\left(i = \dfrac{V}{L} \cdot t \right)$

コイルの逆起電力は場合によっては大きなノイズになる.こんなときには逆起電力を吸収することが必要だ.逆起電力によってダイオードDが導通するが,直列抵抗RがないとダイオードDへのストレスが大きくなる

(c) 逆起電力の抑えかた

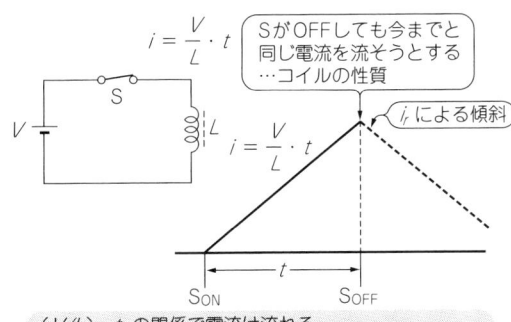

(V/L)・t の関係で電流は流れる.
しかし,この電流は永遠に流れるわけではなく,コイルが磁気的に飽和するまで.これによりコイルにはエネルギーが蓄積される

(b) コイルに流れる電流

[図1-7] コイルの発生するエネルギー…逆起電力

する電流i_rの傾斜は変化します.

つまり,Rの値が高ければ電圧が高くなって電流の傾斜は急激になり,短時間で0になります.Rの値が低ければ電圧が低くなって長い時間をかけて0になってい

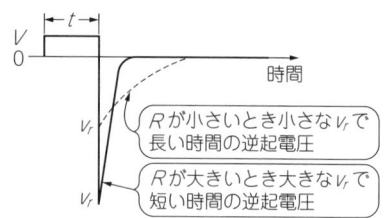

[図1-8] 逆起電力発生のようす
コイルに並列抵抗を入れると逆電圧v_rの波形は変化する．しかしエネルギーの発生総量は変わらない

きます．このときコイルが発生する逆起電圧v_rは，抵抗値Rに比例します．Rの値が高ければ高い電圧を発生するし，低ければ低い電圧を発生することになります．

図1-8に示すように抵抗を接続していないような場合は，外部からの電圧が切れた瞬間に非常に高い電圧が発生してしまいます．コイルのサージ電圧などと呼ばれていて，電気回路での大きなノイズ原因の一つになることがあります．

● 高周波コイルとしての性能指数と自己共振周波数

ここまでの説明において，コイルはほぼ純粋なインダクタンスをもつものとして紹介しました．しかし，現実の電子部品に純粋・完全なものはありません．現実のコイルは純粋なインダクタンスではなく，大なり小なり巻き線による直流抵抗分や寄生成分としての抵抗分，浮遊容量分が存在します．その結果，実際のコイルは図1-2や図1-3に示したものとは異なり，図1-9に示すようなやや複雑な等価回路になります．

スイッチング電源の動作周波数は，一般に20kHz～数百kHz程度です．そのため実際のコイル設計において，寄生成分や浮遊容量が懸念するほど大きく影響するケースはあまりありません．しかし，スイッチング周波数をより高くしたいときや小型化を図りたいときには，以下に示す二つのパラメータの影響が表面化してくる

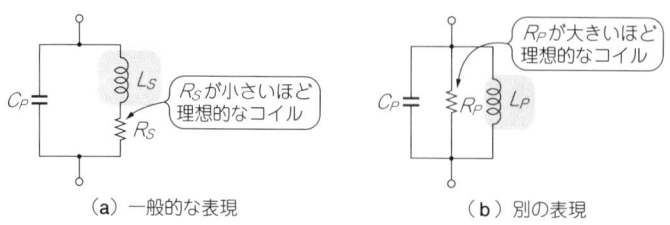

(a) 一般的な表現　　　　　(b) 別の表現

[図1-9] コイルの詳しい等価回路
高周波的に見たときの等価回路である．図においてL_SとL_Pが本来のコイル成分だが，実際は寄生成分として直列抵抗分や並列容量分が加わる．スイッチング電源回路においても，数百kHz以上を扱うようになると寄生成分を無視できなくなる

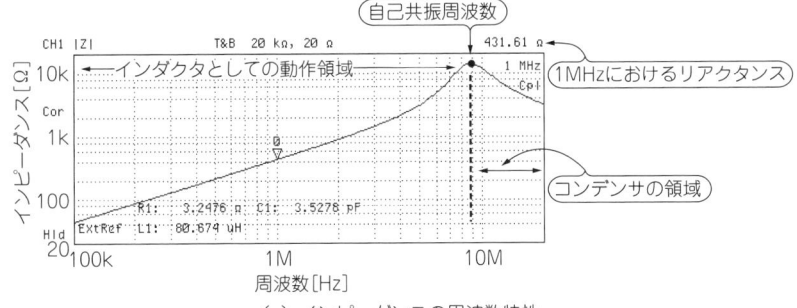

(a) インピーダンスの周波数特性

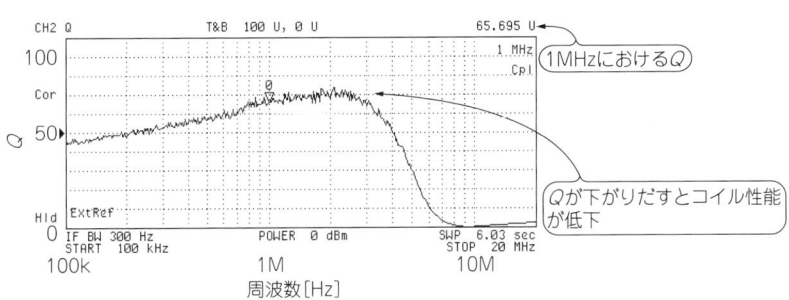

(b) クオリティ・ファクタの周波数特性

[図1-10] (32) **実測したコイルのインピーダンス-周波数特性とQの周波数特性**
トロイダル・コアに巻き線した68μHのコイルの特性．自己共振周波数SRFは，インピーダンス-周波数特性から観測することができる

ことがあります．高周波コイルとしての性能指数を表すQ(クオリティ・ファクタ…Quality factor)と，自己共振周波数 SRF(Self Resonant Frequency)についてです．
　図1-10に，実際のコイルを測定したときの性能指数Qと自己共振周波数 SRFの一例を示します．QおよびSRFはともに高い値になることが理想です．コイルのQは一般にインダクタンスL_S値と直流抵抗分R_Sの比で示され，

$$Q = \frac{2\pi f L_S}{R_S} \quad\quad\quad\quad\quad\quad\quad\quad\quad\quad\quad\quad\quad\quad\quad\quad\quad\quad (1\text{-}8)$$

で求められます．一般には数十以上のQが必要とされています．
　一方，コイルは動作周波数領域が自己共振周波数SRFを超えると，コイルではなくコンデンサのようなふるまいになります．SRFを超えるとコイルとしては機能しないということです．

1-1 チョーク・コイルのしくみと働き | **019**

1-2 トランスのしくみと働き

トランスというと世間一般では"夢うつつ状態"になってしまいますが，電子回路ではトランスフォーマ（Transformer）のことを略してトランスと呼んでいます．日本語にすると変成器となります．

「コイルとトランスは違うもの？」と思われるかもしれませんが，物理的な特性を考えるときにはまったく同一です．巻き線が一つのものが（複数巻くものもあるが）コイルで，複数の巻き線を設けたものがトランスと考えると理解しやすいかもしれません．ただ，トランスの応用は奥が深く，究極のアナログ世界の一つともいえます．

● トランスを使う目的…エネルギーの変換と伝達

すべてを捉えた表現ではありませんが，トランスは交流電力を電気的に絶縁な

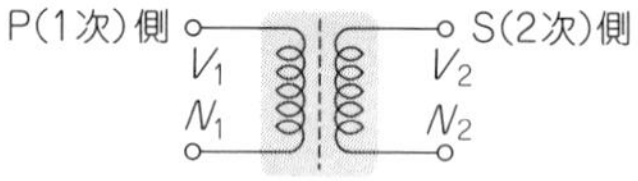

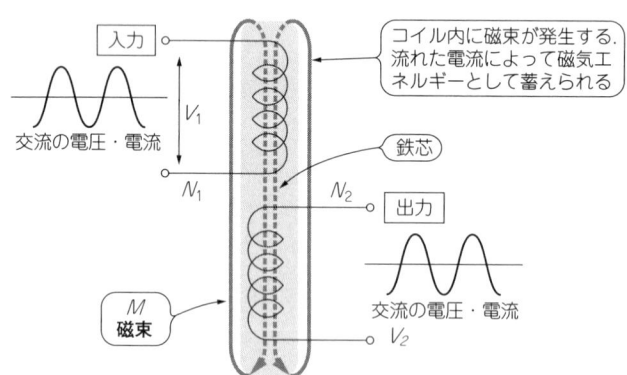

[図1-11] トランスの表記
コイルの表記と似ている．一般に1次側（入力側）と2次側（出力側）がある．1次側＝Primary，2次側＝Secondaryともいう．鉄芯の表記に注意する

ハード鉄芯のときは実線，ソフト鉄芯のときは破線を使用している

[図1-12] トランスのしくみ
電源用に限れば，基本は共通のコア…鉄芯に1次コイルと2次コイルを巻き，磁気結合によって電気エネルギーを伝達することにある．エネルギーが電圧でも電流でもかまわない．ただし，交流しか伝わらない

がら変換したいときに使用されます．トランスは回路図では，**図1-11**に示すように表現します．二つの巻き線N_1, N_2間は電気的には接続されていません．絶縁されています．

図1-12に示すように，トランスのほとんどは共通のコア（鉄芯）を持って二つの巻き線を重ねたり，ごく近くに配置します．そして片方の巻き線N_1に交流電圧V_1を印加します．すると印加された電圧の波形や大きさに従い，目には見えませんが**磁束**と呼ばれるものが発生します．磁束とは磁気的なエネルギーのことを意味しています．そして別の巻き線N_2を見ると，N_1に印加した交流電圧V_1に比例した電圧が発生しています．つまり，電気エネルギーが磁気エネルギーに変換され，再び電気エネルギーに変換されていることを意味します．

N_1とN_2はそれぞれ単体コイルなのですが，V_1による磁束がコイルN_2の中を通過することによって，コイルN_2の中で磁気エネルギーが電気エネルギーに変換されているのです．ということは，電気的に絶縁された二つのコイルN_1とN_2の間で，磁気によって電気エネルギーを伝達できたことになります．電気エネルギーをE，磁気エネルギーをMとすると，$E \rightarrow M \rightarrow E$というエネルギー変換が実行されることになるわけです．

● どのようにエネルギー変換が行われるのか

トランスでは入力側巻き線N_1を1次側巻き線，出力側巻き線N_2を2次側巻き線と呼びます．それぞれをP側，S側とも表します．PrimaryおよびSecondaryの頭文字をとったものです．N_1側巻き線のことを**励磁巻き線**と呼ぶこともあります．はじめに電気エネルギーを供給して磁束を発生させるからです．

トランスによるエネルギーの変換は皆さんがよく知っている法則に従います．トランス2次側電圧V_2は各巻き線の巻き数に比例し，交流電流I_2は巻き数に反比例します．それぞれを式にすると，

$$V_2 = \frac{N_2}{N_1} \cdot V_1 \quad \cdots\cdots (1\text{-}8)$$

$$I_2 = \frac{N_1}{N_2} \cdot I_1 \quad \cdots\cdots (1\text{-}9)$$

となります．

トランスでは1次側および2次側両方の電力はまったく等しく，電圧および電流値はそれぞれの巻き線の巻き数によって任意に設定できます．（理想的に磁束が漏れない，漏らさない限り）総合的な電力は変化しません．たとえば$N_1 = 100\text{T}, N_2 = 200\text{T}$

のとき，1次側の供給電圧V_1が100VACであれば，理想的には2次側出力電圧は200VACとなり，出力電流$I_2 = 1$Aであれば，入力側電流I_1は2Aということになります（実際には，ほかに励磁電流分などが加算される）．

● 2次側巻き線は複数でもよい

2次側巻き線は，一つでなくてもかまいません．物理的に可能であれば**図1-13**に示すように，2次側に三つの巻き線があれば，それぞれを$N_{2\text{-}1}$, $N_{2\text{-}2}$, $N_{2\text{-}3}$とします．各巻き線に発生する電圧は，

$$V_{2\text{-}1} = \frac{N_{2\text{-}1}}{N_1} \cdot V_1$$

$$V_{2\text{-}2} = \frac{N_{2\text{-}2}}{N_1} \cdot V_1$$

$$V_{2\text{-}3} = \frac{N_{2\text{-}3}}{N_1} \cdot V_1 \quad\cdots\cdots\cdots\cdots\cdots\cdots\cdots\cdots\cdots\cdots\cdots (1\text{-}10)$$

となります．また2次側電流はそれぞれ，

$$I_{2\text{-}1} = \frac{N_1}{N_{2\text{-}1}} \cdot I_{1\text{-}1}$$

$$I_{2\text{-}2} = \frac{N_1}{N_{2\text{-}2}} \cdot I_{1\text{-}2}$$

$$I_{2\text{-}3} = \frac{N_1}{N_{2\text{-}3}} \cdot I_{1\text{-}3} \quad\cdots\cdots\cdots\cdots\cdots\cdots\cdots\cdots\cdots\cdots (1\text{-}11)$$

$$I_1 = I_{1\text{-}1} + I_{1\text{-}2} + I_{1\text{-}3} \quad\cdots\cdots\cdots\cdots\cdots\cdots\cdots\cdots\cdots\cdots (1\text{-}12)$$

となります．

ただし，このときのI_1は2次側の各巻き線に流れた電流を巻き数比で1次側に換

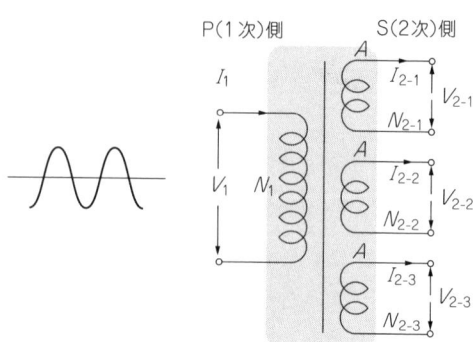

[図1-13] 複数巻き線のトランス
2次側巻き線は複数あってもかまわない．複数の（回路間）絶縁した電源を構成することも容易である．トランスの何よりの特徴は絶縁した新たな電源を用意することともいえる

算したものの合算値となります．1次側と2次側とでは電力が等しくなりますから，
$$P_1 = P_{2\text{-}1} + P_{2\text{-}2} + P_{2\text{-}3} \quad\cdots\cdots\cdots\cdots\cdots\cdots\cdots\cdots\cdots\cdots\cdots\cdots\cdots\cdots\cdots\cdots\cdots\cdots\cdots\cdots\cdots\cdots(1\text{-}13)$$
となります．

このようにトランスは巻き数を任意に設定することで，一つのトランスで何種類もの電圧や電流を同時に取ることが可能になります．

● 電流を変換するときは変流器

すでに述べたように，トランスは巻き線の巻き数や使い方を変えると，電圧も電流も任意に変換することが可能です．

主に電圧を変換する目的のものを変圧器(電圧変成器)といい，スイッチング電源をはじめとする電源装置などではメイン部品になっています．一方，電流を変換することを目的に使われるものを変流器(電流変成器)と呼んでいます．カレント・トランス…CTとも呼ばれています．トランスというと一般には電圧変成器を指すことが多く，変流器という言葉にはなじみが少ないかもしれませんが，いわゆるCTです．

パワー・エレクトロニクス回路において，たとえば商用電源(AC100V)ラインに流れている数A～数十Aという電流の，測定・制御を行いたいケースは少なくありません．しかし，商用電源ラインに流れている電流を直接電子回路の中に取り込むことは，感電や地絡あるいはノイズ対策などの面でたいへん危険です．一般にはCTを介して電気的に絶縁し，電流検出・測定を行います．つまり，電流センサ的な使い方がなされています．図1-14に変圧器と変流器について働きの違いを整理しておきます．

(a) 変圧器: $V_2 = \dfrac{N_2}{N_1} \cdot V_1$ と電圧を変換

(b) 変流器: 通常N_1は1ターンだけ巻く，$I_2 = \dfrac{N_1}{N_2} \cdot I_1$ と電流を変換

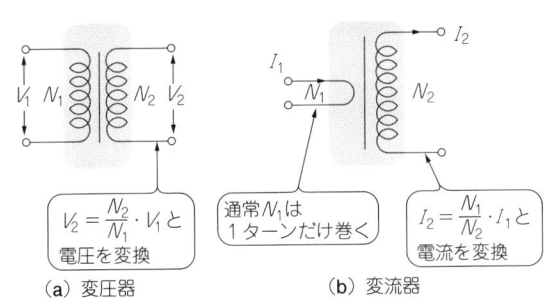

[図1-14] 変圧器と変流器
電子回路における変流器…CTは，一般に(モータなど)大きな電流を制御したりするための測定に使用されることが多い．よって入力1次側巻き線は1T(ターン)，出力2次側が数百～数千ターンとなるケースが多い

(a) 貫通型　　　　　　　(b) クランプ型

[写真1-1](2) トランスの原理に基づく変流器（CT）の一例
ここに示すCTの電流変換特性は，トランスの原理，したがってコア材などの特性に依存している．最近は電流センサとして，DC〜，あるいは広帯域な周波数特性などのニーズも増えてきている．CTの技術開発も求められている

電源回路に限らずパワー制御回路においては，CTの応用を知っていると便利なことが多くあります．**写真1-1**にパワー・エレクトロニクス回路で使用されているCTの一例を示します．

● インピーダンス変換器としても

電源用に特化した本書には登場しませんが，トランスにはもう一つの変換作用があります．インピーダンスの変換です．つまり電圧-電圧変換，電流-電流変換，インピーダンス変換の総称が変成器…トランス（フォーマ）です．

電源設計において，トランスによるインピーダンス変換を行うケースはまずないと思われますが，トランスをインピーダンス変換に利用している例は知っておいた

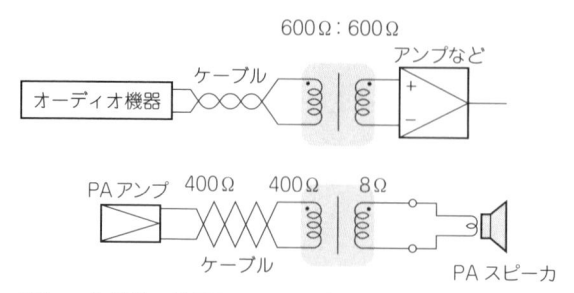

[図1-15] 線路の絶縁とインピーダンス変換
従来から多く使用されているのはオーディオ・ライン用，公衆電話線と接続する伝送機器など．もちろんLAN回線（イーサネット）などでも絶縁とインピーダンス整合のために規格化されたものが使用されている

[図1-16] トランスを使ったインピーダンス変換
インピーダンスは巻き数比の2乗で変換される．オーディオ用の場合は帯域が広くなるので，大型になる

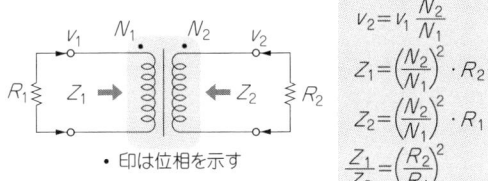

$$v_2 = v_1 \frac{N_2}{N_1}$$
$$Z_1 = \left(\frac{N_2}{N_1}\right)^2 \cdot R_2$$
$$Z_2 = \left(\frac{N_2}{N_1}\right)^2 \cdot R_1$$
$$\frac{Z_1}{Z_2} = \left(\frac{R_2}{R_1}\right)^2$$

・印は位相を示す

ほうが良いと思います．

　現在でも一般的に使用されているのは，図1-15に示す伝送線路用，マイク用トランス，ライン用トランスあるいは(真空管)オーディオ・アンプ出力における絶縁とインピーダンス・マッチング用などでしょうか．いずれも使用周波数範囲を特定する必要があります．

　図1-16に，トランスによるインピーダンス変換の構成を示します．インピーダンスは巻き数比の2乗で変換されます．たとえば真空管アンプによる$R_S = 5\mathrm{k}\Omega$出力ラインを$R_L = 8\Omega$スピーカ用に変換するには，巻き数比n_0は，

$$n_0 = \sqrt{\frac{R_S}{R_L}} = \sqrt{\frac{5000[\Omega]}{8[\Omega]}} = 25 = \frac{N_1}{N_2}$$

となって，たとえば$N_1 = 2500$ターン，$N_2 = 100$ターンという巻き数比のトランスを用意することになります．ただし，この例はオーディオ用トランスを想定しているので，トランスとしての周波数特性を，目的とするオーディオ帯域で広くカバーできる必要があります．低域の延びたトランスを実現しようとすると大きなインダクタンスをもつトランスが必要ですが，大きなインダクタンスにすると今度は高域での周波数特性が悪化します．

　いずれにしても，高音質を実現する広帯域トランスを製作するには高度なノウハウが必要になります．

● パルス・トランス…ドライブ・トランスとしても使用

　スイッチング電源におけるトランスの多くは出力トランスとしての用途です．本書をお求めの多くの方のニーズもそちらにあると思います．しかし，大出力スイッチング電源の設計に足を踏み入れていくと，大出力パワー回路の設計技術が必要になり，大出力パワーMOS FETを上手に駆動するための回路技術が重要になります．最近はドライブ・トランスと呼ばれることが多いようですが，ここにパルス・トランスが利用されています．

[図1-17] パルス・トランスとは
パルス・トランスは本来はアナログ・パルスの波形を損なわないようにすることが目的であった．波形を損なわないようにするには広帯域化が重要だが，小型・コンパクトに作りたいという要請から，特異な分野として発展した．専業メーカも現れるにいたった

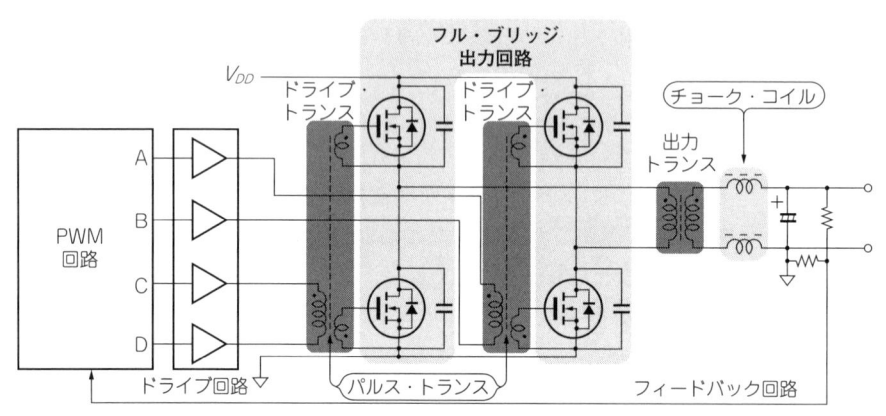

[図1-18] フル・ブリッジ出力回路におけるドライブ回路の構成例
大出力・高速ドライブを行うにはパワーMOS FETの駆動回路が重要．フォト・カプラでは伝搬遅延時間が問題となるケースが多い

　パルス・トランスは図1-17に示すように，パルス信号の絶縁とインピーダンス変換あるいはレベル変換用に従来から利用されているもので，スイッチング電源用出力トランスの設計技術とも多くの共通点をもっています．

　図1-18にパワーMOS FETによるフル・ブリッジ出力回路の構成例を示します．高速・高効率の出力駆動を望むのであれば，ドライブ・トランスを上手に設計するのが性能的にもコスト的にも一番です．パワーMOS FETのドライブにフォト・カプラを使用する傾向もありますが，筆者はトランスを使うほうが合理的と考えています．詳しくは第6章の設計例で紹介します．

スイッチング電源のコイル/トランス設計

第2章
コイル/トランスのコア材を徹底理解する

チョーク・コイルやトランスに挿入されるコアは，いわゆる電子部品ではありません．磁性材料であり，磁気回路部品と呼ばれるもので，エレキ屋が苦労する部分です．しかも，理想あるいは万能というコアはありません．用途・回路に応じて最適特性の磁性材を選択し，適切な設計・製作を行うことが良いコイル/トランス，ひいては特性の良い電源装置につながります．

2-1　コア材の役割と特性

● なぜコアを使うのか

　電源回路に使われるチョーク・コイルやトランスには，必ず内部にコア(core)を挿入します．コアのことを日本語では鉄芯といいますが，材料に鉄系素材が用いられているからです．コアは磁気的な特性をもっているので，磁性材料という呼び方もします．**写真2-1**に，スイッチング電源回路においてチョーク・コイルやトランスに使用されているコアの外観を示します．

　じつは**図2-1**に示すように，コアがなく，電線をただグルグル巻いただけでもコイルになります．**空芯コイル**と呼ばれています．このような円筒型コイルのインダクタンスは長岡係数を使った計算式から導くことになりますが，ここでは煩雑になるので割愛します．

　それどころか1本の電線でも，あるいは極端にいうとプリント基板の銅箔パターンでさえコイル…インダクタンスとしての性質をもっています．参考までに1本の電線あるいはパターンによるインダクタンス値を**図2-2**に示しておきます．**長さ**

[図2-1] 電線を巻いただけでもコイルになる
空芯コイルという．スイッチング電源用ではなく，高周波回路用で数μH以下のオーダでは空芯コイルになる例が多い

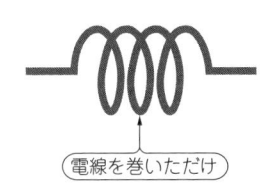

（電線を巻いただけ）

[写真2-1] (3) **チョーク・コイルやトランスに使用されるコアの外観**(写真提供:TDK㈱)

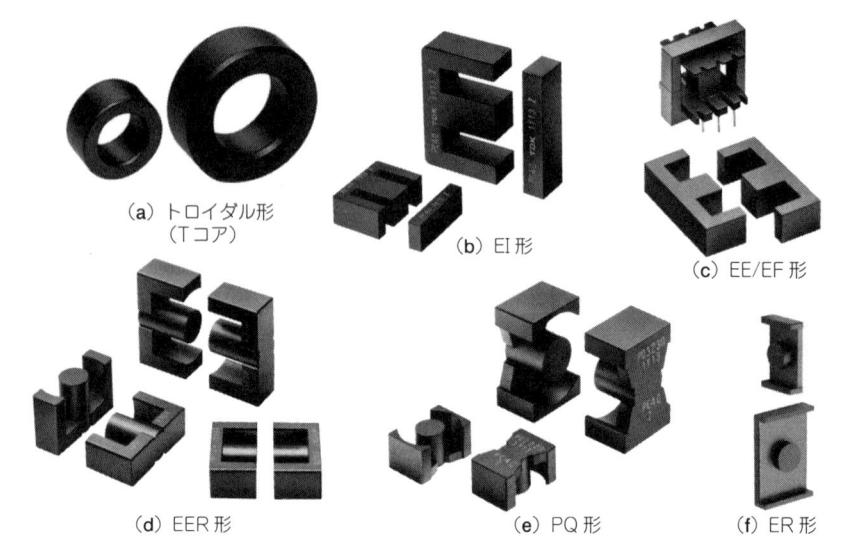

(a) トロイダル形 (Tコア)
(b) EI形
(c) EE/EF形
(d) EER形
(e) PQ形
(f) ER形

コアがチョーク・コイル用とかトランス用とかに決まっているわけではない. どう設計するかによってチョーク・コイルになったりトランスになったりする

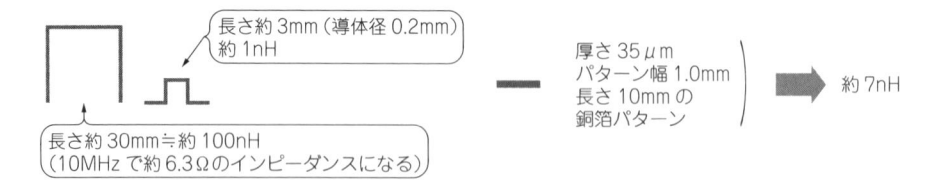

[図2-2] **1本の電線にもインダクタンスがある**

長さ約3mm(導体径0.2mm) 約1nH
長さ約30mm≒約100nH (10MHzで約6.3Ωのインピーダンスになる)
厚さ35μm パターン幅1.0mm 長さ10mmの 銅箔パターン
約7nH

コイルにすることを目的にしていない線やパターンでも, 数十MHz以上の帯域で使用すると結果的にコイルのふるまいになってしまうことがある. 高周波, あるいは高速ディジタル回路などではトラブル要因になることがある

3mmで約1nHのインダクタンスをもつということは知っておくといい数値です.

 とは言え, 電源回路である目的にそってコイルを動作させるために, 空芯コイルで必要なインダクタンスを得ることは容易ではありません. 空芯コイルで必要なインダクタンスを得ようとするとあまりにも多くの電線を巻かなくてはならず, 大型化してしまい実用的ではありません. それを解消するためにもコア…鉄芯が有効なわけです.

 コアを挿入する目的は二つあります. 一つはエネルギーの変換効率を上げるためで, もう一つは必要なインダクタンスを小型な形状で得るためです.

● 磁気エネルギーの伝達効率を上げるために

図2-3に示すように二つの巻き線を上下(あるいは近距離)に重ねるとどうなるでしょうか. (これはトランス構造ですが…)二つの巻き線が近距離にあれば, 1次側巻き線に交流電流が流れることで, **アンペアの法則**により発生した磁束は2次側巻き線の中を通過します. よって, 1次側巻き線が2次側を励起したことになります. 1次側巻き線は**励磁巻き線**とも呼ばれます. しかし, 図のような磁気的にオープンな構造では, 磁束すべてが必ず元に戻ってループを形成するとは限りません.

磁束ループの途中に何らかの金属板があったとします. すると磁束は金属板の中を通るとき, 金属板の中に**渦電流**と呼ばれるものを発生し, 最終的にはそこで電力に変換され, 損失になってしまうのです. せっかく励磁巻き線でエネルギーを使って発生した**磁束のすべて**が, 2次側への電力伝達に役立つということはなく, ほかの部分での損失にもなっているわけです. 結果, トランスとして見るとエネルギー伝搬の効率はかなり低下してしまいます. このように漏れ消えてしまう磁束を, **漏れ磁束**あるいは**リーケージ・フラックス**と呼んでいます.

実際のコイルやトランス巻き線においては, 図2-4に示すように効率的な磁束ループを作って, 磁束が外部へ漏れたり損失することをできるだけ少なくすることが

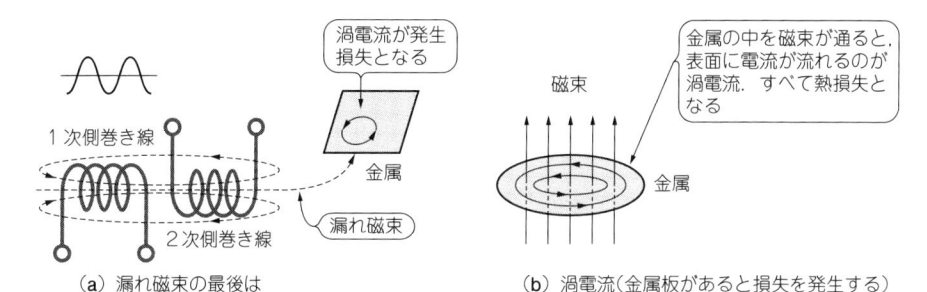

(a) 漏れ磁束の最後は

(b) 渦電流(金属板があると損失を発生する)

[図2-3] コイルに電流が流れると磁束を発生する. 磁束の行方は？
磁束は必ず閉ループを作ろうとする. 金属があると, 金属にぶつかってそこで渦電流を発生し, 渦電流損を生じる

[図2-4] すべての磁束がループを形成するのが理想
磁束を有効活用するには磁路がきちんと閉じているのが理想. 閉磁路型コアの代表はトロイダル(リング)形コア

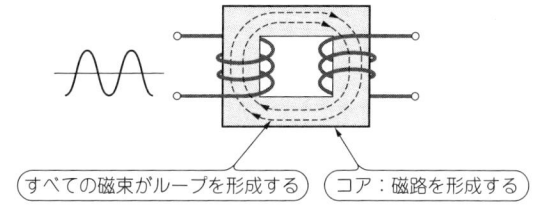

2-1 コア材の役割と特性 | 029

重要です．コイルやトランスにコアを挿入する大きな目的が，このような磁束の通り道…すなわち**磁路**を作ってやることです．

一般に鉄系金属は磁束が通りやすく，これをコイルの中に入れるとほとんどの磁束がコアの中を通ります．励磁巻き線…1次側巻き線で発生した磁束がコアを通してループを形成できるので，効率よくエネルギー伝達を行うことができます．このような磁束の通りやすさ・通りにくさのことを，コア材料の**磁気抵抗**といいます．良いコア材は磁気抵抗が低いわけです．

通常の電源回路では空芯コイルは使用しません．（ほぼ）必ずコアを使用します．しかし，コアを使用するがゆえに，設計条件は使用するコア材の磁気特性で決定されることになります．逆にいうと，**コア材の特性に応じた最適設計**をしなければ十分な特性が得られないというわけです．設計を誤ると，場合によっては重大な問題を引き起こす原因になってしまいます．

● コアを選ぶときの最初のキーワードは透磁率 μ（ミュー）

コイルにコアを挿入すると，電線巻き数が空芯コイルと同じなら，インダクタンスを数十～数千倍にすることができます．

[表2-1][(4)] **代表的なコア材料の透磁率および諸特性**
透磁率 μ はインダクタンスを得るときのもっとも基本的な数値．磁気飽和すると0になる

品名		主用途	直流初比透磁率 μ_i(DC)	飽和磁束密度 B_S[T]	抵抗率 [$\mu\Omega \cdot cm$]	キュリー点 [℃][(注)]
純鉄		—	300	2.15	11	770
珪素鋼板 （電磁鋼板）	3%Si-Fe	低周波用途	1000	2.00	45	750
	6.5%Si-Fe		3000	1.80	82	690
パーマロイ	PB(50%Ni-Fe)		2500～4500	1.55	40	500
	PC(78%Ni-Fe)		10000～100000	0.70～0.80	60	350～400
センダスト		チョーク・コイル用	30000	1.10	80	500
鉄系ナノ結晶		チョーク・コイル用	20000～100000	1.23	120	570
Mn-Znフェライト		スイッチング電源用	1500～10000	0.35～0.40	10^3	130～250
Ni-Znフェライト		ノイズ・フィルタ用	20～1000	0.20～0.30	10^6	110～350
アモルファス	鉄系	可飽和リアクトル用	200～8000	1.30～1.80	135～140	300～420 (480～550)
	コバルト系		10000～100000	0.60～1.00	136～142	200～370 (520～550)

（注）数値はすべて代表値．アモルファス材料の（　）内温度は結晶化温度．キュリー点は比透磁率が1になる温度

コアには材料から決まる固有の透磁率と呼ばれる値があります．**透磁率**とは磁気回路で使用する言葉ですが，**磁束を通しやすくする度合い**のことで，μ（ミュー）で表します．**表2-1**に，おもなコア材の透磁率および諸特性を示しておきます．コアを挿入しない空芯コイルの内部は空気ですが，空気の透磁率μは1.0です．対してコアは材質にもよりますが，必ず1以上の透磁率をもっています．透磁率は，電気回路における導電率といえます．

コアに巻き線したコイルのインダクタンスLは一般に，

$$L = \frac{\mu \cdot N^2}{C_1} [\text{H}] \quad \cdots\cdots\cdots (2\text{-}1)$$

と表されます．インダクタンスLは透磁率μの大きさに比例して大きくなることがわかります．さらにインダクタンスLの大きさはコイルの巻き数Nの2乗に比例します．

● **外形・形状から決まるコア定数C_1**

C_1は**コア定数**と呼ばれています．コアの外形・形状…**実効磁路長**ℓ_eと**実効断面積**A_eから決まる係数（ℓ_e/A_e）です（**図2-5**）．磁路長ℓ_eは断面中心部の長さで，これを実効磁路長あるいは**平均磁路長**と呼んでいます．最近のコア材のカタログには，パラメータとしてコア定数C_1を示すケースが多くなっています．コア定数C_1が小さくなると，同じ巻き数でもインダクタンスLは大きくなります．

なお，チョーク・コイル用コア材などにおいては，容易にインダクタンスを算出するために**A_L値**（AL valure）…**インダクション係数**と呼ばれるものを使用することがあります．A_L値を使うとインダクタンスLは，

$$L = A_L \cdot N^2 \quad \cdots\cdots\cdots (2\text{-}2)$$

によって求めることができます．つまりA_L値は（μ/C_1）ということになります．

図2-5にコアの実効磁路長と実効断面積の定義を示します．（a）が閉磁路になった

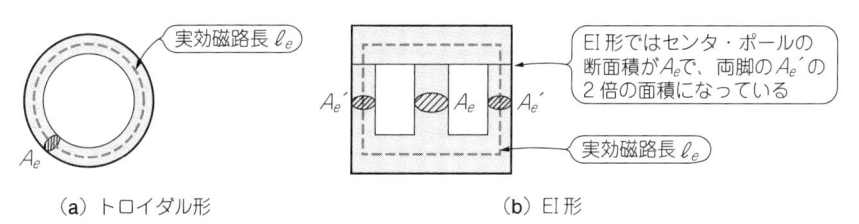

（a）トロイダル形　　　　　　　　　　（b）EI形

[図2-5] **コアの実効磁路長と実効断面積**
コア材の形状データには実効磁路長ℓ_e／実効断面積A_eがコア定数C_1として示されている

理想的なコア形状であるトロイダル形(ドーナツ状なのでリング形とも呼ぶ),(b)がEI形と呼ばれるコアです.コア形状の例を**写真2-1**に示してありますが,EIコアとは,EとIの文字型をしたコア形状です.

仮に,μ=100をもったコアを使用したとします.すると得られるインダクタンスは空芯のときにくらべて100倍になりますから,同じインダクタンス値を得るためなら巻き数Nは1/10でよいことになるわけです.μ…透磁率の大きなコアを使用すると,必要なインダクタンスを得ながらコイルを小型化することが可能になるわけです.

● 大電流・高インダクタンスは大型コアが必要になる

あるインダクタンスLをもつコイルを作ろうとするとき,コアの選択はたいへん重要です.コアにはいろいろな基本特性の異なる材料がありますし,形状・大きさがあります.コア材料の種類や選択については後述しますが,ここではコア(外形)の大きさに関して前もって制約事項を述べておきます.

先に示したインダクタンスLを決める式(2-1)では,ある(実効)透磁率μ_eをもつコアを選べば,巻き数Nを変化させることで自由にインダクタンス値を決められることを示しました.しかし現実はそう簡単に決めることはできません.**図2-6**に示すように小さな形状のコアにたくさんの電線を巻こうとすると,コアの巻き枠…ボビンの大きさは決まっているので細い巻き線を使用せざるを得ません.ところが細い巻き線に大電流を流したのでは,理想的にはゼロであって欲しい巻き線の直流抵抗値R_nが高くなり,巻き線の銅線抵抗による電力損失…銅損(I^2R_n)を発生してしまい,巻き線による温度上昇が高くなってしまいます.

したがって,現実には流れる電流の大きさによって(直流抵抗値の低い)太い巻き線を巻かなければなりません.すると結局は大きな寸法のコアが必要になってしま

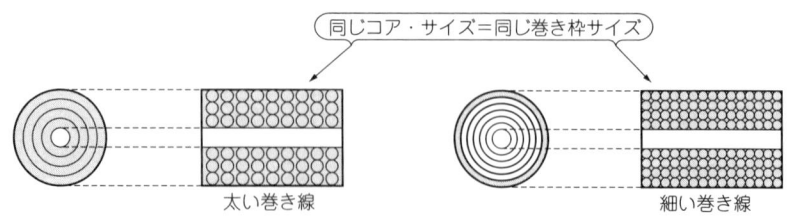

〔同じコア・サイズ=同じ巻き枠サイズ〕

(a) 大電流は流せるがインダクタンスは稼げない　　(b) インダクタンスは稼げるが大電流は流せない

[図2-6] コアを選ぶと巻き枠(ボビン)の大きさが決まってしまう
インダクタンスを稼ぐには巻き数を多くすれば良い→しかし,大電流を流すには太い線が必要になる→たくさんは巻けない

Column (1)

透磁率,比透磁率,初透磁率,実効透磁率

　コア材のカタログなどを見ていると似たような言葉が多く登場します.混乱を生じないよう簡単に整理しておきます.
　磁束密度B[T：テスラ]と起磁力(磁界)H[A/m：アンペア毎メートル]との間には,
$$B = \mu H [\text{T}]$$
という比例関係があります.このときμ[H/m]は比例定数で透磁率と呼ばれ,
$$\mu = \mu_0 \cdot \mu_r$$
ただし,μ_0は真空中の透磁率で,
$$\mu_0 = 4\pi \times 10^{-7}$$
μ_rは比透磁率と呼ばれ,磁性材と呼ばれるものは1以上の値をもっています.たとえば鉄：5000,珪素：7000,コバルト：250,ニッケル：600といったオーダです.
　図2-Aはコア材の基本的なB-H曲線の例ですが,原点$H = 0$付近の傾きを初透磁率μ_iと呼び,B-H曲線と接する接線が最大傾斜のときを最大透磁率μ_mと呼んでいます.では,実際の(現実的な)透磁率μはどこにあるかというと,それを示すのがμ_e：**実効透磁率**になります.実際のコイルLを製作したとき,式(2-1)に準じたインダクタンスにならないことが多くあります.コイルの実際のインダクタンスに対して,式(2-1)から逆算して得たμの値を実効透磁率μ_eと呼んでいます.
$$\mu_e = \frac{L}{\mu_0 N^2} \cdot C_1$$
で示されます.

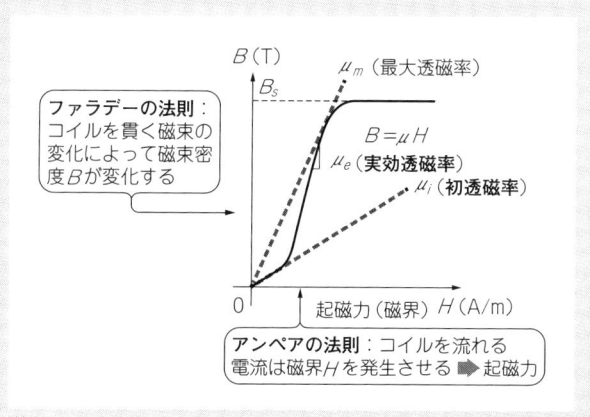

[図2-A] 透磁率とB-H曲線の関係

います．つまり，コアの寸法…コイルやトランスの寸法は，中を流れる電流の大きさと必要なインダクタンス値によって決めなければなりません．巻き線…電線の太さも検討しなければなりません．大電流・高インダクタンスが必要になると必然的に大型コアが必要になり，結果として大型コイルにならざるを得ないということを，頭にいれておいてください．

● **コアの特性は磁束密度と起磁力…B-H曲線で表す**

チョーク・コイルやトランスの動作を考える…磁性材を使用するときには，必ずコアの**磁化曲線**と呼ぶものを想定しなければなりません．図2-7がその一例です．

縦軸は磁束の量を表していて，**磁束密度B**といいます．磁束密度Bの単位はT…**テスラ**(注2-1)と呼びます．横軸は磁気的な力の強さを表すもので磁化力あるいは**起磁力H**と呼んでいます．Hの単位はA/mでアンペア毎メートルと呼びます．よって，この磁化曲線のことを**B-H曲線**(あるいはB-Hカーブ)と呼んでいます．B-H曲線は原点0に対して点対称になっています．

いま図2-7(a)に示すように，コイルに正負対称の交流電圧が印加されているとします．すると正の電圧が印加されると磁束密度Bが矢印方向に上昇していきます．このとき磁束密度の上昇値ΔBは，電圧が印加されている時間に比例していきます．さらに起磁力Hも増加していきますが，これはコイルに流れる電流の大きさに比例

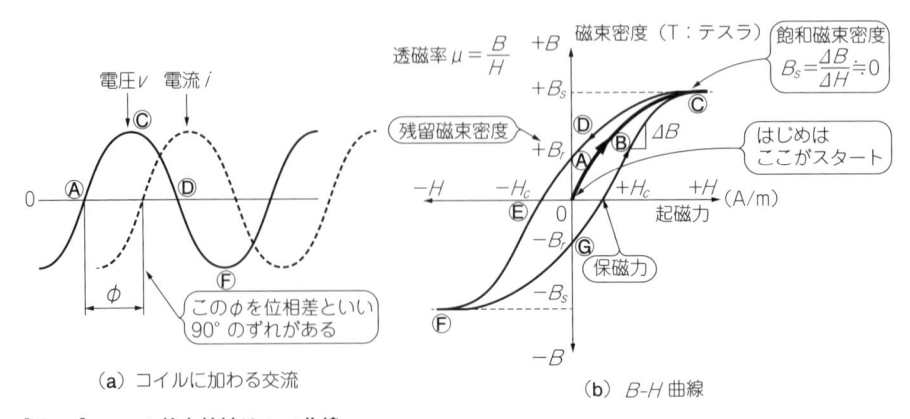

(a) コイルに加わる交流

(b) B-H曲線

[図2-7] **コアの基本特性はB-H曲線**
交流が加わると原点0からスタートして，Ⓐ→Ⓑ→Ⓒ→Ⓓ→Ⓔ→Ⓕ→Ⓖ→Ⓒ→Ⓓ→…の軌跡を交流周波数で繰り返す

(注2-1) 磁束密度Bの単位は従来はガウスと呼んでいたが，近年はテスラ(T)と呼ぶようになった．GとTの間には，1T = 10,000Gの関係がある．p.53のコラムを参照のこと

します．ところが電流は印加電圧に対して時間的遅れ(位相遅れ)があるために曲線は原点の0を通ることはありません．交流が加わると原点0からスタートし，Ⓐ→Ⓑ→Ⓒ→Ⓓ→Ⓔ→Ⓕ→Ⓖ→Ⓒ→Ⓓ→…という軌跡を描くことになります．往きと復りが別々の軌跡になるので**ヒステリシス・カーブ**とも呼ばれています．

なお，コア材メーカが公表しているB-H曲線は，**図2-8**に示すように第1象限を中心にしたカーブで表し，全体カーブは表示しないのが一般的です．メーカ公表のデータを点対象で第3象限に拡大すれば，**図2-7**と同じような曲線になります．また B-H 曲線のことを，**直流磁化特性**と呼ぶ表現で B-H 曲線を最大に振った特性として表示するのが通常です．そして，保磁力 H_c の 10 ～ 20 倍の磁界による磁束密度の最大値を B_s で表します．これを**飽和磁束密度**と呼んでいます．

時間と共に上昇する磁束密度ですが，これは無限に上昇するわけではありません．コアはその材質によって磁束密度の最大値が決まっています．これが**飽和磁束密度** B_s です．もし磁束密度がこれ以上に上昇するような時間で電圧が印加され続けると，コアがコアとして特性を発揮できないいわゆる**磁気飽和**と呼ばれる状態になります．

たとえば**図2-8**に示すコアの飽和磁束密度 B_s は，450mT(ミリ・テスラ)@23℃，あるいは 400mT@100℃ です(後述の**表2-10**では B_S = 520mT であるが，B-H 曲線からは450mT．この違いは起磁力 H の条件による)．磁束密度 B が絶対に(B_s@100℃の) 400mT にいたらないよう…磁気飽和しないよう設計する必要があります．回路設計における目安としての**最大磁束密度**のことを，一般には B_m で表します．コアが磁気飽和すると，インダクタンスを大きくするための透磁率 μ は1となり，空

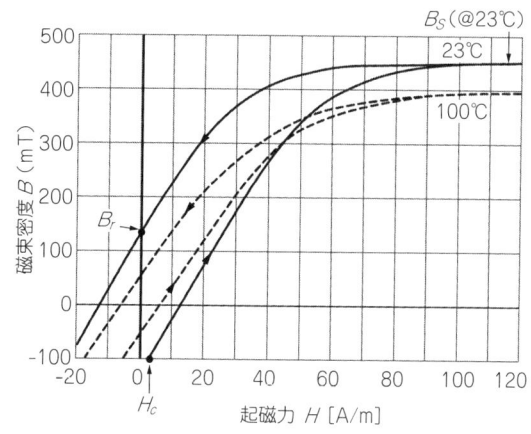

[図2-8] [5] **メーカのデータ・シートに公開されている B-H 曲線**
一般には第1象限だけが示される．直流磁化特性あるいは直流ヒステリシス特性とも表現される．このコアはJFEフェライト社のMn-Znフェライト・コア，MB4の直流ヒステリシス特性

気と同じ値になります．コアの磁気抵抗も大きくなってしまい，磁束がコイルの中に集中しなくなります．つまり，空芯コイルと同じになってしまうのです．

　これではコアとしての本来の役目が果たせません．コアを使うときは磁気飽和を起こさないように使うのが原則です（まれに，わざわざ磁気飽和を起こさせるような使い方もあるが…）

● コアには残留磁束密度と保磁力がある
　図2-7からわかるようにコアのB-H曲線は，通電状態に入ると原点を通ることはありません．コイルに印加される電圧が減少する，あるいは極性が反転すると，今度は磁束密度も起磁力も低下していき，やがては（−）方向にいたります．（−）方向ということは，たんに磁束の向きが反転したと考えれば良いでしょう．

　ところが起磁力Hが0になっても，磁束密度Bは0になりません．磁束密度はB_rの点を通過します．このB_rを**残留磁束密度**と呼んでいます．B_rが0にならないことはコイルを設計するうえで好ましいものではなく，B_rは小さいほうが良いコアといえます．

　一方，磁束密度$B=0$となっても起磁力Hは0にならず，H_cの点を通過します．この点を**保磁力**と呼んでいます．保磁力とはコイルが発生した磁束をどれだけ多く，かつ長く持っていられるかを表すものです．永久磁石に使う材料は保磁力がきわめて大きいため，電流を流し続けなくても保磁力を保っているのです．

　このようにコア材のB-H曲線は，多かれ少なかれ残留磁束密度B_rと保磁力H_cが一定の値をもっており，0の原点を通りません．B-H曲線はヒステリシス曲線とも呼んでいます．

　コアを正しく使用するには，コアの通常動作においてコア自身の特性であるB_s…飽和磁束密度に対して，これを超えない，つまり磁気飽和を起こさないように設計しなければなりません．

● 動作時の磁束密度 $\varDelta B$ は
実動状態での磁束密度を決める式$\varDelta B$は，

$$\varDelta B = \frac{V \cdot t}{2N \cdot A_e} \times 10^8 \dotfill 交流印加の場合 \quad (2\text{-}3a)$$

$$\varDelta B = \frac{V \cdot t}{N \cdot A_e} \times 10^8 \dotfill 直流重畳の場合 \quad (2\text{-}3b)$$

で与えられます．ここで，Nはコイルの巻き数，Vは印加電圧，tはコイルに電圧

[図2-9] 動作時のコアのB-H曲線

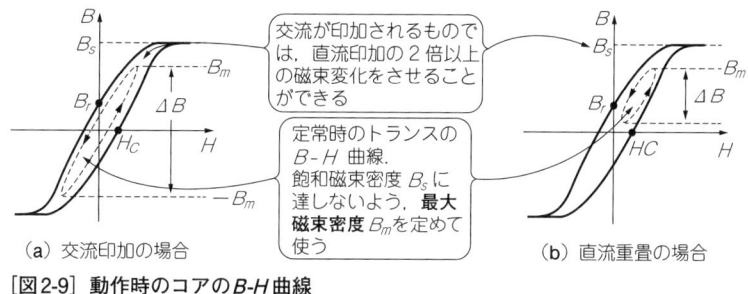

(a) 交流印加の場合
(b) 直流重畳の場合

交流が印加されるものでは、直流印加の2倍以上の磁束変化をさせることができる

定常時のトランスのB-H曲線．飽和磁束密度B_sに達しないよう、**最大磁束密度B_mを定めて**使う

を印加している時間です．またA_eは**図2-5**にも示したコアの実効断面積です．

　式(2-3)からわかるように磁束密度ΔBはコア材質には無関係に変化しますが，実際に描くB-H曲線は**図2-9**に示すように2種類の形が考えられます．(a)は正負対称の交流電圧が印加され，両方向に励磁電流が流れたとき，(b)は直流電圧の上に交流電圧が重畳され，片方向にだけ励磁電流が流れたときのものです．

　(a)のように交流を印加した状態では磁束密度を最大で$+B_m \sim -B_m$の間まで変化させることができますから，(b)の直流重畳状態に比較すると2倍のΔBとすることができます．つまり，同じコアを使用するならば巻き数Nは半分で済むわけですから，磁気飽和は起こしにくくなります．あるいは小さな断面積…つまり小型コアで良いということにもなります．

　では実際のチョーク・コイルやトランスで，磁束密度はどのように考えればよいのでしょうか．設計・製作されたコイルやトランスなどが，どのような磁束密度Bで動作しているのかを考えてみましょう．

　実動状態の磁束密度ΔBは，磁束密度がどのくらい変化しているかを意味しています．この変化量ΔBが，コアのもっている飽和磁束密度B_sを超えないことが，磁気飽和を起こさない大前提です．**図2-9**(a)は，AC100Vなどを入力とするいわゆる商用周波数のトランスを例にした，ΔBの変化を示しています．ΔBは，

$$\Delta B = \frac{V}{4.44 N \cdot A_e \cdot f} \quad \cdots\cdots\cdots\cdots\cdots\cdots\cdots\cdots (2\text{-}4)$$

で表されます．

　ここで 4.44 は**波形率**と呼ばれる係数です．正弦波では4.44ですが，矩形波つまり方形波ではこれが4.0になります．またΔBは，印加電圧Vが一定でさらに周波数fが一定だとすると，巻き数Nに反比例することがわかります．A_eはコアの実効断面積で，使用するコアの大きさや形状に関わるものです．大型コアではA_eが大

きく，小型コアではA_eが小さな数値ですから，そのぶん巻き数を多くしなければなりません．つまり，巻き数Nが少ないとΔBが上昇して磁気飽和を起こしやすくなるのです．よって磁気飽和の発生を抑えるには，Nを大きくする必要があります．とは言え，むやみに巻き数を多くすると，チョーク・コイルやトランスが大型になってしまう不都合が生じます．

そこで，実際の設計時には回路動作やほかのさまざまな条件を加味しながら，最適な数値を求める必要があります．考慮すべきほかのパラメータなどは，個々の回路方式ごとの設計方法を後述します．

ちなみに，チョーク・コイルやトランスの小型化を図りたいときは周波数fを上げてやるのが良いことが，式(2-4)からもわかります．

● コアの透磁率…初透磁率と実効透磁率

コアの磁気特性の中で，磁束密度とともに重要な項目が透磁率μです．磁束密度Bは電気回路においては電流密度[A/m^2]，透磁率μは導電率に相当すると考えれば良いでしょう．

式(2-1)から，大きなインダクタンスを得ようとするには，実効透磁率μ_eの高いコアを使うのが有利なことはわかりますが，μ_eの大きさはB-H曲線からも推測することができます．

図2-10に示すように，傾きの異なる二つのコアがあるとします．このとき透磁率μは，

$$\mu = \frac{B}{H} \quad \cdots\cdots\cdots\cdots\cdots\cdots\cdots\cdots\cdots\cdots\cdots\cdots\cdots\cdots\cdots\cdots\cdots\cdots\cdots\cdots\cdots\cdots\cdots\cdots\cdots\cdots\cdots (2\text{-}5)$$

で表されます．つまり，B-H曲線の傾きが透磁率μを表しているのです．急峻なB-H曲線をもった磁性材料ほど，μが高いというわけです．

ただし，一般にコア・メーカが公表している透磁率μは，ΔBがせいぜい20～30mTしか振らない，いわゆる小振幅時のμをμ_i…初透磁率として表記している例が多いようです．しかし実際に作られたチョーク・コイルなどでは，もっと大きな，たとえば最大磁束密度B_m近くの200mT以上のΔBで動作するものが普通です．このように大きなΔBを振っている状態での透磁率を大振幅特性といい，実効透磁率μ_eと呼んでいます．

また，これらは図からわかるように大振幅時つまり大きなBで動作するとB_mを越えて，曲線は直線性を失い，徐々に傾きが緩やかになり，やがて磁気飽和状態のB_sに達します．曲線の傾きが緩やかということはB/Hが小さいということですか

(a) MB3材
（低パワー損失を目的としたコア）

(b) MAO70材
（高透磁率を目的としたコア）

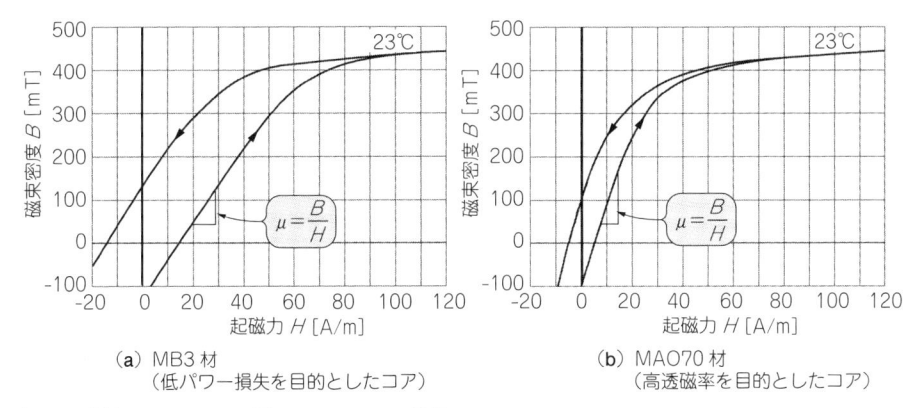

[図2-10][5] μが異なる2種類のコアの*B-H*曲線
(a)は低パワー損失を目的としたコア，(b)は高透磁率を目的としたコア．$\mu=B/H$なので，(b)のMAO70材のμが大きいことがわかる

ら，結果的にμが小さくなるわけです．ですから，設計時点でカタログの数値μ_iを用いることは禁物です．

ΔBが飽和磁束密度B_sに達した磁気飽和の状態では，コアのB/Hは結局0になってしまいます．つまり，空気の透磁率$\mu=1$でしかなく，磁気特性を示さないことがわかると思います．

● **コアの特性は材質によって決まる**

ここまでコアの基本特性を示しました．各種あるコア材の特性については以降で詳しく紹介しますが，常温で磁性材になり得る元素は**鉄**，**ニッケル**，**コバルト**の三つしかありません．一般には鉄系金属が使用されています．スイッチング電源用に使われることはありませんが，低周波，たとえば商用周波数50/60Hzでは，板を打ち抜いた薄い鉄芯…電磁鋼板と呼ばれるコアが使われています．

スイッチング電源用など，数kHz～高周波領域では，素材を細かい粒子にしてこれを型で抜いた後，焼結したものが使用されています．焼結すると20%ほど寸法が収縮します．フェライト材が主流です．

実際にチョーク・コイルやトランスを設計・製作するときは，
(1)使用する周波数帯域によるコア材の検討
(2)使用する電流…とくに直流重畳電流の大きさによるコア材および大きさの検討
(3)実装時の外形等によるコア形状の検討
(4)回路方式による巻き線法，特性を向上させるための工夫

(5) 使用する周波数帯域による線材・巻き線法の検討

などが重要です．(1)については2-4項で述べ，(2)については2-3で述べ，(4)に関してはチョーク・コイル(第4章)，スイッチング電源用トランス(第5章，第6章)に分けて解説します．(5)については第3章で解説します．

2-2　コア材の温度特性と損失

● キュリー温度と透磁率μの温度特性

どのような磁性材料であっても，温度的に無限の条件で使用できるわけではありません．最高使用温度が規定されています．その最高使用温度のことをコアの場合は**キュリー温度**と呼んでいます．強磁性体が常磁性体になるときの**転移温度**ということで，圧電効果などの発見で有名なピエール・キュリーによって名づけられたものです．キュリー温度は材料によって大きく異なり，もっとも低いものは100℃程度で，高いものだと300℃以上でも使用することができます．

図2-11はスイッチング電源トランスに使用されている，Mn-Zn系フェライト・コアの透磁率-温度特性を示したものです．コアの温度特性は一般に，透磁率μとの関係で表されます．

透磁率μは温度とともに上昇して，ある温度から急な勾配で上昇します．その後急激に0になって磁気特性を失ってしまうのです．この温度を**キュリー点**とかキュリー温度T_qと呼んでいます．キュリー点ではすでに磁気特性がない，いわゆる磁気飽和状態に入っているので，磁気部品としては使用不可能な領域となってしまいます．

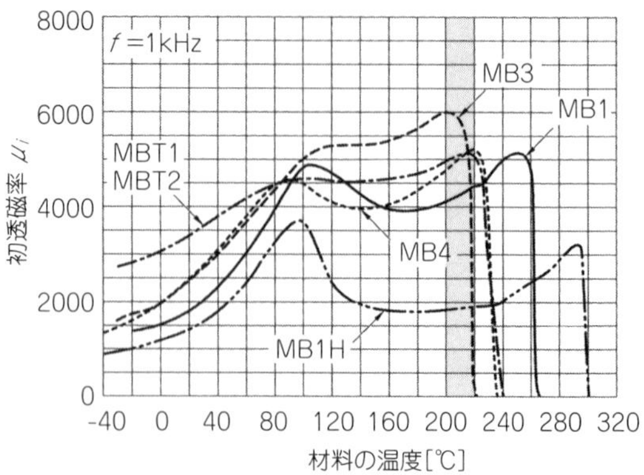

[図2-11][(5)] **初透磁率μ_iの温度特性**
スイッチング電源などに使用されるMn-Znフェライト・コアの温度特性の例．200℃を超えたある温度あたりで温度スイッチのように突然，初透磁率μ_iが0になる．キュリー温度と呼ばれている

一般にコイルやトランスを設計するときには，μの特性があまり急激に変化するような温度領域では使用しません．安定した平坦な特性を示す領域での動作をさせるような配慮が必要となります．

● 飽和磁束密度B_sの温度特性

磁性材の特性が温度で変化するのは，透磁率μだけではありません．図2-12に示すように飽和磁束密度B_sも大幅に変化します．温度が上がるにしたがって（たとえば0～100℃において20%ほど）B_sは低下することがわかります．実際のコイルやトランスの設計時にもっとも注意しなければならない点です．

詳細は後述しますが通常，電源回路に使用するチョーク・コイルやトランスなどは，**温度の上限が100℃前後を目安に設計しています**．つまり，中に挿入するコアもこの温度に達してしまう可能性があるわけですから，常温（23℃）を前提に設計してしまうと，温度上昇とともにコアが磁気飽和を起こしてしまうことになります．

実際のチョーク・コイルの使用環境は，環境温度が23℃とは限りませんし，チョーク・コイルやトランスは自身で発生する損失によって相応に自己発熱します．ですから，実際には計算だけで求めることが困難なのですが，最高使用温度が何度になるかを想定しながら設計することが重要です．

● コア自身の発熱要因は鉄損…ヒステリシス損＋渦電流損

チョーク・コイルやトランスが動作しているときは，必ず電流が流れています．結果として電力損失を発生します．巻き線…電線は銅線ですから，その中を電流が流れれば当然損失が発生します．ところが，チョーク・コイルやトランスの損失は

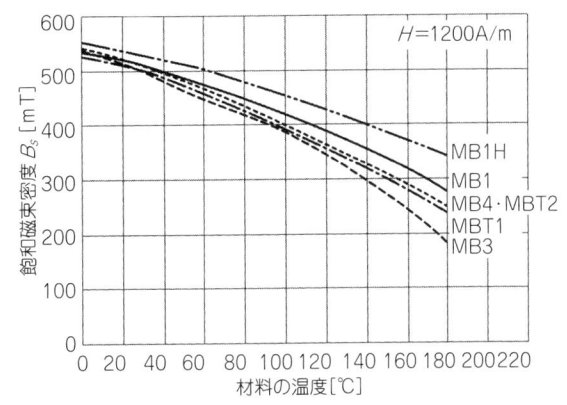

[図2-12][5] **飽和磁束密度B_sの温度特性**
スイッチング電源などに使用されるMn-Znフェライト・コアの温度特性の例．常温23℃でのB_sは500mTほどあるが，100℃になると10～20%低下する傾向である．温度特性の差は材質による

2-2 コア材の温度特性と損失

[図2-13] チョーク・コイル/トランスの損失を整理すると
コイル/トランスの損失は主にコアによる損失(鉄損)と巻き線による損失(銅損)に分けられる

P_T — チョーク・コイル/トランスの損失
- コアの損失(鉄損)
  - ヒステリシス損
  - 渦電流損
- 巻き線の損失(銅損)
  - 銅損
  - 渦電流損

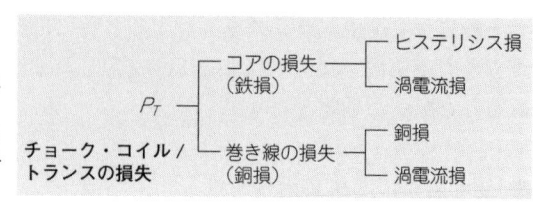

[図2-14] 磁性材の中身は磁区の集まり
磁性材の中の磁区を変化させるにはエネルギーが必要となる。これがヒステリシス損につながる。周波数に依存する

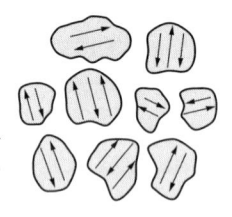

コアの中は小さな磁区(スピン)に分かれて、電流が流れるとすべての向きが同一方向に向く、電流が流れないとばらばらな向きになっている

　それだけではありません．チョーク・コイル(トランス)では図2-13に示すような損失が発生します．大別すると，コア自身が発生する損失を**鉄損**，巻き線が発生する損失を**銅損**と呼んでいます．この合計で，電力損失が決まり，それによって温度上昇が起こるのです．

　コア自身のロス…鉄損については2種類があります．一つが**ヒステリシス損**，もう一つが**渦電流損**と呼ばれるものです．

　図2-14は模擬的に磁性材料の組成を示したものです．コアは細かな部分が磁区，あるいはスピンなどと呼ばれるものの集合体となっていると考えられます．たとえば，トランスのどこかの巻き線に励磁電流が流れるまで各磁区はてんでんばらばらに四方を向いていて，一定方向に対しての磁気特性は示していません．ところが励磁電流が流れた瞬間に，一定方向にきれいに磁区が向きを揃えます．このときの動的な動作によって損失が発生し，熱となるのです．**磁区の摩擦熱**と考えると理解しやすいかもしれません．そして，この磁区の動作は励磁される周期ごとに発生しますから，励磁する周波数が高くなるほど摩擦熱を発生する回数が増加して，より大きな損失となります．これがヒステリシス損です．

　磁性材料の種類については後述しますが，商用周波数で使われる珪素鋼鈑あるいは電磁鋼鈑と呼ばれるコア材では，基本的に鉄を主成分とする板状の金属材料になります．これがトランスの中に装着されるのですから，発生した磁束がこのコアの中を通過する分が出てきます．すると，その磁束によってコア内部に渦電流が生じ，最終的には電力損失になってしまうのです．これが**渦電流損**と呼ばれるものです．

　また，図2-15はスイッチング電源用トランスとして使われている磁性材…フェ

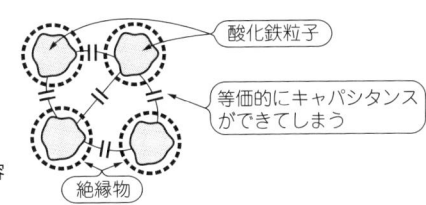

[図2-15] フェライト・コアの構造
酸化鉄粒子間には等価的にストレ・キャパシタ（浮遊容量）ができてしまう．ここで損失が発生する

ライト・コアを模式的に表現したものです．酸化鉄を細かい粒子にしたものが成形してあります．酸化鉄の各粒子はそれぞれの表面が絶縁物で覆われていて，一体の板状金属とは異なった構造になっています．一つの粒子は数十μmと非常に小さく，その中での渦電流は起きにくくなっています．ところがスイッチング電源では動作周波数…つまりトランスの励磁周波数が高いので，各粒子間にある**ストレ・キャパシタ**を通してやはり渦電流が流れ，最終的には損失となってしまうのです．

各粒子間の抵抗が高ければ高いほどこの渦電流は流れにくく，渦電流損は少なくなります．このコアの電気的な抵抗値を，**比抵抗**という言葉で表しています．

コアの鉄損P_iは以下の計算式で表されますが，これは必ずしも物理的な式ではなく，経験則を基に割り出されたものです．

$$P_i = a \cdot f^{1.6} \cdot \Delta B^{2.3} \quad \cdots\cdots\cdots (2\text{-}6)$$

コアの鉄損は周波数fの1.6乗に比例して，磁束の変化ΔBの2.3乗に比例して増加します．aは材料によって異なる損失係数と呼ばれるものです．この式から，大きな磁束変化ΔBで高周波動作させると，損失が大きくなることがわかります．コイルやトランスの設計時点で考慮に入れるべき項目の一つです．

● **巻き線による損失…銅損＋渦電流損**

巻き線によって発生する損失のことを**銅損**と呼んでいますが，これも大きく二つに分けることができます．一つは銅線のもっている電気抵抗R_nに流れた電流による損失で，いわゆる**ジュール損**P_{cj}です．当然ながらその値P_{cj}は，

$$P_{cj} = I^2_{(rms)} \times R_n \quad \cdots\cdots\cdots (2\text{-}7)$$

となり，流れる電流Iの実効値の2乗に比例します．したがって大電流を流すチョーク・コイルやトランスでは，線径が太く抵抗値の低い電線を使用しなければならないわけです．

もう一つは電線の**渦電流損失**です．スイッチング電源の方式によっては，チョーク・コイルやトランスにおけるコアの磁気飽和を防ぐために，後述するようにギャップを設けるものが少なくありません．ところがギャップは空気ですから，この部

分から磁束がコアの外側に漏れてしまいます．すなわち**漏れ磁束**…リーケージ・フラックスです．ここに銅線が巻かれているのですから，銅線内部を漏れ磁束が通過すると渦電流が生じます．結果，銅線内部で損失が発生してしまい温度上昇の要因となってしまいます．

　渦電流損は，電線径が太ければ太いほど起きやすく，損失になりやすくなります．ジュール損とは相反する条件なのですが，この対策としては細い電線を束にした**リッツ線**と呼ばれる巻き線を使用しています（詳しくは第3章で紹介）．

● 高周波では巻き線の表皮効果による影響もある

　チョーク・コイルやトランスの巻き線の中を流れる電流が直流であるならば，電線による損失は単純に銅線の抵抗値（R_{DC}）と流れる電流値との積で決まってしまいます．ところがスイッチング電源のような高周波交流の場合には，この二つの条件だけでは決まりません．周波数が大きく損失に影響を与えるのです．

　交流電流は電線の断面に対して平均的に流れることはなく，表面に近いところに集中する性質があります．この現象を**表皮効果**と呼んでいます．周波数が高くなればなるほど，また電線の径が太ければ太いほど顕著に現れます．図2-16に表皮効果と，電線の直径をパラメータにしたときに周波数によってどれだけ電線の抵抗値が上昇するかを表したグラフを示します．

　高い周波数の交流成分を流す場合はいくら太い電線を使用しても，損失を減らすのには思ったほど効果がないことがわかります．このようなときにも，細い電線を束にした**リッツ線**を採用すると，効果的に損失を低減することができます．

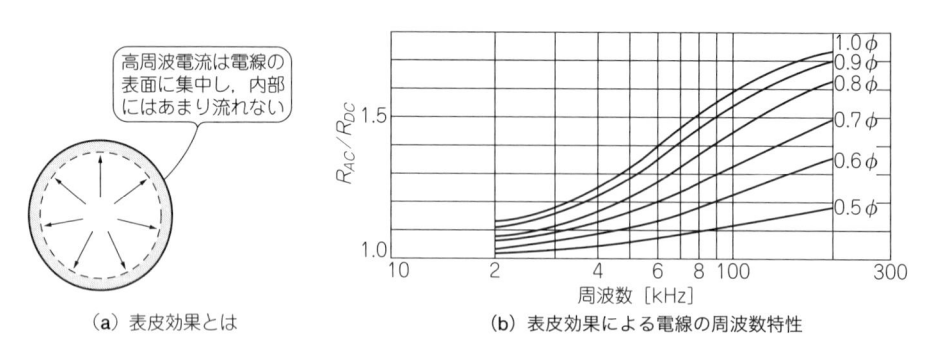

（a）表皮効果とは

（b）表皮効果による電線の周波数特性

[図2-16]⁽⁶⁾ **電線には表皮効果がある**
交流分は銅線の断面を一様には流れない．表面に集中する．よって周波数が高いときは注意が必要．線径が太いと表皮効果は顕著になる．100kHz，1mmφの電線では実効抵抗が1.6倍ほどになってしまう

2-3　コアを磁気飽和させないように使うには

● 磁気飽和を起こさないように使うことが基本

コア材には図2-7のB-H曲線にも示したように，重要な特性として，磁気飽和と呼ばれる状態があります．コアのもっている飽和磁束密度B_sを超えて動作をさせようとすることです．コアはB_sを超えて動作させると，磁気特性を失ってしまいます．コアの透磁率μは0になってしまいます．ということは，もしチョーク・コイルとして使用しているのであればインダクタンスは極端に低下してしまい，電流を制限するものは（巻き線抵抗による）直流抵抗分と空芯のインダクタンス分だけになってしまうということです．トランスであれば励磁電流が急激に増加してしまうことです．これは過大電流が回路に流れてしまうことを意味しており，大きな**事故につながる可能性**があります．絶対に避けなければいけない状態です．

図2-17はたとえば電源回路における平滑用チョーク・コイルにおいて，電源の直流出力電流が増加するとき，それに比例してチョーク・コイルに流れる電流によるB-H曲線のようすを示しています．電流が増加することによってB-H曲線の横軸の起磁力が増加しています．するとB-H曲線にそって縦軸の磁束密度ΔBが増加し，やがては飽和磁束密度B_sに達してしまいます．その結果が磁気飽和という現象になってしまうのです．

チョーク・コイルや（一部の例外はあるが）トランスを設計する際は，大前提としてコアが磁気飽和を起こさないように細心の注意を払うことが重要です．

● インダクタ…チョーク・コイルの電流特性

では，コアが磁気飽和を起こさないような使い方をするには，どうすれば良いの

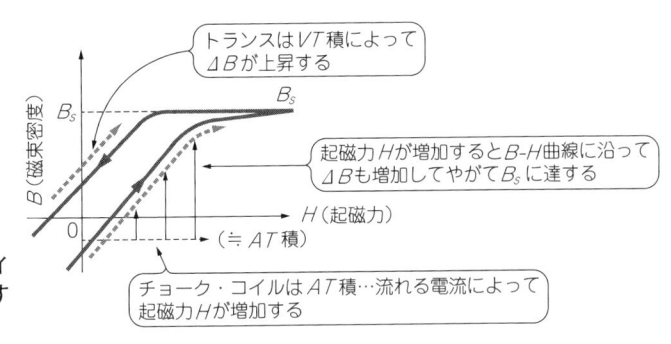

[図2-17] チョーク・コイルに流れる電流が増加するときのB-H曲線

トランスはVT積によってΔBが上昇する

起磁力Hが増加するとB-H曲線に沿ってΔBも増加してやがてB_sに達する

チョーク・コイルはAT積…流れる電流によって起磁力Hが増加する

Column (2)

トランスの熱暴走？

　スイッチング電源用トランスの温度上昇はきわめて重要な問題です．コアのキュリー温度という観点からだけではなくて，内部に使用する巻き線(電線)や絶縁材料にはすべて最高使用温度が規定されていますから，それを超えた温度で使用することはできません．さらに，Mn-Znフェライト・コアは高周波スイッチング電源用トランスにも使用されるので，さまざまな条件での損失発生に注意をしなければならないのです．

　図2-Bは，周囲温度および周波数によってコアの損失がどう変化するかを表したものです．一般的な電源用コア材は，100℃で損失がもっとも低くなるように作られています．これは言い方を変えると，電源用トランスは最高で100℃で動作をさせるのが一般的だということです．無理に小型化しようとすると，小さなサイズのコアで細い電線を巻かなければなりません．すると結果として損失が増え，温度上昇が大きくなってしまいます．

　もし，100℃以上で連続動作をさせるとしたら，コアの損失はそのぶん増加してさらに温度が上昇します．するとさらに損失が増加するという**悪循環**がおき，温度が上昇し続けてしまいます．これをトランスの熱暴走(サーマル・ランナウェイ)と呼び，絶対に避けなければなりません．

　よって，動作条件に応じた最適なコア材を選択してトランスの設計をしなければならないのです．

[図2-B][5] **温度および周波数の変化とコア損失の変化**

この図におけるコア損失は鉄損・銅損を含んでいる．100℃以上でコア損失が増大する傾向にある．熱暴走につながる可能性があるので，注意が必要．

　なお，電力損失を示す単位は[kW/m^3]というスケールの大きい単位になっている．スイッチング電源用としては現実的ではない．mW/cm^{3}で読み替えると良い

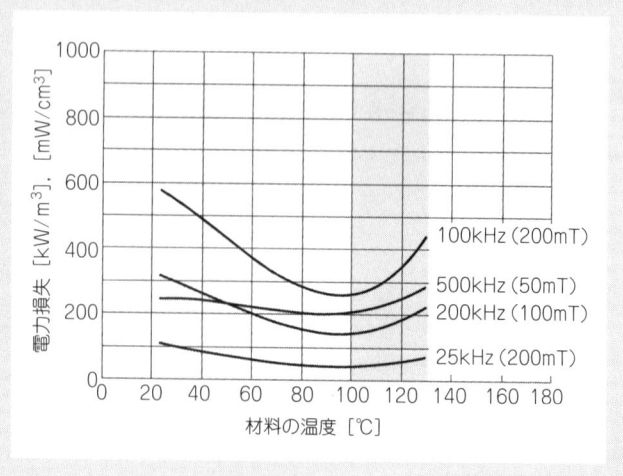

でしょうか．

　市販されているチョーク・コイル（インダクタ）の特性例を**表2-2**に示します．チョーク・コイルには必ず許容する最大直流電流（あるいは**定格電流**）の値が示されていますが，これは温度上昇と熱容量によるトラブルを防ぐためのものです．瞬時ならかまわないが，連続で流してはいけない電流値です．一方，**飽和電流**というのは磁気飽和によるトラブルを防ぐための値で，一瞬たりとも超えてはいけない電流値です．飽和電流が示されていないときは，定格電流が飽和電流に相当すると考えておけばよいでしょう．

　図2-18は**表2-2**に示したチョーク・コイルのインダクタンスの変化と直流重畳電流との関係を示しています．直流重畳電流が大きくなるとインダクタンスは低下し

[表2-2][(4)] **市販チョーク・コイルの特性の一例**
省エネルギーを進める傾向から電源回路の見直しが進んできている．多くの電子部品メーカから，（電源周辺）回路用チョーク・コイルが用意されるようになってきた．タムラ製作所の平滑用アモルファス・チョーク・コイル（トロイダル形）の一例

型　名	定格電流 I_{dc}[A]	インダクタンス[μH] I_{dc}=0[A]	インダクタンス[μH] I_{dc}=Rated	飽和電流 [A]	直流抵抗 (max)[mΩ]	線径 [ϕmm]	外形寸法 (max)[mm]
GLA-03-0080	3	160	80	4.8	70	0.75	21×12
GLA-03-0110	3	200	110	4.8	70	0.75	22×12
GLA-03-0210	3	390	210	4.8	90	0.75	24×15
GLA-03-0270	3	490	270	4.8	110	0.75	24×18
GLA-03-0350	3	670	350	4.8	120	0.8	28×16
GLA-03-0470	3	840	470	4.8	130	0.8	28×19
GLA-03-0690	3	1380	690	4.8	180	0.8	33×19
GLA-03-1050	3	2100	1050	4.8	210	0.8	33×24

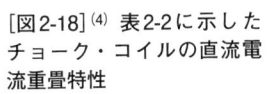

[図2-18][(4)] **表2-2に示したチョーク・コイルの直流電流重畳特性**
このチョーク・コイルではI_{dc}=0のときのインダクタンスと定格電流=3Aにおけるインダクタンスが示されている．約2倍の変動があることに注意

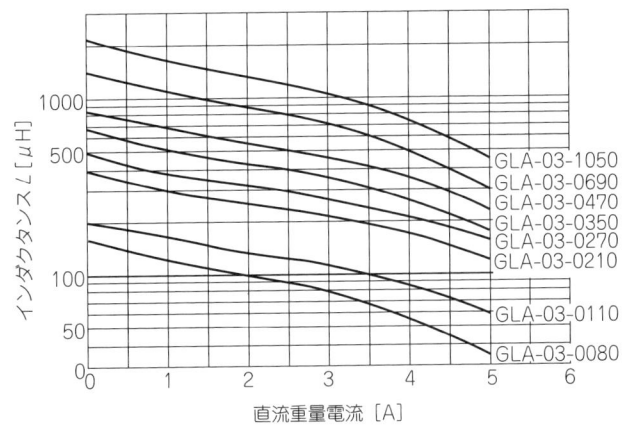

2-3 コアを磁気飽和させないように使うには

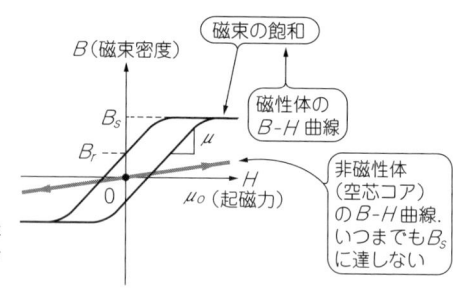

[図2-19] 空芯コアの*B-H*曲線
空芯コアは磁性体を使用していないので磁気飽和はない．しかし，透磁率μはほぼ1しかない．大きなインダクタンスは得られない

ていますが，理由は先の図2-17からわかるように，電流が大きくなって起磁力Hが増加するにつれて，*B-H*曲線はなだらかになっています．実効透磁率$μ_e$がだんだん低下しているわけです．一般にはインダクタンスの低下率が10％を超える領域を**磁気飽和**と見なしています．

チョーク・コイルが磁気飽和する理由は，コアのもつ*B-H*特性の存在によるものです．空芯コイルには磁気飽和はありません．空芯コイルの*B-H*曲線を描かせると図2-19のようになります．

もちろんコアの種類によって，磁気飽和しやすい材料，飽和しにくい材料があります．後述しますが，磁気飽和しにくいコアも多くあります．しかし，コアの使用においては原則的に直流重畳によって磁気飽和する可能性があることは十分に留意する必要があります．

● 磁気飽和を抑えるには***B-H*曲線をなだらかに…μを下げる**
　コアの磁気飽和を防ぐには設計段階から配慮が必要です．具体的には，図2-20に示すように*B-H*曲線をなだらかにすることです．*B-H*曲線がなだらかになることは，透磁率μが小さくなることでもあります．結果，インダクタンスの値は小さくなります．μの低下することを犠牲にして，起磁力H…電流が増えても飽和磁束密度B_sに達しないようにしようということです．そのためにはコアに**ギャップ**…空隙を設けます．

　図2-21に示すのは「Eの字」と「Iの字」を重ねるようにしたEI形と呼ばれるコアですが，図に示すようにコアの中に空間…ギャップを作ってやることによってコイルのインダクタンスを調整することができます．ギャップ…正確にはエア・ギャップのことで，日本語では空隙といいます．磁束の通り道…磁路の途中にコアのない部分をわざわざ付けてやるのです．こうすることで，ほかの条件が同じでも$μ_e$＝インダクタンスを変化させることができるのです．

[図2-20] B-H曲線の勾配をなだらかにできれば

コアが磁気飽和しやすいかどうかは磁性材によって定まる．飽和磁束密度B_sは変わらない．インダクタンスを稼ぐ＝透磁率μを大きくすることを犠牲にしてB-H曲線の勾配をなだらかにすると，大きな電流が流れても磁気飽和しにくくなる

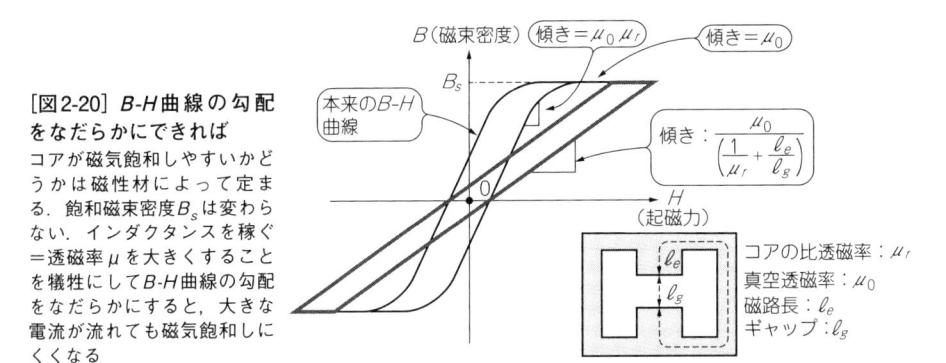

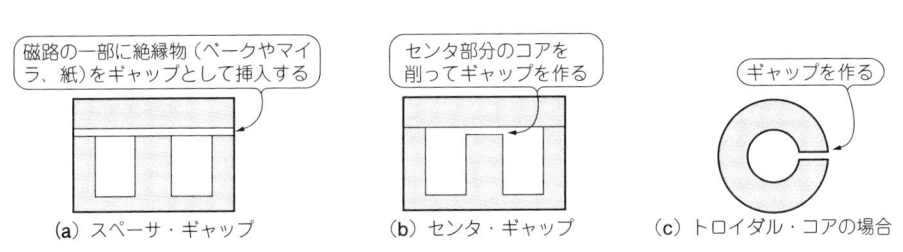

傾き＝$\mu_0 \mu_r$
傾き＝μ_0
傾き：$\dfrac{\mu_0}{\left(\dfrac{1}{\mu_r} + \dfrac{\ell_e}{\ell_g}\right)}$

本来のB-H曲線
B（磁束密度）
B_s
H（起磁力）

コアの比透磁率：μ_r
真空透磁率：μ_0
磁路長：ℓ_e
ギャップ：ℓ_g

[図2-21] コアにギャップを入れるということは

磁路の中に透磁率$\mu=1$の空気部分を入れることにより，磁路平均における透磁率μを下げることができる

(a) スペーサ・ギャップ — 磁路の一部に絶縁物（ベークやマイラ，紙）をギャップとして挿入する

(b) センタ・ギャップ — センタ部分のコアを削ってギャップを作る

(c) トロイダル・コアの場合 — ギャップを作る

図2-20でもわかるようにギャップがないときの本来のコアはμが大きいためB-H曲線の勾配が大きく，直流電流の増大によって飽和磁束密度B_sに達する起磁力Hが小さいポイントになり，相対的に小さな直流電流で磁気飽和を起こす傾向があります．しかし，コアにギャップを設けることにより空気の透磁率μは1ですから，磁路全体の透磁率μは低下して，B-H曲線をなだらかにすることができます．インダクタンスも低下しますが，相対的に大きな直流重畳電流があっても，磁気飽和にいたらないインダクタ…チョーク・コイルを実現できることになります．

一般に，ギャップ厚みℓ_gとコイルのインダクタンスLとの関係は次式で表されます．

$$\ell_g = 4\pi \frac{A_e \cdot N^2 \times 10^{-8}}{L} [\text{mm}] \quad \cdots\cdots (2\text{-}8)$$

式(2-8)から，コアにギャップを入れたときのインダクタンスは，もとのコアがもっていた透磁率μには直接は依存せず，ギャップつまり空気層の厚みによって決定されることを意味しています．ですからギャップを入れてしまうと大きな透磁率をもったコアを使っても，コアの特性ではなくてギャップℓ_gの厚みによって，イ

ンダクタンスが決定されてしまうということになります．

● ギャップをどのように入れるか

　ギャップの入れ方はコアの形状によって異なってきます．図2-22に示すのはスイッチング電源などで一般的に使用されているEER(EE形の中脚を丸くした)コア形状です．このコアにおけるギャップの入れ方を説明します．
　ギャップの入れ方には大きく分けて二つの方法があります．

▶スペーサ・ギャップ

　(a)に示すような，2個のコアを突き合わせる部分に非磁性体…スペーサ・ギャップと呼ぶものを挟み込む方法です．非磁性体とは，磁気特性をもたないマイラ・ペーパのような樹脂製フィルムとか，ベーク板などのことです．ガラスや紙などでもかまいませんが，ガラスでは割れる危険性がありますし，紙は湿気などを吸収して厚みが変化してしまうので不都合となります．

▶センタ・ギャップ

　(b)に示すのはセンタ・ギャップと呼ばれる方式です．片方のコアの中脚であるセンタ・ポール部分だけを砥石などで削ったものです．こうすると2個のコアを突き合わせたとき，スペーサを挿入しなくても自動的にギャップが形成されて好都合です．工業化された大量生産品などには，こちらのほうがよく用いられています．

▶スペーサ・ギャップとセンタ・ギャップの使い分け

　両者における磁気特性の差異はありません．ただし，同じ磁気特性を得るために注意しなければならない点があります．スペーサ・ギャップは，センタ・ギャップの半分の厚みにしなければならないということです．
　センタ・ギャップは当然，磁路中のギャップが1箇所ですが，スペーサ・ギャッ

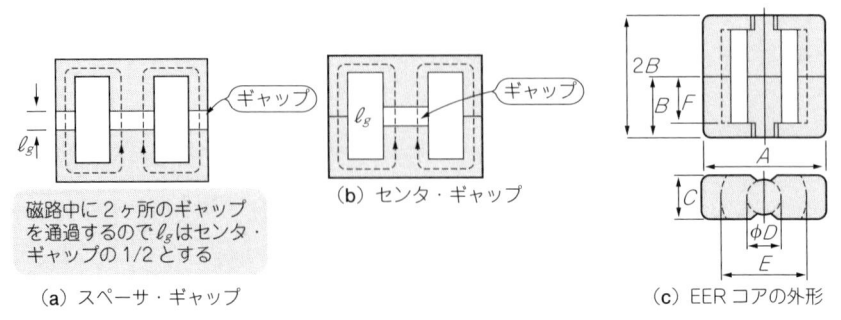

[図2-22] EERコアにおけるギャップの入れ方

(a) スペーサ・ギャップ　磁路中に2ヶ所のギャップを通過するのでℓ_gはセンタ・ギャップの1/2とする

(b) センタ・ギャップ

(c) EERコアの外形

プの場合には(a)に示すように磁路の途中に2箇所のギャップが入ります．したがって，ギャップの厚みを半分にして2箇所の合計でセンタ・ギャップと同じ厚み ℓ_g になるわけです．

ギャップを実験的に決めるときなどは，スペーサ・ギャップ方式で厚みを変えながらのほうが簡単に特性変化などを確認しやすくなります．しかし，工業化つまり量産の生産現場ではセンタ・ギャップのほうが，いちいちギャップを挿入する手間が省けることから生産性が向上します．現実の製品ではセンタ・ギャップが主流で採用されています．

● ギャップ挿入とインダクタンス/実効透磁率 μ_e の変化

表2-3は，とあるチョーク・コイルの規格の抜粋です．この表を見ているとおもしろいことがわかります．このコイルではインダクタンスの値がいわゆる**標準E6系列**(10，22，33…)で準備されています．しかし，インダクタンスの値は式(2-1)にも示しているように，形状から決まるコア定数 C_1，それにコアの実効透磁率 μ_e，そして巻き数 N によって決まってしまいます．したがってインダクタンスを変えるには，巻き数 N を変えるのが一般的と考えられます．しかし，巻き数 N には小数点が使えません．1T(ターン)の次は2T，そして3Tしかありません．

ということは，このコイルでは異なる数値のインダクタンスを得るのに実効透磁率 μ_e を制御しているのではないかと予想できます．μ_e を制御するということは，じつはギャップ ℓ_g を変えているのではないかということです．それを裏付けるのが，表2-3に示されている直流重畳許容電流の値です．10 μ /22 μ /33 μH という三つのコイル・データが示されていますが，温度上昇許容電流，直流抵抗の値は共通していますが，直流重畳許容電流の値だけが異なっています．つまり，コア材や形状，巻き数は同じだが，挿入したギャップを調整することで，実効透磁率 μ_e を制

[表2-3][7] **とあるチョーク・コイルの電気的特性**
サガミエレク㈱7G17Bの規格から

インダクタンスが小さいほど直流重畳特性が良い

型番	インダクタンス [μH]	直流抵抗(max) [$m\Omega$]	温度上昇許容電流 [A]	直流重畳許容電流 [A]
7G17B-100M-R	10 ± 20%	10.7	8.2	26
7G17B-220M-R	22 ± 20%	10.7	8.2	13
7G17B-330M-R	33 ± 20%	10.7	8.2	7.5

巻き数で，この値に調整することは難しい

同じ値なので，同じ巻き線仕様と想像できる

御していることがうかがえます．インダクタンス値が小さいほど…μ_eが小さいほど直流重畳許容電流は大きくなっています．

● ギャップを入れることによる新たな問題点

　磁性材料の諸特性については次節で詳しく述べますが，コアにおけるギャップの有無による相違点を述べておきます．

　先に述べたように，ギャップというのは磁気的にはまったく空気と同じという意味です．この部分は磁気特性をまったくもっていないことになります．つまり，この部分の磁気抵抗は非常に高いのです．すると図2-23に示すように，（励磁）巻き線で発生した磁束のほとんどはコアの中を通るのですが，ギャップつまり空気の部分に来ると外部に漏れていく磁束が出てきてしまいます．この成分は**漏れ磁束**（リーケージ・フラックスとも呼ぶ）になります．

　このときコイルやトランスには交流成分の電流が流れているので，漏れ磁束も同じ交流成分で変化しています．近くに何らかの電子回路があると，ここに漏れ磁束が侵入して**渦電流**を発生させます．結果，渦電流による電力損失を発生させるだけでなく，**ノイズ**としても電子回路に悪影響を与えてしまうことになります．

● 漏れ磁束を防ぐには電磁シールド

　チョーク・コイルやトランスの使用においては，漏れ磁束を外部に出さない工夫が重要です．漏れ磁束への対策は電磁シールドを行うしかありません．図2-24に電磁シールドの考え方を示します．

　(a)は，スペーサ・ギャップ方式に対する電磁シールドの例です．コアのギャップ部分から磁束が漏れてしまうわけですから，その周辺に金属板を1回巻きつけるものです．これを**シールド・リング**と呼んでいます．$200\mu m$程度の厚みをもった銅箔を用いるのが一般的です．銅箔だと，1回巻いた巻き始めと巻き終わりをはんだ付けで簡単に固定することができます．漏れ磁束は銅箔によるシールド・リングの中を通過するとき，この部分で渦電流になってしまい，ノイズ成分が外へ漏れて

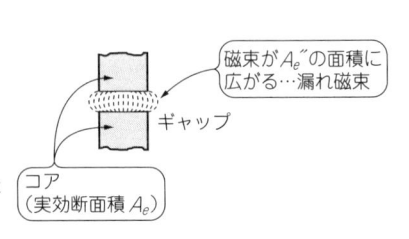

[図2-23] **ギャップによって生じる漏れ磁束**
磁気回路の中にギャップを作ることは，漏れ磁束を放出する．磁気回路は閉磁路にしておくのが重要だと頭に入れておくべき．フリンジング効果と呼ぶ

磁束がA_e''の面積に広がる…漏れ磁束
ギャップ
コア（実効断面積A_e）

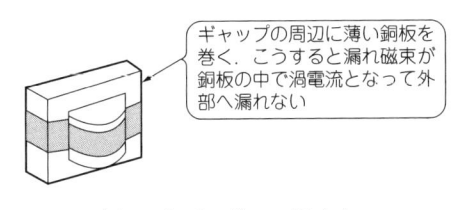

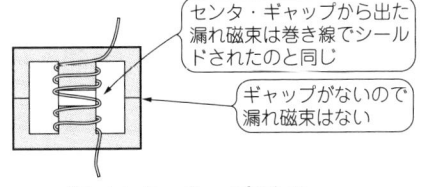

(a) スペーサ・ギャップのとき　　(b) センタ・ギャップのとき

[図2-24] 漏れ磁束を防ぐにはシールドを
ギャップを設けることは漏れ磁束を放出することになる．漏れ磁束は電子回路にとってはノイズになってしまうので，できるだけとり除くことが重要

いくのを防止することができます．

対して，センタ・ギャップ方式のときは(b)に示すようにギャップ周囲にコイルの巻き線が配置されます．スペーサ・ギャップ方式と同様にここから漏れ磁束が出るのですが，巻き線である銅線の中を通過するときに渦電流に変換されてしまいます．つまり，改めてシールド・リングを設けなくても，巻き線がこの役目を果たしてくれる大きな利点があります．

ただし，今度は巻き線の中で渦電流による損失が発生しているので，そのぶん電線自体の温度上昇がシールド・リング方式に比較すると高くなる欠点があります．

Column(3)

CGS→SI変換

電流などをふくむ物理量は，一般には国際的に統一されたメートル法に準じたSI単位を使用することになっています(本書でも)．ところが磁気回路においては長さ，質量，時間などにおいて長いことCGS系単位が使われていました．そのため現在でも電磁気に関する資料やデータでは，CGS系単位が使用されていることがあります．

表2-AにCGS系→SI系の変換表を示しておきます．

[表2-A][8] CGS系→SI系単位の変換

パラメータ		SI系	CGS系	CGS→SI変換
磁束密度	B	T(テスラ)	G(ガウス)	10^{-4}
起磁力(磁化力)	H	AT/m	Oe(エルステッド)	$1000/4\pi$
透磁率(空気)	μ_0	$4\pi \cdot 10^{-7}$	1	$4\pi \cdot 10^{-7}$
透磁率(相対値)	μ_r	—	—	1
面積	A_e, A_w	m^2	cm^2	10^{-4}
長さ	ℓ_e, ℓ_g	m	cm	10^{-2}

2-4 コア材料 種類のあらまし

● 電流の向きで磁化が反転する軟質磁性材

　磁性材料は保磁力の大小により，二つの分類があります．チョーク・コイルやトランスを構成するための磁性材料は，電流の向きを反転すると容易に磁化も反転する保磁力の小さな**軟質磁性材料**と呼ばれる種類です．一方は，永久磁石などに使用される保磁力の大きな**硬質磁性材料**と呼ばれる種類です．ここで紹介するのは軟質磁性材です．

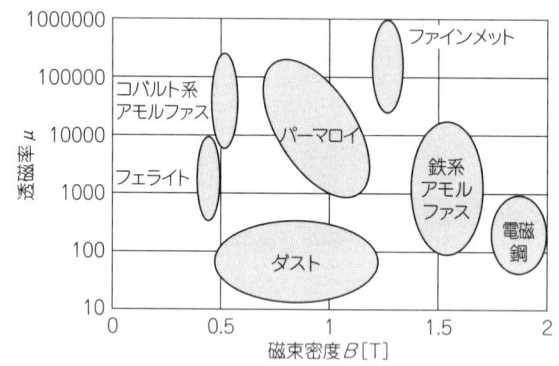

(a)[9] 代表的なコアの透磁率と磁束密度

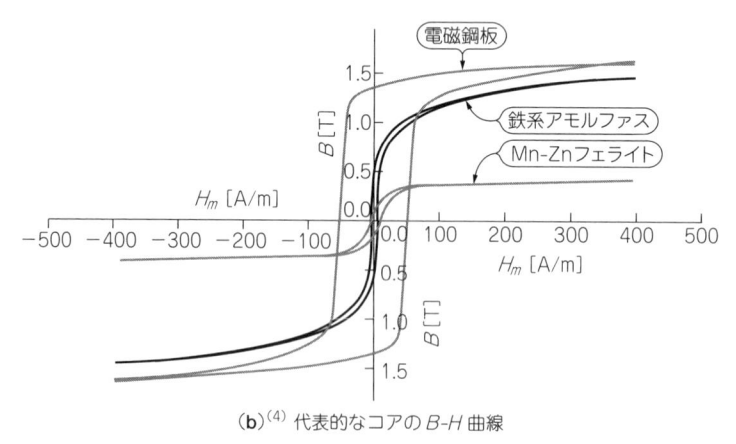

(b)[4] 代表的なコアの B-H 曲線

[図2-25] 代表的なコアの特性
飽和磁束密度B_sが大きく，透磁率μ，ひいては起磁力Hの大きなコアが理想だが，現実にはいろいろな特性・特徴から最適な選択が重要となる

[表2-4] 代表的なコアの種類と特徴

スイッチング電源出力トランス用としては主にMn-Znフェライトが使用されている．チョーク・コイルには多様な選択がある．最終的にはサイズとコストとの兼ね合いになってしまうケースが多い

種類	電磁鋼板	鉄ダスト	センダスト	ハイフラックス	MPPコア
適用周波数	1kHz以下	10kHz以下	100kHz以下	100kHz以下	200kHz以下
特徴	B_sが高い	B_sが高い	損失が小さい．直流重畳がよい	μが高い．直流重畳がよい	きわめて低損失．直流重畳がよい
主な形状	EI形積みコア	トロイダル	トロイダル	トロイダル	トロイダル
主な用途	商用電源トランス	ノーマル・モード・フィルタ	DC平滑チョーク，PFCチョーク	DC平滑チョーク	高周波DC平滑チョーク

種類	Ni-Znフェライト	Mn-Znフェライト	アモルファス	ファインメット
適用周波数	200MHz以下	500kHz以下	100kHz以下	100kHz以下
特徴	超高周波向け．直流重畳がよい	低損失．直流重畳が悪い	B_sが高い．損失が少ない	B_sが高い．損失が少ない
主な形状	ほとんどの形状	ほとんどの形状	トロイダル	トロイダル
主な用途	リプル・フィルタ，小型DCチョーク	スイッチング電源トランス．コモン・モード・コイル	可飽和リアクトル，ビーズ・コア	可飽和リアクトル，ビーズ・コア

図2-25にチョーク・コイルやトランスに使用される，代表的な軟質磁性材の磁束密度・透磁率マップとB-H曲線を示します．この特性を見ると磁束密度は電磁鋼板(珪素鋼板)がもっとも大きいことがわかりますが，スイッチング電源用ということで考えると周波数特性が課題になります．**表2-4**に代表的なコア材の特徴，周波数特性，用途などを整理して示しておきます．

実際のコア材を選ぶときはもちろん磁気特性が重要ですが，スイッチング電源への利用では，どのように配置・実装されるかという点で形状も重要になります．

2-4-1　低周波用に使われるコア

● 商用周波数トランスに使われている電磁鋼板(珪素鋼板)

スイッチング電源用に使用されることはなくて，一般には50/60Hz商用周波数あるいは低周波用トランスに使用されているコアです．参考までに紹介しておきます．

磁気的な特性を改良した鉄板を，電磁鋼板と呼んでいます．**写真2-2**に示すのはEI形コアと呼ばれるものですが，平板を打ち抜いたものを必要に応じた枚数だけ重ね，自由に大きさを決めることができる点が特徴です．**図2-26**に示すように何枚も重ねたものを，**積みコア**と呼んでいます．

[写真2-2] **電磁鋼板の外観**
EI形コアの外観．珪素が含まれているところから従来は珪素鋼板と呼ばれていたが，近年は珪素を含まないものも製造されており，電磁鋼板と呼ばれるようになってきた

[写真2-3] **カット・コアの一例**
馬蹄型になっているのが特徴で，薄型にもなり漏れ磁束も少ない

[図2-26] **電磁鋼板による積みコア**
コア材は一枚あたり50μ～500μmくらい．これを数十枚重ねることで実効断面積を稼いでいる．ただし，発生する渦電流が多くなるので高い周波数では損失が大きくなってしまう

板状のEとIのコアを交互に何枚も重ねる．コアに穴があいていてネジで最後に固定する

　電磁鋼板は特性的には飽和磁束密度B_sが大きいのが特徴です．B_sは1.5テスラ以上もあり，そのぶんトランスなどでは巻き数を少なくすることができます．しかし反面，損失は大きく，高周波での動作にはまったく不向きな材料です．商用周波数50/60Hz用の電源トランスなどに広く採用されています．

　なお，電磁鋼板には大別して2種類があります．主にトランス用などに使われる結晶方位をそろえた**方向性電磁鋼板**と呼ばれるものと，結晶方位を平均化したモータ用などに使われる**無方向性電磁鋼板**と呼ばれる材料です．

　方向性電磁鋼板は，電力用柱上トランスに多用されています．ただし，無方向性電磁鋼板は価格が安いので，低価格トランスなどにはこちらのほうが好んで採用されています．とりわけ小型電源アダプタなどでは，無方向性電磁鋼板によるトランスが主流となっています．

　無方向性電磁鋼板は，飽和磁束密度B_sが約1.7テスラくらいあるので，周波数が低くても巻き数は少なくてすむわけです．方向性電磁鋼板のB_sはさらに高くて1.9

テスラほどになっています．

電磁鋼板の形状はEI形積みコアやトロイダル・コアだけではなく，**写真2-3**に示すように，**カット・コア**と呼ばれる馬蹄形のものも多く使われています．ややコスト高にはなるのですが磁気特性はこのほうが優れており，漏れ磁束の少ないトランスが要求されるときには多く使われています．

● 小型化したいときはパーマロイ・コア

パーマロイ・コアは鉄-ニッケルの合金です．先の**図2-25**にも示していますが，特徴は透磁率μがきわめて高いことです．したがって，雑音の影響を防ぐために使う**電磁シールド**には特性的にうってつけの材料です．ただし現在では生産量が少なく，価格が高い欠点をもっています．

なお，トランス用としてはパーマロイ・コアの中でも50%ニッケル・パーマロイと78%ニッケル・パーマロイとがあって，磁気特性が異なります．とりわけ，78%ニッケル・パーマロイのほうは**図2-27**に示すようにB-H曲線が縦軸方向に立ち上がった特性を示しています．つまり，透磁率μが非常に高いわけで，電磁シールド材だけでなく，**ゼロ相電流検出器**と呼ばれる**漏電ブレーカ**などの電流検出用CT(カレント・トランス)などにも多用されています．

図2-27に示したような形をしたB-H曲線を，とくに**角形比**が大きいと呼んでいます．角形比というのは**図2-28**に示すように，飽和磁束密度B_sと残留磁束B_rとの比…B_r/B_sのことです．パーマロイ・コア以外では，アモルファス・コアやファインメット・コアなども角形比の大きい特性を示しています．

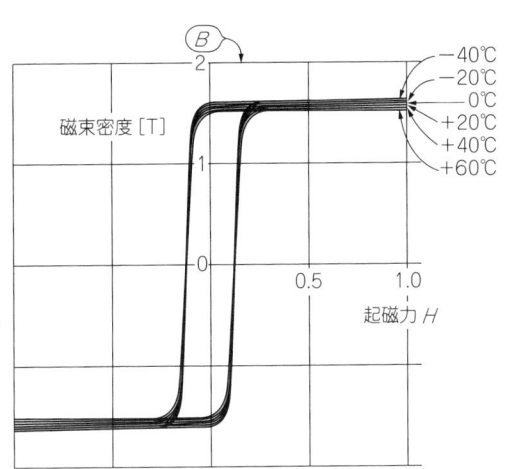

[図2-27] 78%Niパーマロイ・コアのB-H曲線例
B-H曲線が急激に立ち上がっており，透磁率が非常に大きいことがわかる．透磁率が高いので電磁シールド材として使用されることも多い

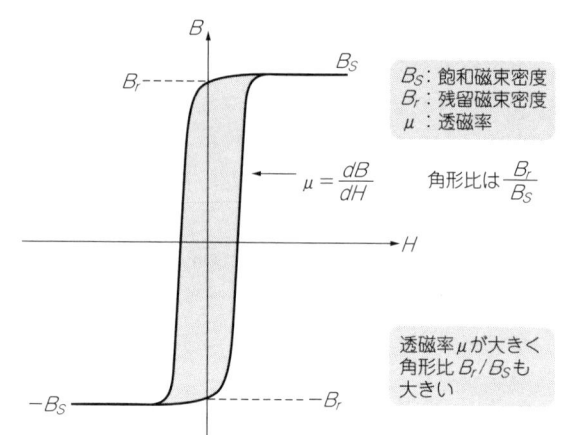

[図2-28] *B-H*曲線の角形比とは
残留磁束密度B_rと飽和磁束密度B_sの比B_r/B_sをコアの角形比と呼んでいる．パーマロイ，アモルファス，ファインメット・コアは角形比が大きい

B_s：飽和磁束密度
B_r：残留磁束密度
μ：透磁率

$\mu = \dfrac{dB}{dH}$　　角形比は$\dfrac{B_r}{B_s}$

透磁率μが大きく角形比B_r/B_sも大きい

2-4-2　金属系粒子(パウダ)によるコア

● ACライン・フィルタ用に使われている鉄ダスト・コア

　ダストとは塵とか埃などという意味で，細かな粒子を寄せ集めて成型した構造のためにつけられた名称です．基本的な形状は，先の**写真2-1**でも示したトロイダル形が多く用意されています．

　鉄ダストというのは鉄粉…アイアン・パウダを使用しているという意味です．磁性材料としては比較的大きな粒子の鉄粉を成型したもので，**価格が安い**のが最大の特徴です．ただし透磁率μは約50程度で，あまり大きな値ではありません．使用周波数も数kHzどまりです．

　コアを構成する鉄粉粒子が大きく，粒径に大きなばらつきがあるため，高周波で使用すると粒子内で渦電流が発生し，大きな損失を発生します．つまり，温度上昇が高くなってしまいます．

　通常は安価なことから，ACラインに挿入されるノイズ・フィルタ…ライン・フィルタ用に適しています．とりわけノーマル・モード用フィルタとしての用途が中心です．ときどき数十kHzで動作するスイッチング電源の整流・平滑用チョーク・コイルに使われている例を見受けますが，あまり感心しません．

　ライン・フィルタ用が主ということで，商品としては巻き線したチョーク・コイルが一般的です．**表2-5**にコア仕様の一例を示します．

[表2-5][(10)] **鉄ダスト・トロイダル・コアの一例**［東邦亜鉛㈱タクロンSKコイル］
巻き線した標準コイルの利用が多い．μが低いのでインダクタンスを稼ぐには巻き数が多くなってしまう

品　名	仕上り寸法[mm]			断面積A_e [cm^2]	平均磁路長ℓ_e [cm]	$A_L 100$ $\mu H[min]$[注1]
	外径(max)	内径(min)	高さ(max)			
SK-03M	7.0	2.0	4.5	0.048	1.43	250
SK-05M	11.0	3.5	5.5	0.101	2.39	330
SK-08MS	14.4	6.0	6.5	0.122	3.17	300
SK-08MD	14.4	6.0	9.6	0.199	3.17	510
SK-08ML	16.6	6.3	11.1	0.322	3.38	750
SK-10M	19.0	8.5	8.2	0.224	4.23	460
SK-12M	22.3	10.8	8.2	0.251	5.12	410
SK-14M	29.2	12.6	13.2	0.711	6.33	950
SK-16M	27.0	13.7	13.0	0.493	6.30	630
SK-20M	35.3	18.0	13.5	0.730	8.17	700
SK-24AM	42.3	21.9	17.2	1.189	9.86	900
SK-24BM	49.1	21.9	21.2	2.157	10.74	1520
SK-28M	46.0	25.5	16.5	1.140	11.03	780
SK-36M	59.1	33.3	17.5	1.620	14.24	990

（注1）$A_L 100[\mu H]$：100ターン巻いたときのA_L値
（注2）測定条件：1kHz 1mA

● **チョーク・コイルに多用されているセンダスト・コア**

　センダストのセンとは，仙台の仙をとって名づけられたものです．つまり，もともと(宮城県)仙台市にある東北大学で開発された磁性材料で，組成はFe-Si-Al合金です．

　アイアン・パウダとは組成が異なり，構成する粒径は細かく高周波でも損失が少ないのが特徴です．直流重畳特性にも優れており，スイッチング電源の整流・平滑用チョーク・コイルに好んで使用されています．

　表2-6にセンダスト・コア仕様の一例を示します．透磁率μは公称では100となっている場合が多いのですが，実力としては80程度に考えて使用するほうが無難でしょう．磁気特性としての*B-H*曲線を**図2-29**に，鉄ダスト・コアと比較して示しておきます．

　センダスト・コアは，DC-DCコンバータやフォワード・コンバータの2次側平滑用チョーク・コイルに多く使用されています．国内メーカでも生産されていますが，最近では海外製も多く市場に流通しています．

　周波数300kHz動作ではまったく問題がないし，2〜30W程度の比較的小電力であれば500kHz程度の周波数でも十分に使用することが可能です．

[表 2-6]⁽¹⁰⁾ センダスト・トロイダル・コアの一例（東邦亜鉛㈱タクロン HK コイル）
巻き線した標準コイルが一般には使用されている

品 名	仕上り寸法[mm]			断面積 A_e [cm²]	平均磁路長 ℓ_e [cm]	A_L値 [nH/N^2]
	外形(max)	内形(min)	高さ(max)			
HK-03S	7.3	2.5	3.5	0.034	1.45	29
HK-03D	7.3	2.5	5.0	0.052	1.45	44
HK-04S	9.2	3.5	3.5	0.047	1.83	31
HK-04D	9.2	3.5	5.2	0.075	1.83	52
HK-05SS	11.5	3.9	3.5	0.063	2.23	36
HK-05S	11.5	3.9	5.5	0.100	2.23	54
HK-08SS	14.5	6.7	3.5	0.069	3.15	27
HK-08S	15.8(14.5)	5.8(6.7)	7.1(6.7)	0.150	3.15	60
HK-10S	19.8	8.0	8.8	0.232	4.13	70
HK-12S	22.8	10.3	8.8	0.275	4.99	69
HK-14S	29.5	12.6	9.8	0.445	6.16	91
HK-14D	29.5	12.6	14.0	0.726	6.16	148
HK-20D	36.1	17.4	14.5	0.822	8.01	129
HK-28D	46.1	25.2	17.2	1.215	10.83	143
HK-36D	59.7	33.1	17.3	1.604	13.97	146

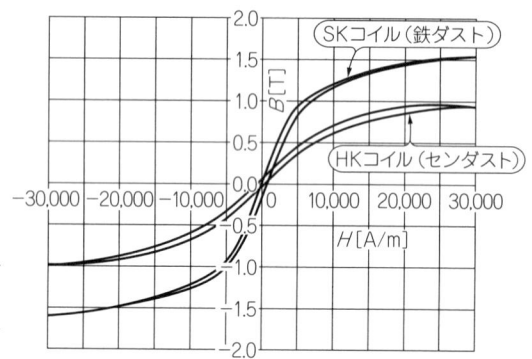

[図 2-29]⁽¹⁰⁾ 鉄ダスト・コアとセンダスト・コアの *B-H* 曲線
東邦亜鉛のタクロン SK コイルと HK コイルの比較

● 高周波損失が小さい MPP およびハイフラックス・コア

　モリブデン・パーマロイ・パウダを略して MPP コア（組成は Ni-Fe-Mo 合金）と呼んでいます．他の磁性材と MPP およびハイフラックス・コア（Ni-Fe 合金）との特性の違いを図 2-30 に示しておきます．

　MPP コアの特徴を一言でいえば，高周波領域でも損失が少なく特性的にも優れた磁性材料であるという点です．ただしレア・メタルなどを含有しているので，ど

材　料	初透磁率 (μ_i)	B_S[G]	コア損失	直流重畳	価格	温度安定性	キュリー温度 [℃]
MPP	14-200	7,000	より小さい	さらに良好	高い	最良	450
ハイフラックス	26-160	15,000	小さい	最良	中	より良い	500
センダスト	26-125	10,000	小さい	良い	安い	良い	500
メガフラックス	26-90	16,000	中	最良	低い	より良い	700
鉄	10-100	10,000	大きい	悪い	最安価	悪い	770
鉄ダスト(ギャップ付き)	–	18,000	大きい	最良	最安価	良い	740
アモルファス（ギャップ付き）	–	15,000	小さい	さらに良好	中	良い	400
フェライト（ギャップ付き）	–	4,500	最小	悪い	最安価	悪い	100～300

(a) 磁性材の特性比較

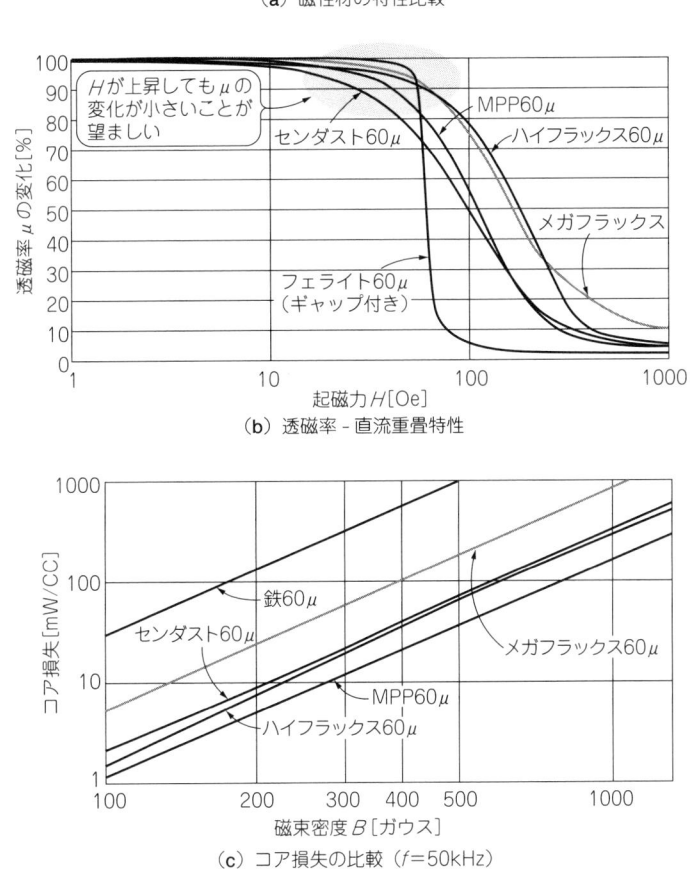

(b) 透磁率 – 直流重畳特性

(c) コア損失の比較（$f=50$kHz）

[図2-30][11] **MPPおよびハイフラックス・コアと他の磁性材との比較**
チャンスン社のカタログ・データから．メガフラックスはチャンスン社の商品名

2-4-2 金属系粒子（パウダ）によるコア

[表2-7][(11)] チャンスン社のパウダ・コア（トロイダル形）の一例

形　名	外径[mm] 外装前 OD × ID × HT	外径[mm] 外装後 OD × ID × HT	磁路長 ℓ_e[cm]	断面積 A_e[cm^2]	窓面積 [cm^2]
OD035***Z	3.56 × 1.78 × 1.52	3.94 × 1.52 × 1.96	0.817	0.014	0.018
OD039***Z	3.94 × 2.24 × 2.54	4.32 × 1.98 × 2.97	0.942	0.021	0.031
OD046***Z	4.65 × 2.36 × 2.54	5.21 × 1.93 × 3.30	1.06	0.029	0.029
OD063***Z	6.35 × 2.79 × 2.79	6.99 × 2.29 × 3.43	1.361	0.047	0.041
OD066***Z	6.60 × 2.67 × 2.54	7.24 × 2.29 × 3.18	1.363	0.048	0.041
OD067***Z	6.60 × 2.67 × 4.78	7.32 × 2.21 × 5.54	1.363	0.092	0.038
OD068***Z	6.86 × 3.96 × 5.08	7.62 × 3.45 × 5.72	1.65	0.073	0.093
OD078***Z	7.87 × 3.96 × 3.18	8.51 × 3.43 × 3.81	1.787	0.062	0.092
OD096***Z	9.65 × 4.78 × 3.18	10.29 × 4.27 × 3.81	2.18	0.075	0.143
OD097***Z	9.65 × 4.78 × 3.96	10.29 × 4.27 × 4.57	2.18	0.095	0.143
OD102***Z	10.16 × 5.08 × 3.96	10.80 × 4.57 × 4.57	2.38	0.1	0.164
OD112***Z	11.18 × 6.35 × 3.96	11.90 × 5.89 × 4.72	2.69	0.091	0.273
OD127***Z	12.70 × 7.62 × 4.75	13.46 × 6.99 × 5.51	3.12	0.114	0.383
OD166***Z	16.51 × 10.16 × 6.35	17.40 × 9.53 × 7.11	4.11	0.192	0.713
OD172***Z	17.27 × 9.65 × 6.35	18.03 × 9.02 × 7.11	4.14	0.232	0.638
OD203***Z	20.32 × 12.70 × 6.35	21.1 × 12.07 × 7.11	5.09	0.226	1.14
OD229***Z	2286 × 13.97 × 7.62	23.62 × 13.39 × 8.38	5.67	0.331	1.41
OD234***Z	23.57 × 14.40 × 8.89	24.30 × 13.77 × 9.70	5.88	0.388	1.49
OD270***Z	26.92 × 14.73 × 11.18	27.70 × 14.10 × 11.99	6.35	0.654	1.56
OD330***Z	33.02 × 19.94 × 10.67	33.83 × 19.30 × 11.61	8.15	0.672	2.93
OD343***Z	34.29 × 23.37 × 8.89	35.20 × 22.60 × 9.83	8.95	0.454	4.01
OD358***Z	35.81 × 22.35 × 10.46	36.70 × 21.50 × 11.28	8.98	0.678	3.64
OD400***Z	39.88 × 24.13 × 14.48	40.70 × 23.30 × 15.37	9.84	1.072	4.27
OD467***Z	46.74 × 24.13 × 18.03	47.60 × 23.30 × 18.92	10.74	1.99	4.27
OD468***Z	46.74 × 28.70 × 15.24	47.60 × 27.90 × 16.13	11.63	1.34	6.11
OD508***Z	50.80 × 31.75 × 13.46	51.70 × 30.90 × 14.35	12.73	1.25	7.5
OD571***Z	57.15 × 26.39 × 15.24	58.00 × 25.60 × 16.10	12.5	2.29	5.14
OD572***Z	57.15 × 35.56 × 13.97	58.00 × 34.70 × 14.86	14.3	1.444	9.48
OD610***Z	62.0 × 32.6 × 25.0	63.1 × 31.37 × 26.27	14.37	3.675	7.73
OD740***Z	74.1 × 45.3 × 35.0	75.2 × 44.07 × 36.27	18.38	5.04	15.25
OD777***Z	77.8 × 49.23 × 12.7	78.9 × 48.0 × 13.97	20	1.77	17.99
OD778***Z	77.80 × 49.23 × 15.9	78.90 × 48.0 × 17.2	20	2.27	17.99
OD888***Z	88.9 × 66.0 × 15.9	90.03 × 64.74 × 17.20	24.1	1.83	32.92
OD1016***Z	101.6 × 57.2 × 16.5	103.1 × 55.7 × 17.8	24.27	3.522	24.36
OD1325***Z	132.5 × 78.6 × 25.4	134.2 × 77.0 × 26.8	32.42	6.71	46.61
OD1650***Z	165.0 × 88.9 × 25.4	167.2 × 86.9 × 27.3	38.65	9.46	59.31

（注）先頭2文字[OD]に代入して材質を指定する．CM：MPP（$\mu = 26 \sim 200$），CH：ハイフラックス（$\mu = 26 \sim 160$），CS：センダスト（$\mu = 26 \sim 125$），CK：Mega Flux（$\mu = 26 \sim 90$）．
***の3文字＝透磁率 μ を数値指定する．026，050，060，075，090，125，147，160，173，200 を指定
最後尾 Z：外装を指定する．E：Epoxy，P：Payrlene-c，C：Plastic ケース
この表は外径サイズによるものだが，形名によって材質，透磁率，外装処理を指示することができる

（a）標準コアの形名とサイズ

形名	μの分類	\multicolumn{8}{c	}{A_L値 (nH/N^2)}
		26μ	60μ	75μ	90μ	125μ	147μ	160μ	173μ	200μ
OD035•••Z			13	16	19	26	31	33	36	42
OD039•••Z			17	21	25	35	41	45	48	56
OD046•••Z			20	25	30	42	49	53	57	67
OD063•••Z		10	24	30	36	50	59	64	69	80
OD066•••Z		11	26	32	39	54	64	69	75	86
OD067•••Z		21	50	62	74	103	122	132	144	165
OD068•••Z		14	33	42	50	70	81	89	95	112
OD078•••Z		11	25	31	37	52	62	66	73	83
OD096•••Z		11	25	32	38	53	63	68	74	84
OD097•••Z		14	32	40	48	66	78	84	92	105
OD102•••Z		14	32	40	48	66	78	84	92	105
OD112•••Z		11	26	32	38	53	63	68	74	85
OD127•••Z		12	27	34	40	56	67	72	79	90
OD166•••Z		15	35	43	52	72	88	92	104	115
OD172•••Z		19	43	53	64	89	105	114	123	142
OD203•••Z		14	32	41	49	68	81	87	96	109
OD229•••Z		19	43	54	65	90	106	115	124	144
OD234•••Z		22	51	63	76	105	124	135	146	169
OD270•••Z		32	75	94	113	157	185	201	217	251
OD330•••Z		28	61	76	91	127	150	163	176	
OD343•••Z		16	38	47	57	79	93	101	109	
OD358•••Z		24	56	70	84	117	138	150	162	
OD400•••Z		35	81	101	121	168	198	215	233	
OD467•••Z		59	135	169	202	281	330	360		
OD468•••Z		37	86	107	128	178	210	228		
OD508•••Z		32	73	91	109	152	179	195		
OD571•••Z		60	138	172	206	287	306	333		
OD572•••Z		33	75	94	112	156	185	200		
OD610•••Z		83	192	240	288	400				
OD740•••Z		89	206	257	309	429				
OD777•••Z		30	68	85	102	142				
OD778•••Z		37	85	107	128	178				
OD888•••Z		24	57	71	85	119				
OD1016•••Z		47	112	137	164	228				
OD1325•••Z		67	156	195	234	325				
OD1650•••Z		80	184	230	276	384				

(例) CM270125のA_L値 = 157 (nH/N^2)
既知のA_L値があれば，巻き数Nとの関係から，$L = A_L \cdot N^2$ により，インダクタンスを算出することができる

(b) コア・サイズとコア材(μ)によるインダクタンス(A_L値)表(nH/N^2)

うしても価格が高くなってしまう欠点があります．

　透磁率μは120とダスト・コアの中ではたいへん高い値をもっているので，少ない巻き数でも必要なインダクタンスを得ることができます．しかも損失が少ないので，500kHz以上の高周波動作でも温度上昇が少なく，コイルの小型化にも貢献しています．

　表2-7にMPPコアおよびハイフラックス・コアなどを製造しているチャンスン(Changsung)社(韓国)の金属系粒子…パウダ・コアの一例を示します．トロイダル形状でMPP，ハイフラックス，センダスト，それにオリジナルのメガフラックス(MEGA FLUX)と呼ぶコアがラインナップされており，透磁率μは26～200まで細分化したものから選択できるようになっています．

● **直流重畳特性に優れる鉄系アモルファス・コア**

　通常のアモルファス・コアは，次項で示すようにB-H曲線がきわめて急峻な立ち上がり特性をもっていますが，これはコバルト系アモルファス・コアと呼ばれているものの特性です．透磁率μがきわめて大きく，大きなインダクタンスを得ることができるのですが，直流重畳特性は良くありません．

　ところが同じアモルファス・コアでも，鉄系アモルファス・コアは特性上大きな相違点があります．先の**図**2-25に示しているようにB-H曲線は急峻にならず，起磁力H方向にかなり傾いた特性となっています．これは透磁率μが低いことを意味するわけですが，それだけではなく残留磁束B_rも非常に低い値を示します．ですから，直流重畳が加わっても磁気飽和しにくく，大きな$AT(NI)$積でも一定のA_L値を確保することができます．

　したがって，直流重畳の多いDC系平滑チョーク・コイルに多く用いられています．100kHz程度までの周波数であればコア損失もかなり小さく，良好なチョーク・コイルを作ることができます．ただし，センダスト・コアに比較するとコストが高めになってしまう欠点があります．

　図2-31にチョーク・コイルにおけるコア材質による直流重畳特性の傾向について示しておきます．

● ***B-H*曲線の角形比が大きいアモルファス・コア**

　アモルファス・コアとは，ニッケルやコバルトなどの金属を添加した鉄系の金属を，急速冷間という特殊な製法で作ったコア材のことです．**非晶質コア**とも呼ばれ，結晶構造をもたない金属になります．これを磁性材料として利用しているわけです．

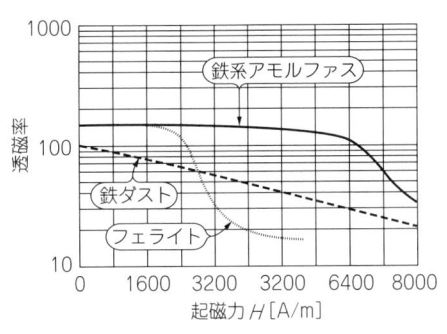

[図2-31]⁽⁹⁾ **コア材質によるチョーク・コイルの直流重畳特性の違い**
鉄系アモルファス材の直流重畳特性が優れているのがわかる．ただし高価なところが課題

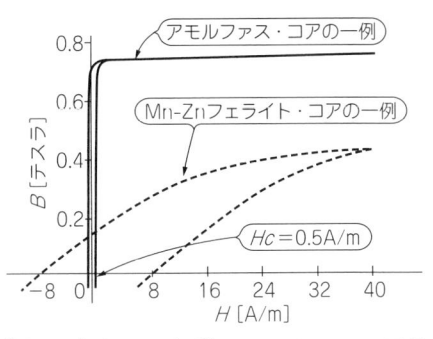

[図2-32] （コバルト系）**アモルファス・コアのB-H曲線**

アモルファス・コアの磁気特性はきわめて特殊な挙動を示します．図2-32にB-H曲線を示しますが，磁束密度Bの立ち上がりがきわめて急峻で，大きな残留磁束B_rをもっているのが特徴です．つまり，角形比が非常に大きく，$B_r/B_s = 0.93$程度の数値を示しています．

そのため，アモルファス・コア自体はスイッチング電源などのトランス・コア材としては不向きです．しかし，特定の条件でコアをわざわざ磁気飽和させてコイルとして利用する…**可飽和リアクトル**と呼ばれる使い方をすると有用なことがあります．可飽和リアクトルはサチュラブル・リアクトルとも呼び，SRと表現されます．可飽和リアクトルを使用した実際の設計については第4章で説明しますが，スイッチング電源の中でMag Amp…**マグアンプ**と呼ばれる磁気増幅器に好んで使われます．

アモルファス・コアは，フェライト・コアのように微細粒子を成型した構造とは異なります．性質はきわめて弾力性が高く可塑性はありません．薄帯と呼ばれる数十μmの厚さをもった板状の金属です．そのため機械的な衝撃に弱く，また高周波動作時には渦電流損が発生します．

コア損失のうち，ヒステリシス損は小さいほうが好ましいのですが，通常は100kHz程度までの動作と考えておいたほうが無難です．

● **可飽和リアクトルとして注目されているファインメット・コア**

ファインメット・コアは日立金属が開発した磁性材料で，アモルファス・コアとは対照的な構造をもった磁性材料です．基本的な素材としては鉄が用いられますが，

[表2-8][12] ファインメット・コアの磁気特性
比較のためにアモルファス・コアおよびNi-Znフェライトのデータも示されている

材料名		ファインメット		Co基アモルファス	Ni-Znフェライト
		FT-3H	FT-3M		
飽和磁束密度B_S [注1] [T]	20℃	1.23		0.60	0.38
	100℃	1.20		0.53	0.29
角形比B_r/B_s [注1]	20℃	0.89	0.50	0.80	0.71
	100℃	0.93	0.48	0.78	0.60
保磁力H_C [注1] [A/m]	20℃	0.60	2.50	0.30	30
	100℃	0.56	2.70	0.29	20
パルス透磁率μ_{rp} [注2]		2,000	3,500	4,500	500
コア損失P_{CV} [注2] [J/m³]		7.50	7.50	6.0	7.0
キュリー温度T_c [℃]		570		210	200
飽和磁歪定数$\lambda_S(\times 10^{-6})$		~0		~0	-7.8
抵抗率p [$\mu\Omega\cdot m$]		1.2		1.3	1×10^{12}
密度d [kg/m³]		7.3×10^3		7.7×10^3	5.2×10^3

(注1)最大磁化力800A/m時の直流磁気特性
(注2)パルス幅0.1μs,動作磁束密度量$\Delta B=0.2$T

微細結晶構造になっています．磁気的な特性を**表2-8**に示しておきます．

しかし，アモルファス・コアとはまったく異なった構造をとっているのに，磁気特性が非常に似通っているというのにはたいへん興味をそそられます．B-H曲線はやはり角形ですが，角形比は若干小さく，$B_r/B_s = 0.9$程度です．

使用する材料が安価なためにアモルファス・コアよりも価格が安く，可飽和リアクトルとして最近需要が増加しています．

2-4-3 形状自由度が大きいフェライト系コア

● Mn-ZnフェライトとNi-Znフェライト

フェライト・コアは数十μm単位の酸化鉄の粒子を主原料にして，種々の添加物を混合した後に成形したものです．そのため形状の自由度があり，さまざまな形のコアを作ることが可能です．**写真2-1**に示したコアが，スイッチング電源などに使われるフェライト・コアの代表的な形状です．

フェライト・コアには大別して2種類の材質があります．1MHz程度までの使用を想定したMn-Zn(マンガン系)フェライト・コアと，100MHz以上まで使用することが可能なNi-Zn(ニッケル系)フェライト・コアです．同じフェライト・コアでも特性は大きく異なります．

大半のスイッチング電源トランスにはマンガン系フェライト・コア(Mn-Zn)が使われています．無線周波数帯域で使用したり，直流が重畳する回路のチョーク・コイルにはニッケル系フェライト・コア(Ni-Zn)が使われます

● スイッチング電源用の主流 Mn-Zn フェライト・コア

Mn-Znフェライト・コアは以下の用途に使用されています．一つはスイッチング電源の出力トランスで，もう一つがノイズ・フィルタ(コモン・モード・フィルタ)用に使用されるHigh μ材と呼ばれるものです．大きなギャップを設けて直流重畳電流が流れるチョーク・コイルに使用されることも少なくありません．

スイッチング電源トランス用としては，主にEE/EPC/EERさらにはPQと呼ばれる形状が使われますが，RM形やトロイダル形が採用されることもあります．形状の使い分けについては次節で述べます．

スイッチング電源トランス用フェライト・コアの材質にはいくつかの種類があり，主に動作周波数によって使い分けされています．**表2-9**にMn-Znフェライト・コアのおもな種類と用途，**表2-10**に主要メーカであるTDK㈱とJFEフェライト㈱の代表的な種類と特性を示しておきます．

スイッチング電源用に現在もっとも一般的に採用されているのは，低パワー損失を特徴としたPC40材/MB3材とPC44材/MB4材です．周波数は100kHz程度までで，PC44材/MB4材のほうが損失が少なく，徐々にこちらの材料に移行しています．飽和磁束密度B_sは常温23℃で約520mTで，初透磁率μは約3000です．B-H曲線を**図2-33**に示しておきます．

スイッチング電源用トランスに採用されるMn-Znフェライト・コアは，飽和磁束密度B_sが高く，透磁率μが大きく，損失が少ないことが理想です．しかし現実にはすべての特性が優れている磁性材料を作ることは不可能です．何らかの特性を犠牲にしながら，用途に応じてもっとも重要な項目に優れた特性を際立たせた，いくつかの材料が作られているのです．

[表2-9] **各種 Mn-Zn フェライト材のおもな種類と用途**

種類	一般用材	低損失材	高周波材	High B材	High μ材
特徴	安価	コア損失が少ない	高周波で低損失	B_sが高い	μが大きい
主な用途	100kHz以下の出力	200kHz程度までの出力トランス	200kHz以上の出力トランス	フライバック・コンバータ用出力トランス	コモン・モード・コイル

[表2-10] おもなMn-Znフェライト・コアの特性例

材質	記号	温度(℃)	PC40	PC44	PC47	PC90	PC95
初透磁率	μ_i	—	2300±25%	2400±25%	2500±25%	2200±25%	3300±25%
振幅透磁率	μ_a	—	3000min.	3000min.	—	—	—
コア損失 100kHz sine B=200mT	P_{cv} [kW/m³]	25	600	600	600	680	350
		60	450	400	400	470	—
		100	410	300	250	320	290
		120	500	380	360	460	350
飽和磁束密度 H=1194A/m	B_s [mT]	25	510	510	530	540	530
		60	450	450	480	500	480
		100	390	390	420	450	410
		120	350	350	390	420	380
残留磁束密度	B_r [mT]	25	95.0	110	180	170	85
		60	65.0	70	100	95	70
		100	55.0	60	60	60	60
		120	50.0	55	60	65	55
保磁力	H_c [A/m]	25	14.3	13	13	13	9.5
		60	10.3	9	9	9	7.5
		100	8.8	6.5	6	6.5	6.5
		120	8.0	6	7	7	6
キュリー温度	T_c [℃]	—	>215	>215	>230	>250	>215
かさ密度	d [kg/m³]	—	4.8×10³	4.8×10³	4.9×10³	4.9×10³	4.9×10³
体積抵抗率	ρv [Ω·m]	—	6.5	6.5	4	4	6

(a)[3] TDKのコア材から

材質	記号	温度[℃]	MB1	MB1H	MB3	MB4	MBT1	MBT2
初透磁率	μ_i	23	2000±25%	1600±25%	2500±25%	2500±25%	3400±25%	3300±25%
実効飽和磁束密度 1200A/m	B_{ms} [mT]	23	510	540	510	520	510	530
		60	470	505	450	470	460	470
		100	420	460	390	400	390	400
実効飽和残留磁束密度	B_{rms} [mT]	23	310	300	130	130	90	70
		60	170	170	90	88	70	50
		100	80	80	55	54	60	40
実効飽和保磁力	H_{cms} [A/m]	23	14	16.1	14.3	12.7	9	7.5
		60	9.4	105	10.3	8	7	5.5
		100	6.1	7.3	8.8	6.4	6	4.3
コア損失 100kHz sine B=200mT	P_{cv} (注) [kW/m³]	23	870(900)	980(1070)	650(700)	575(630)	395(450)	370(425)
		60	600(620)	600(670)	440(500)	375(430)	325(430)	310(365)
		100	420(440)	380(450)	350(410)	270(300)	340(380)	300(340)
		120	475(490)	550(630)	390(500)	350(400)	390(430)	370(410)
キュリー温度	T_c [℃]	—	>255	>300	>215	>215	>230	>215
かさ密度	d [kg/m³]	—	4.9×10³	4.9×10³	4.9×10³	4.9×10³	4.8×10³	4.8×10³
抵抗率	ρ [−m]	—	6min.	6min.	6min.	4.5min.	4min.	4min

(注) P_{cv}の( )内数値はmax.値を示す

(b)[5] JFEフェライトのコア材から

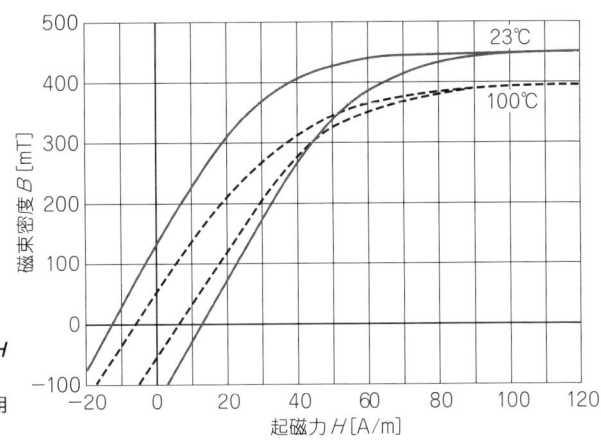

[図2-33] (5) **MB4材コアのB-H曲線**
スイッチング電源において広く利用されている低パワー損失のコア材

● **高温度での磁気飽和を改善したHigh B材フェライト・コア**

　High Bとは飽和磁束密度B_sが高い材料という意味です．Mn-Znフェライトの特性をさらに強化した磁気飽和しにくい材料というわけですが，損失が若干大きい欠点をもっています．したがって，数百kHz以上の高周波動作用トランスには不向きです．100kHz程度までなら大きな問題はありません．

　High B材はB_sは高いけれど透磁率μは小さく，2000程度です．しかし，主な用途ではギャップを入れて実効透磁率μ_eを下げて使用するので，μが小さいことが問題になることはありません．たとえば後述しますが，フライバック・コンバータや大電流を流すチョーク・コイルなどには最適です．これらの用途ではコアに大きなギャップを設けて使用します．

　TDKおよびJFEフェライトにおけるHigh B材の材料名は，PC47およびMB1Hです．常温での飽和磁束密度B_sは530mTと，従来材料とあまり違いがないのですが，**図2-34**に示すように，高温時のB_sの下がり方が小さく，全温度領域で高いB_sを確保することができます．結果，トランスを製作する際の巻き数が少なくて済み，トランスの小型化が可能になります．

　図2-35に，フライバック・コンバータのトランスを一般のMB3材とHigh B材のMB1Hで設計したとき，どのくらいの差が出てくるのかをデータで示しておきます．

● **高周波用フェライト・コア**

　スイッチング電源は徐々に動作周波数を高周波化する傾向が強まっています．理

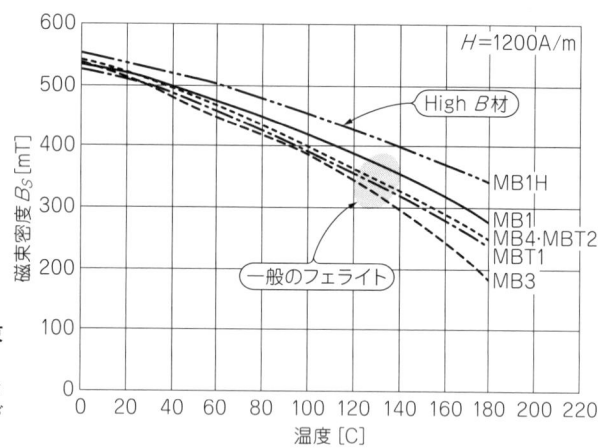

[図2-34]⁽⁵⁾ MB1Hの飽和磁束密度-温度特性
飽和磁束密度自体の大きさはあまり変わらないが，B_Sの温度特性が大幅に改善されている

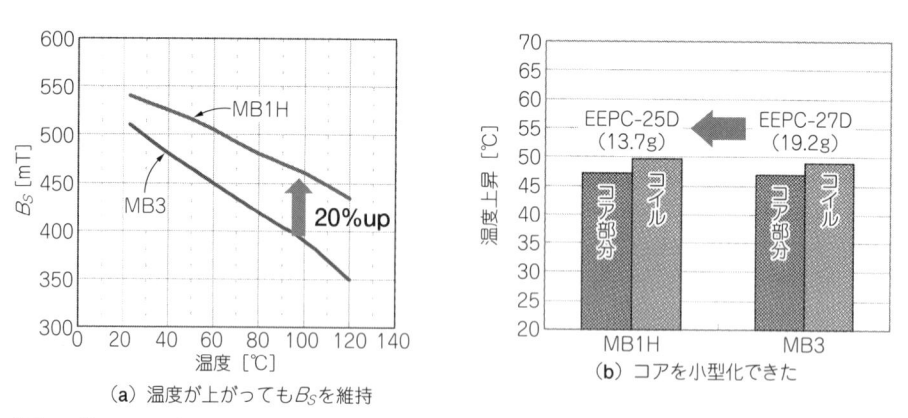

[図2-35] フライバック・コンバータのトランス・コアをMB3→MB1Hに替えたときの特性変化
（a）温度が上がってもB_Sを維持
（b）コアを小型化できた

由は，単純に考えるとそのぶんトランスやコイルを小型化できるからです．しかし，損失に関してたとえばトランスに着目して考えてみると，コアの損失P_iは式(2-6)にも示したように周波数の1.6乗に比例して増加してしまい，そのぶん温度上昇が大きくなって使用に耐えなくなります．

そこで，高周波動作において損失の少ないコア材を使用する必要が生じます．高周波用フェライト・コアと呼ばれるものです．図2-36に示すように，300kHz以上でも一定の低損失化が図られています．

しかし，それでも無視できるほどの損失ではありません．できるだけ$\varDelta B$を低く設計して温度上昇を抑えるなどの対応は必要です．

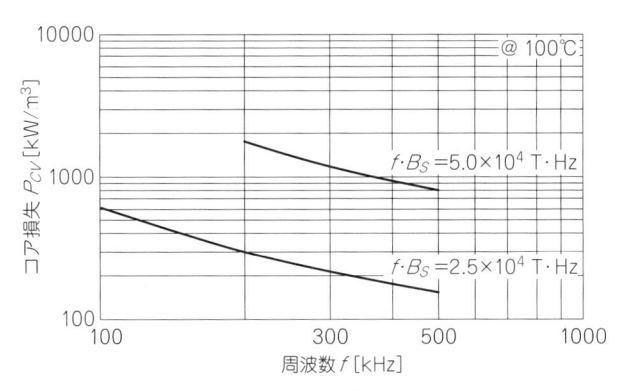

[図2-36][(5)] 高周波で低損失を目指したコア
MBF4のパワー損失-周波数特性

● 低損失フェライト・コア

　近年，電源回路部における電力損失低減への要求が厳しくなっています．加えて小型化，とくに薄型化の要求も強まっています．つまり，トランスの小型化・低損失化を図る必要に迫られています．このような用途に使われるのが低損失フェライト・コアです．

　図2-37に低損失と謳われているフェライト・コアの特性を掲げておきます．損失の温度特性グラフですが，これは磁束密度ΔBと周波数を同一の条件で温度を変化させたときの特性です．低損失コアMBT1では，値がかなり低くなっていることがわかります．

　とは言え，図2-37ではコア損失がP_{CV}[kW/m^3]という単位になっているので実態がよくわかりません．[mW/cm^3]の単位で読み替えると実態に近づきます．また図2-38に，PC95材(TDK)とMBT2(JFEフェライト)の実測データを掲げておきます．温度の条件やΔBの採り方によって温度上昇が異なっていることがわかります．

　コア損失の小さいコア材を選ぶには，動作周波数，動作温度，ΔBなどの条件において最も低い値のものを選択しなければなりません．しかしこれらのデータは，各メーカのカタログ資料には掲載されていませんので，現実には個別に問い合わせをするしか手段はありません．ただし，わずかな損失の差異であれば，あまり神経質になる必要はないとも言えます．

　このように低損失フェライト・コアを採用すれば，温度上昇も小さくすることができ，結果的にトランスを小型化することが可能になります．

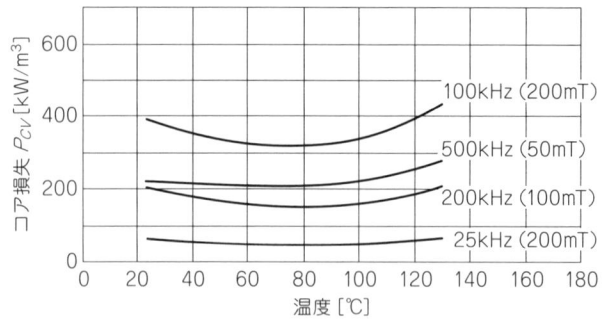

[図2-37]⁽⁵⁾ **低損失フェライト・コア**
MBT1のパワー損失-温度特性

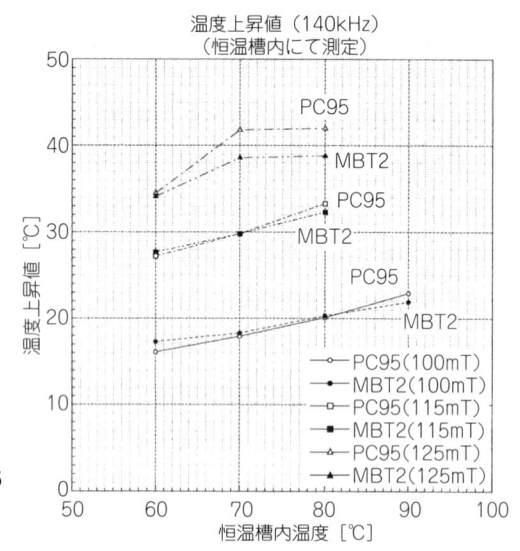

(注) P_{CV}[kW/m³]は現実的な表示と言えないが，JISによって定められた表示法である．周波数によるコア損失の変化を見るときは相対的な目安と見ていただきたい

[図2-38] **低損失フェライト・コア PC95材（TDK）およびMBT2（JFEフェライト）のコア損失…温度上昇**

● **インダクタンスを稼ぎたいとき有用なHigh μ材フェライト・コア**

　ノイズ・フィルタの中で，**コモン・モード・コイル**は，小型で大きなインダクタンスを必要とします．図2-39は，このような用途に適したコア材の特性を示しています．

　通常のトランス用コア材は透磁率 μ = 3000程度ですが，High μ材は5000以上，ものによっては10000もの値を示しています．少ない巻き数で大きなインダクタンスを得ることができるので，そのぶん小型化が図れることになります．ところが，特性図を見るとわかるように High μ材は周波数特性があまりよくありません．

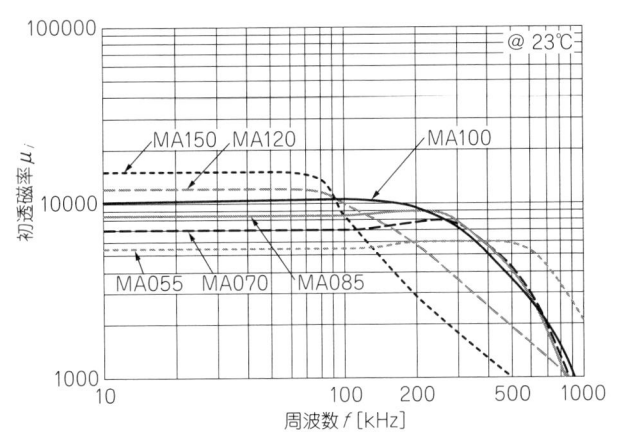

[図2-39] High μ材フェライト・コアの透磁率-周波数特性

　一般のトランス用材料の周波数特性は1MHz以上，ものによっては2MHz程度まで特性が伸びているのですが，High μ材はせいぜい500kHz程度までしか周波数特性がありません．これ以上の周波数ではμが低下して，インダクタンスも減少してしまうのです．
　コモン・モード・フィルタの設計については第6章で紹介しますが，フィルタはたんにインダクタンス値だけで選択するわけにはいかないことがわかると思います．

● Ni-Zn系フェライト・コア

　ニッケル系フェライト・コアはトランス用途ではなくて，チョーク・コイル用に使われます．透磁率μには数十〜数百までいろいろなものがあります．
　ニッケル系フェライト・コアは，**比抵抗**と呼ぶコア材自体の電気抵抗が非常に高いのが特徴です．コイルを作るとき，電線を直接コアに巻き線することができるのです．コア材の表面を絶縁材料などでコーテングしたりする必要がありません．
　一般に電源回路では，リプル・フィルタと呼ばれるスイッチング電源などで発生する大きなリプル電圧を低減するためにチョーク・コイルが使用されています．整流・平滑しただけだと，回路を誤動作させたり，アナログ回路のS/Nを損なわせるような大きなリプル電圧が出てしまうことがよくあります．このようなときリプル・フィルタを付加することによって，容易にリプルを1/10程度まで低減することができます．
　ニッケル系フェライトは，形状的には**写真2-4**に示す単純な丸棒のバー・コアと

2-4-3 形状自由度が大きいフェライト系コア | 073

呼ばれるものや，上下につばのついたドラム・コアなどが主流です．また，ドラム・コアの外側にさらに同じ材料で作られた筒状のコアを挿入したスリーブ・コアなどもよく使われています．

また，最近はアナログ系，ディジタル系，マイコン系，通信系など各種の回路を集合した複雑な電子回路を，一つのプリント基板上に実装するようなケースが増えています．そのため，**図2-40**に示すようにプリント基板上に複数のDC-DCコンバータが配置されることが少なくありません．ローカル回路ごとに安定な電源を供給するためのDC-DCコンバータには，電圧安定化のために小型チョーク・コイルが多用されるようになってきました．**写真2-5**に示す面実装型のパワー・インダクタと呼ばれるものにも，多くはニッケル系フェライト・コアが使用されています．

写真2-6に示すのは，ノートPCの電源アダプタのDCケーブルなどに使用されているクランプ型コアの一例です．これはニッケル系フェライト・コアの高周波特性を利用して，数百MHz帯域までのノイズ・フィルタを構成しているものです．

[写真2-4] バー・コアとドラム・コア　　（a）バー・コア　　（b）ドラム・コア

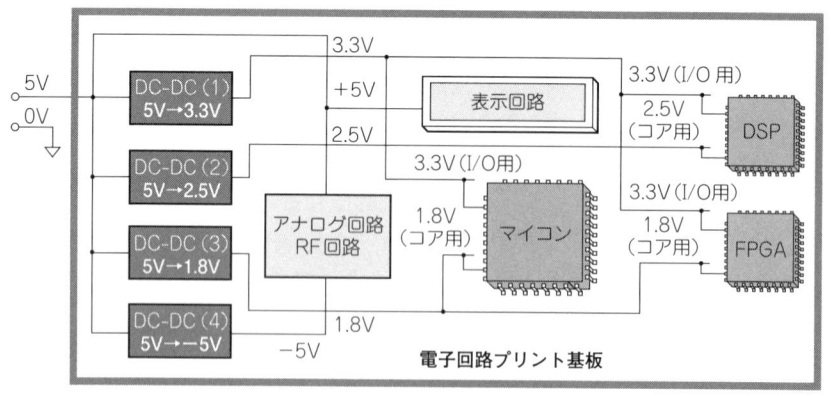

[図2-40] 電子回路が大規模・複雑になり，ローカルDC-DCコンバータが盛んに使用されるようになってきた

[写真2-5] 面実装型パワー・インダクタ

[写真2-6] EMI対策用に使用されているクランプ型コア

2-5　コアの各種形状と使い分け

　コア，とくにフェライト・コアには多くの形状があります．しかしコア形状の使い分けに，とくに決まった法則性はありません．チョーク・コイルでもトランスでも同じ形状を使用することができます．とはいえ，一般には以下のような形状ごとの特徴や条件を考慮して選択されています．

　表2-11に代表的なコアの形状(タイプ名)とその用途・特徴を示します．また章末p.84(表2-12)に，スイッチング電源に使用されている代表的形状のフェライト・コアの例を示します．

● 理想に近い形状…トロイダル・コア(リング・コア)

　トロイダル・コアは表2-7にも示したように，直径と厚さにバリエーションがあって，豊富な中から選択することができます．磁気回路的な観点からいくと，漏れ磁束が少なく磁路長が短いために非常に優れた形状ということができます．同じ材質のコアでも実効透磁率が大きくなるため，小型で比較的大きなインダクタンスを得ることができます．

　ただし最大の欠点は，自動機による巻き線が難しいということで，手巻きをせざるを得ないということです[注2-2]．そのため巻き線の工賃が高くつき低価格化が難しくなっています．さらには，プリント基板などに密着して実装するには専用の台座という，樹脂製の板などにいったん載せてから実装をしなければなりません．自

[注2-2] 近年は自動化技術が進んでいて，トロイダル・コアによるコイルの使用も増加してきている．トロイダル・コアによるコイルの(国内)専門メーカも登場してきており，ユーザにとっては喜ばしい状況である．

[表2-11] コアの代表的な形状とその用途(コア単体での比較を示した. 写真は写真2-1を再掲した)

コア形状	特徴	価格	漏れ磁束	説明
トロイダル (リング)	理想形状 低漏れ磁束	◎	◎	トロイダル形状は，漏れ磁束が小さく結合の良いトランスを実現できる理想的な形．しかし機械巻きを行うには複雑な装置が必要で，手動による巻き線を行う場合も作業効率が悪い
EE，EI	安価	○	△	低コストというメリットがあるが，四角の中脚に巻き線を行うのでボビンへの電線の密着性が悪く，巻き線長が長くなるため，形状が若干大きくなる
EER	高コスト・ パフォーマンス	○	△	EEの中脚を丸くすることで巻き線が容易になり，銅線の巻き線長も短くなる．巻き枠を有効に使用できる．現在ではもっともポピュラな形状
PQ	小型・大容量	△	△	EERの外脚形状を変えることで小型化したもの．磁束の流れを考慮し，コアの不要部分がカットしてある
ER (プレーナ型)	薄型	△	○	薄型トランス用コア．巻き線の代わりにプリント基板のパターンを使うことがある

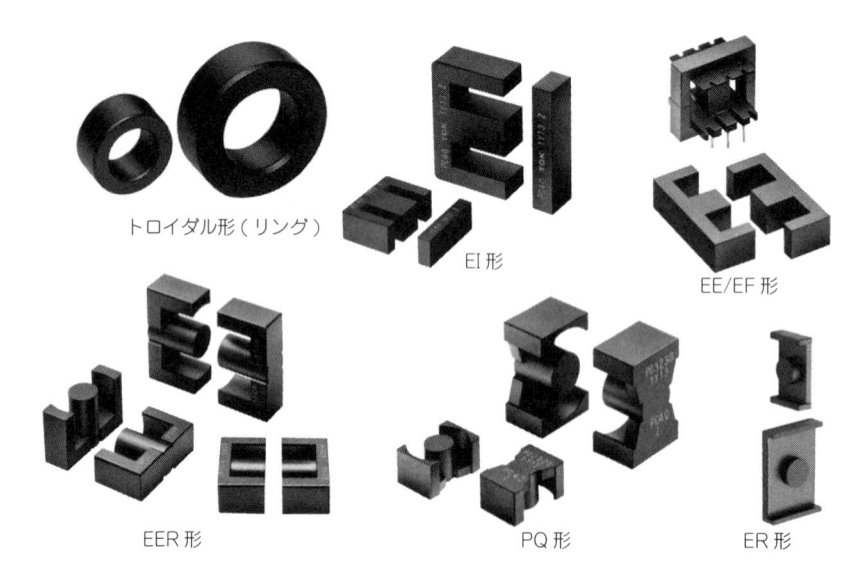

トロイダル形(リング)

EI形

EE/EF形

EER形

PQ形

ER形

動化を図りにくい形状になっています．**写真2-7**にトロイダル・コアへ台座を実装したときの構成を示します．このような台座は，一般には巻き線したトロイダル・コイル専用のアクセサリとして用意されているものです．

なお，直流重畳特性の改善などを目的としたギャップを設けることも(可能ではあるが)容易ではありません．ですから用途としては，ギャップを必要としないチョーク・コイルやトランス専用と考えてさし支えありません．

[写真2-7] **トロイダル・コア＋台座**
とくに取り付け金具のようなものはないので，プリント基板への実装はやっかいである．コイル・メーカには取り付けのためのアクセサリとして，コイル台座が用意されている

[写真2-8] **コモン・モード・コイルにはトロイダル・コア**
コモン・モード・コイルではストレ・キャパシタンスを小さく，インダクタンスは大きくとることが重要．High μ 材トロイダル・コアが使用されることが多い．また，この例では絶縁強化のため分割巻き構造になるよう台座が工夫されている

　スイッチング電源では，主にノイズ・フィルタとして使用されるコモン・モード・コイル用やノーマル・モード・チョーク用などとして多用されています．**写真2-8**に市販のコモン・モード・コイルの一例を示します．コモン・モード・コイルに使用されるコアはMn-Znフェライトによる High μ 材になります．

　電源の力率改善…PFC用チョーク・コイルやフォワード・コンバータの2次側平滑用チョーク・コイルには，センダスト・コアなどの材質でトロイダル形状が多く用いられています．

　くれぐれも注意をしなければならないのは，Mn-Zn系フェライト・コアを使用するときです．プレスで成形をするときにコアの端にどうしてもバリができてしまいます．ここに電線を巻くと被膜が破損してコアと短絡をしてしまいます．Mn-Zn系フェライト・コアは比抵抗が低いので，コアを通して電線間が短絡状態となってしまいます．コア表面にテープや樹脂などであらかじめ絶縁を施したタイプを選ぶ必要があります．**表2-7**に示したチャンスン社パウダ・コア（トロイダル）の例を参考にしてください．

● ドラム形…小型チョーク・コイル用コアの形状
　高周波スイッチングの平滑用チョーク・コイルには，従来からセンダスト・コア

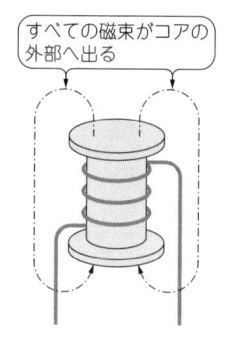

[図2-41] ドラム・コア
コアに直接巻き線できるので，容易にチョーク・コイルを製作することができる

すべての磁束がコアの外部へ出る

が好んで使われています．センダスト・コアは基本がトロイダル形であり，ほかの形状は例外的です．センダスト・コアを使う大電流を流すコイルのときは巻き数もさほど多く必要としないので，これで良いわけです．

　もし電流値が小さく，小型コアで細い電線をたくさん巻かなければならないときには，**写真2-4**にも示した**図2-41**のようなドラム形コアが好んで採用されます．このときのコア材はNi-Znフェライト・コアです．巻き上がったコイルの外側にスリーブを設けたものが好まれています．きわめて薄型化が要望されるときにはこの形状が重宝されています．ドラム・コアによるチョーク・コイルは，DC-DCコンバータなどへの用途のため多くのメーカから標準品が用意されています．

　また，数μH程度のインダクタンスが小さく，かつ大電流を流すようなリプル・フィルタ用途では，スリーブなしドラム・コアや，棒状のバー・コアも使われています．材質はいずれもNi-Znフェライト・コアですが，材料費が安価で巻き線が容易にできる利点があります．ただし，ドラム・コアは形状からわかるように磁路がオープンです．漏れ磁束が多くなって，周囲にノイズの影響を与えることもあるので，使用に当たっては注意が必要です．

● 大電流用チョーク・コイルの形状

　50A以上などという，大電流を流さなくてはならないスイッチング電源用チョーク・コイルではやや特殊な構造をとります．

　コア材には，Mn-Znフェライトの大形EEやEIを採用します．ただしMn-Znフェライト・コアは大電流を流すと磁気飽和を起こしてしまうので，大きなギャップを設けます．このとき大電流を流す電線は，通常の巻き線用電線ではなくて，**図2-42**に示すような構造の，銅板を加工した**平角線**と呼ぶものをコアの内部にちょうど入る形として置きます．通常はせいぜい数ターン程度の巻き数ですから，この

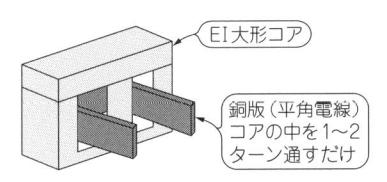

[図2-42] 大電流を流すときは電線に工夫が必要

EI大形コア
銅版（平角電線）コアの中を1～2ターン通すだけ

[写真2-9]⁽¹⁰⁾ インバータ用大電流チョーク・コイルの一例
東邦亜鉛㈱ハイパワー・チョーク・コイルの例．インダクタンス240μA・定格電流は40Aとなっている．巻き線に平角線が使用されている

ような構造で電線の損失を減らす工夫がなされているのです．

写真2-9に，16kW出力インバータに使用されている大電流チョーク・コイルの一例を示します．UU形状のコアを複数重ね，銅板を伸ばした平角線を巻いたところを見ることができます．また，巻頭の[口絵2]にも最新の大電流用チョーク・コイルの一例を示しましたので参考にしてください．

● 小容量電源トランスではEE/EIコアが多い

写真2-10に示すEIコアとEEコアは典型的なコア形状といえます．近年では30W以下の小容量スイッチング電源の出力トランスとして，主にEI25あるいはEE25程度までの形状が使われています．EI/EEの後に続く数字が形状の大きさを表しますが，写真に示す幅Aのサイズに相当します．ただし，EE/EIコアは電線を巻くコアのセンタ・ポールが角形になっているため，太い電線を巻き線しようとすると角の部分が膨らんでしまう，いわゆる**巻き膨れ**を生じ多くのターン数は巻ききれなくなってしまいます．電線の線径は0.5φくらいまでとしておくのが無難です．

コア材は基本的にMn-Znフェライトになります．この形状はギャップを設けて

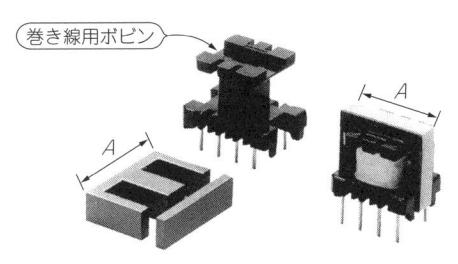

[写真2-10]⁽¹³⁾ 小容量スイッチング電源に使用されるEIコアの一例

巻き線用ボビン

2-5 コアの各種形状と使い分け | 079

[写真2-11]⁽¹³⁾ スイッチング電源トランスの主流になっているEERコア
巻き線しやすいことが最大の特徴

（a）EE/EIコア用　（b）EERコア用
[写真2-12] 2つのボビンの比較

直流重畳特性を改善したチョーク・コイルとしても適応可能です．

● スイッチング電源トランスの主流になっているEERコア

　小容量電源トランスではEIやEEが主に使われていますが，大きな電力を扱うトランスではEER形状が好まれています．EERは**写真2-11**に示すように，中心巻き線を行う部分が円筒状になっているため，太い線径の電線でも巻き線しやすく，現在の主流になっています．**写真2-12**にEE/EIコアとEERコアのボビンを示しておきます．

　EERが好んで採用される理由は，1次巻き線と2次巻き線が同心円上に巻かれるため磁気的な結合が良く，損失の少ないトランスが構成できるからです．

　おもに中出力〜大出力電源トランスへ応用されています．EERコアに22型以下は通常はありません．なお，プリント基板への実装時に占有面積を少なくするために，EER25やEER28などの形状でロング・タイプと呼ばれるコアもあります．これは巻き線を行うための巻き幅が十分に取れるため，多くのターン数を巻き線する

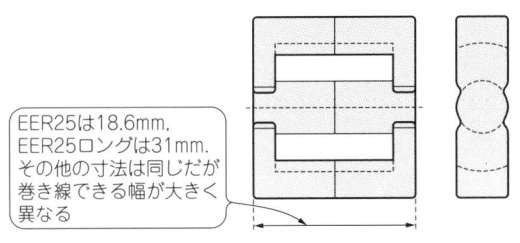

> EER25は18.6mm，EER25ロングは31mm．その他の寸法は同じだが巻き線できる幅が大きく異なる

[図2-42] EER25とEER25ロング・タイプの比較

[写真2-13]⁽¹³⁾ PQコアの形状

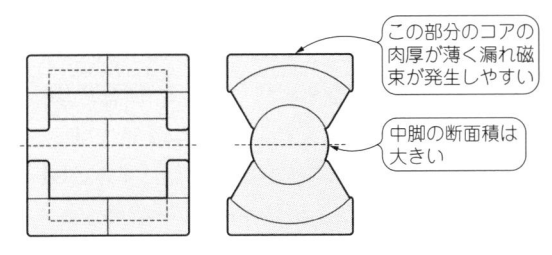

> この部分のコアの肉厚が薄く漏れ磁束が発生しやすい

> 中脚の断面積は大きい

[図2-43] PQコアは中脚が円形で巻き線しやすい

ことが可能になります．EER25とEER25ロング・タイプの比較を図2-42に示しておきます．

　EER形状のコア材としては，スイッチング電源用がメインなのでMn-Znフェライト・コアだけと考えて差し支えありません．

● 巻き太りしないチョーク・コイルに適したPQコア
　写真2-13にPQコアの形状を示します．このコアも材質はMn-Znフェライトだ

2-5 コアの各種形状と使い分け | 081

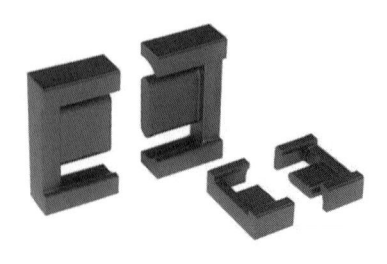

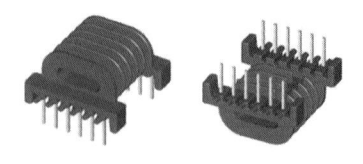

(a) コア形状　　　　　　(b) CCFL用巻き線ボビン

[写真2-14] EPCコアの形状

けとなります．中脚が円形なので巻き線しやすく，しかも外形に比較してコアの断面積が大きくとれるのが特徴です．ただし，このPQコアは磁気回路的にはあまり好ましい形状とは言えません．

　図2-43に示すように，外足の中心部の肉厚がきわめて薄くできています．そのために，2個のコアを突き合わせたときに寸法のずれが生じて，そこから漏れ磁束が多く発生してしまうのです．トランスへの応用では，これが原因で必ずしも良好な結合度が取れず，漏れインダクタンスが大きくなってしまうことがあります．

　直流電流重畳が加わるチョーク・コイルでは，ギャップを設けるときいずれにしても漏れ磁束が大きく出てしまうので，PQタイプでも特段の問題は起こりません．

● 薄型化のために用意されたEPCコア

　写真2-14にEPCコアの形状を示します．コイルやトランスの実装高さに制限があって，厚みのあるものが実装できないような場合に好んで使われるコア形状です．つまり，薄型化に適した形状ということができるわけです．最近では白色LEDにその場を奪われつつありますが，CCFL（冷陰極管）を駆動するインバータ用トランスなどには，(b)に示すようなセパレータ付き巻き枠（ボビン）を用いたものが多く使われています．

　EPCコアの形状は薄型化のために，コアそのものも厚みをかなり抑えてあります．結果，コアの断面積は小さくなっています．そのために，コアの長さを長くしないと十分に電線を巻き線することができません．ということは磁路長が長くなってしまい，実効透磁率μ_eを大きくすることができなくなってしまいます．

　大きなインダクタンスを得ようとする目的には適した形状ではありません．あくまでも薄型化を目的にした用途と考えておいたほうがよいでしょう．

[写真2-15] UUコアの形状

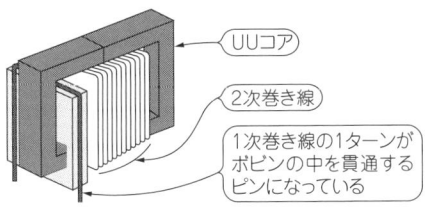

[図2-44] UUコアを使ったCTの構成例
1次-2次間にセパレータがついて，とくに1次コイル側がボビン内を貫通したピン（脚）が，1次コイルの役割を果たすようにした例

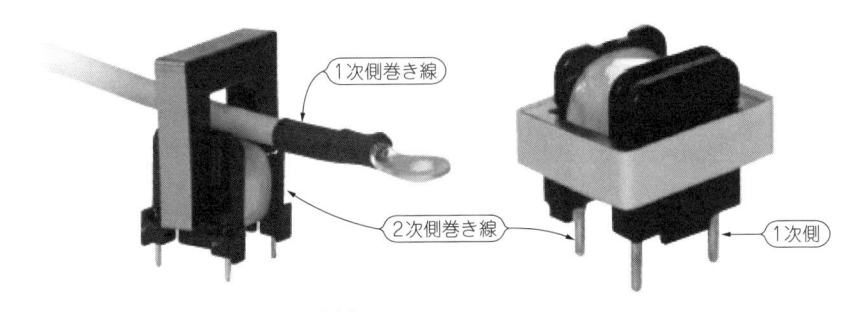

[写真2-16] UUコアによるCTの実例

● CTやコモン・モード・コイルに適したUU形コア

　巻き線間の結合があまり重要視されないトランスもあります．非常に小さな電流しか流れない，たとえばCT（カレント・トランス…電流変換用トランス）では，2次側にはせいぜい数十mA程度の電流しか流れません．したがって，巻き線間の結合が少々悪くても，さほど特性として問題になることはありません．

　このような場合は，**写真2-15**に示すUUコアが多く用いられます．コアもトランスも，全体に小型化が可能となるためです．**図2-44**はCT用トランスを構成するときの例です．CTは1次側巻き線には比較的大電流が流れますが，通常は巻き数が1ターンです．したがって，すでに巻き枠であるボビンの中に1ターンぶんが成形して作られていて，2次巻き線だけを必要数だけ巻き線します．**写真2-16**に実物例を示します．

　全体構造が簡単になることは言うまでもなく，さらには両方の巻き線間の絶縁が楽になるという利点があります．UU形コアはほかにコモン・モード・コイルに利用されることもあります．

2-5 コアの各種形状と使い分け | **083**

[表2-12] スイッチング電源用に使用されているフェライト・コアの例

メーカにて標準ボビンが用意されているものを掲載した．設計・選択の便宜のために用意したもの．仕様の変化も多いので，決定においては最新データを入手して確認を行ってください

形状	寸法[mm] A	B	C	D	E	F	I	コア定数 C_1 [mm^{-1}]	磁路長 ℓ_e [mm]	断面積 A_e [mm^2]	A_L値[nH/N^2] MB1	MB3	MB4	MBT1
EI-12.5	12.5	7.4	5.0	2.4	9.0	5.1	1.5	1.44	21.4	14.9	1260	1500	1500	1780
EI-16	16.0	12.2	4.8	4.0	11.7	10.2	2.0	1.81	34.7	19.2	1100	1300	1300	1630
EI-19	19.0	13.4	5.0	4.5	14.2	11.0	2.4	1.71	39.3	23.0	1040	1200	1200	1760
EI-22	22.0	14.6	5.8	5.8	15.6	10.6	4.0	1.11	41.7	37.5	1790	2000	2000	2660
EI-25D	25.3	15.6	6.8	6.5	19.0	12.4	2.7	1.14	46.9	41.0	1770	2200	2200	2660
EE-8.3	8.3	4.0	3.6	1.8	6.1	3.0		2.82	19.5	6.9	649	750	750	927
EE-10.2	10.2	5.5	4.7	2.4	7.6	4.2		2.27	26.1	11.5	825	950	950	1190
EE-13D	13.0	6.0	6.2	2.8	10.0	4.6		1.77	30.2	17.1	1060	1200	1200	1530
EE-16A	16.0	7.2	4.8	4.0	11.7	5.2		1.83	35.1	19.2	1050	1300	1300	1540
EE-19A	19.0	8.0	5.0	4.5	14.2	5.6		1.73	39.7	23.0	1140	1400	1400	1670
EE-22A	22.0	9.4	5.8	5.8	15.6	5.4		1.12	42.1	37.5	1730	1900	1900	2530
EE-25D	25.3	15.6	6.8	6.5	19.0	12.4		1.70	72.0	42.3	1210	1500	1500	1820

(a)(5) EE/EIコア（JFEフェライト㈱）

形状	寸法[mm] A	B	C	D [φ]	E	F	コア定数 C_1 [mm^{-1}]	磁路長 ℓ_e [cm]	断面積 A_e [cm^2]	A_L値[nH/N^2] MB1	MB3	MB4	MBT1
EER-10.8D	10.8	2.5	5.9	4.1	8.7	1.6	1.2	14.4	12.0	1220	1380	1380	1610
EER-25.5A	25.5	9.3	7.5	7.5	19.7	6.2	1.1	47.6	44.2	1810	2000	2000	2670
EER-28.5U	28.5	8.4	11.4	9.9	21.1	4.7	0.5	42.9	81.9	3580	4170	4170	5160
EER-28.5A	28.5	14.0	11.4	9.9	21.1	9.6	0.7	63.4	85.2	2740	3270	3270	4120
EER-30M	29.8	15.8	9.5	9.5	21.9	11.0	0.925	70.7	76.4	2220	2650	2650	3340
EER-35A	35.0	20.7	11.3	11.3	25.3	14.7	0.8	90.4	110.0	2620	3300	3300	4050
EER-39J	39.0	22.2	12.8	12.8	28.6	17.0	0.8	102.0	133.0	2850	3500	3500	4440
EER-40H	40.0	21.2	15.0	14.0	30.7	15.2	0.6	96.1	157.0	3530	4000	4000	5470
EER-40D	40.0	22.4	13.3	13.3	29.0	15.4	0.6	97.5	153.0	3400	4300	4300	5280
EER-42P	42.0	21.2	19.6	17.3	31.8	15.3	0.4	96.0	229.0	5150	6300	6300	7960
EER-42D	42.0	22.4	15.5	15.5	29.4	15.4	0.5	97.8	201.0	4450	5200	5200	6890
EER-49L	49.0	27.0	17.2	17.2	36.4	18.5	0.5	119.0	241.0	4500	5570	5570	7070
EER-90	90.0	45.0	30.0	30.0	68.5	35.5	0.3	215.0	619.0	6720	8250	8250	
EER-94	94.0	47.5	30.0	30.0	68.5	35.5	0.3	222.0	712.0	7490	9210	9210	
EER-120	120.0	50.5	30.0	30.0	93.3	35.5	0.3	250.0	788.0	7430	9150	9150	

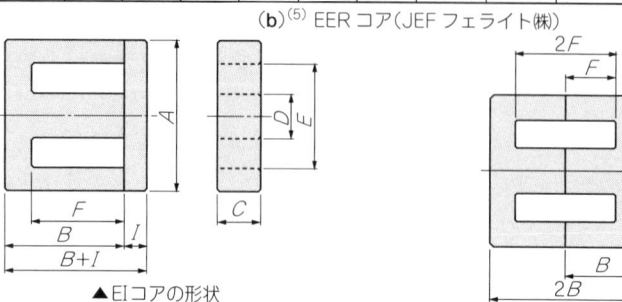

(b)(5) EERコア（JEFフェライト㈱）

▲EIコアの形状

▲EEコアの形状

形状	寸法[mm] A_1	A_2	B	C [ϕ]	$2D$	E	$2H$	コア定数 C_1 [mm^{-1}]	磁路長 ℓ_e [mm]	断面積 A_e [mm^2]	A_L値[nH/N^2] ギャップなし PC47	PC90	PC95
PQ20/16Z-12	20.5	14.0	18.0	8.8	16.2	12.0	10.3	0.605	37.4	62	3880	3100	4480
PQ20/20Z-12	20.5	14.0	18.0	8.8	20.2	12.0	14.3	0.738	45.4	62	3150	2700	4000
PQ26/20Z-12	26.5	19.0	22.5	12.0	20.2	15.5	11.5	0.391	46.3	119	6170	5550	7470
PQ26/25Z-12	26.5	19.0	22.5	12.0	24.8	15.5	16.1	0.472	55.5	118	5250	4500	6520
PQ32/20Z-12	32.0	22.0	27.5	13.5	20.6	19.0	11.5	0.326	55.5	170	7310	6400	9120
PQ32/30Z-12	32.0	22.0	27.5	13.5	30.4	19.0	21.3	0.464	74.6	161	5140	4900	7000
PQ35/35Z-12	35.1	26.0	32.0	14.4	34.8	23.5	25.0	0.448	87.9	196	4860	4700	7320
PQ40/40Z-12	40.5	28.0	37.0	14.9	39.8	28.0	29.5	0.508	102.0	201	4300	4300	6400
PQ50/50Z-12	50.0	32.0	44.0	20.0	50.0	31.5	36.1	0.346	113.0	328	6720	6250	9700

(c)[3] PQ コア(TDK㈱)

形状	寸法[mm] A	B	C	D_1	D_2	E_1	E_2	F	R_d	コア定数 C_1 [mm^{-1}]	磁路長 ℓ_e [mm]	断面積 A_e [cm^2]	A_L値[nH/N^2] MB1	MB3	MB4	MBT1
EEPC-13D	13.3	6.6	4.6	5.6	2.1	10.5	8.3	4.5	1.03	2.34	28.1	12.1	687	787	787	931
EEPC-17D	17.6	8.6	6.0	7.7	2.8	14.3	11.5	6.1	1.40	1.83	38.2	20.9	950	1110	1110	1340
EEPC-19D	19.1	9.8	6.0	8.5	2.5	15.8	13.1	7.3	1.25	2.11	43.5	20.6	970	1160	1160	1460
EEPC-25D	25.1	12.5	8.0	11.5	4.0	20.7	17.1	9.0	2.00	1.35	56.3	41.5	1570	1890	1890	2460
EEPC-27D	27.1	16.0	8.0	13.0	4.0	21.6	18.5	12.0	2.00	1.46	71.2	48.9	1550	1860	1860	2380
EEPC-30D	30.1	17.5	8.0	15.0	4.0	23.6	20.0	13.0	2.00	1.36	77.3	56.6	1760	2190	2190	2910

(d)[5] EPC コア (JFE フェライト㈱)

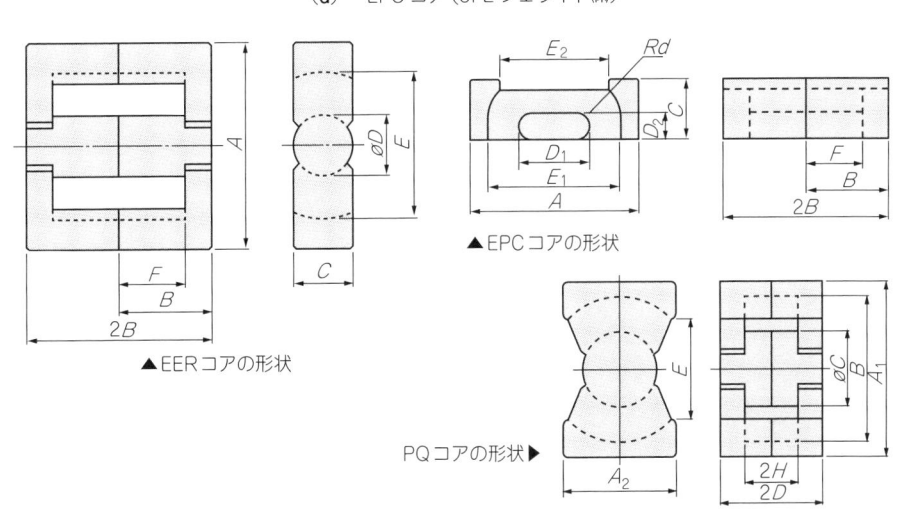

▲EER コアの形状

▲EPC コアの形状

PQ コアの形状▶

2-5 コアの各種形状と使い分け

スイッチング電源のコイル/トランス設計

第3章
コイル/トランスの製作…巻き線の実践ノウハウ

> チョーク・コイルやトランスのふるまいを真に理解するには，
> 一度は自らの手でコイルあるいはトランスを設計して巻いてみることです．
> 本番では協力会社に製作を依頼することが多いと思いますが，
> 一度は巻き線を体験しておくことをお勧めします．

3-1　巻き線…電線の選択はどうする？

　チョーク・コイルもトランスも，コアの内部あるいは周辺になにかしらの電線を巻かなければなりません．普通の配線に使うようなビニール電線を巻くわけにはいきません．トランス専用の電線を用いることになります．
　用途・形状によっていくつかの種類の電線を使い分けることになります．

● 耐熱と絶縁から電線の種類を決める

　チョーク・コイルやトランスなどを巻く電線を総称して**マグネット・ワイヤ**と呼んでいます．いくつかの種類があって，用途によって使い分けがなされています．
　もっとも多く使われているのは銅の単線にエナメル系の皮膜で絶縁した電線ですが，チョーク・コイルやトランスは，各国の**安全規格**でも最重要部品に指定されています．とくに使用温度範囲は絶縁特性とも関係するので，きちんとした基準で選択しなければなりません．**表3-1**にJISによる巻き線類の耐熱クラス分けを示します．また，絶縁皮膜材による分類もあります．**表3-2**が絶縁材から分類した一覧を示します．絶縁材の種類によって使用できる**最高温度**が決まります．また絶縁皮膜には，皮膜の厚さの違いによる分類があります．これを**表3-3**に示します．皮膜の薄いほうから3種，2種，1種，0種となっていますが，一般には2種の電線を使用することが多いようです．巻き線をより多くするときは3種を使用することもあります．
　もっとも一般的でしかも使いやすいのがUEWと呼ばれる種類で，絶縁種はE種，

3-1 巻き線…電線の選択はどうする？　　**087**

⟨表3-1⟩ 巻き線類の耐熱クラス(JIS C4003)

耐熱クラス	Y	A	E	B	F	H	C
最高許容温度[℃]	90	105	120	130	155	180	180以上

⟨表3-2⟩ 絶縁材の種類から区別したエナメル線の種類

記号	PVF	UEW	PEW	EIW	AIW
名称	ホルマール線	ポリウレタン銅線	ポリエステルナイロン銅線	ポリエステルイミド銅線	ポリアミドイミド銅線
耐熱クラス	A種(105℃)	E種(120℃)	B種(130℃)	H種(180℃)	C種(180℃以上)

⟨表3-3⟩ 絶縁皮膜厚さの分類…導体径0.1[mm] UEWの皮膜厚

線種	最小皮膜厚 $[h]$	最大外径 $[D]$	断面寸法
0種	0.016(mm)	0.156(mm)	
1種	0.009(mm)	0.140(mm)	
2種	0.005(mm)	0.125(mm)	
3種	0.003(mm)	0.118(mm)	

　最高使用温度は120℃と規定されています．皮膜厚さを2種とすると，**2UEW**という呼び方になります．通常のチョーク・コイルやトランスに用いるには十分ですが，最近では温度上昇が高くてもトランスを小型化しようとする傾向が強まっています．このような場合には，155℃でも使えるPEW(2PEW)などと呼ばれる種類のものも使われるようになっています．

　E種UEWなどは電線の端末の処理がきわめて容易です．絶縁皮膜が，少し高温のはんだごてを当てると簡単に溶けてくれるからです．AIWなど高温用電線の皮膜は，この方法では取ることができません．専用のソルコートなどと呼ばれる剥離材(薬品)を使わなければなりません．

　実験などで使用するとき，やすりやカッタ・ナイフで皮膜を削り取ることもできなくはないのですが，きれいに皮膜を取ることは難しく，信頼性のうえで問題が出てしまいます．

● 電流の大きさから電線径を決める

　実際のマグネット・ワイヤは通常，**写真3-1**に示すように樹脂製ドラムに巻かれています．大きいものでは重量が10kg程度にもなりますが，種類によっては小型ドラムに巻かれたものもあります．

　線径は非常に細かく細分化されていて，細いものは0.03φ程度から，太いものは

〈写真3-1〉[22] 市販マグネット・ワイヤの一例（中部電材㈱）

1.8φ程度まであります．表3-4を参照してください．

　表3-4における線径は，皮膜の中の銅線直径を表したものです．実際に巻き線をするときには皮膜の厚さが加わるし，多少なりとも電線がよれていたりします．ですから，巻き枠…ボビンの幅や厚み方向に対して1.2倍くらいの余裕をみて電線を決めないと，巻ききれなくなってしまいます．

　線径は，もちろん中を流れる電流によって太さを決めなければなりません．銅線の抵抗分によって，流れる電流による**ジュール損**が発生して温度上昇を生じるからです．

　電流と線径の関係は，電流密度と呼ぶ係数を参考に決定します．これをρ（ロー）で表現します．

　電流密度の取りかたは，チョーク・コイルとトランスでは異なります．フォワード・コンバータなどにおける出力側の平滑用チョーク・コイルには，直流電流が流れます．対して，出力トランスでは1次側巻き線と2次側巻き線にはそれぞれ半周期ずつの電流が流れて，直流電流は流れません．つまりチョーク・コイルとして巻く電線は，トランスにくらべると2倍の電流が流れると考えなければなりません．

　電流密度は，電線の断面積1mm平方当たりに流れる電流で表します．$1mm^2$をsq（スクェア）で表し，トランスの場合には6A/sq，コイルの場合には半分の3A/sqを目処にします．これを前提に，巻く線径を決めていけば良いわけです．表3-5に，温度上昇を30℃くらいに抑えることを目安にした許容電流を4A/sqとしたときの電線の許容電流を示します．

　なお，USなどでは電線径を表すのにAWG No.が使用されていますが，日本で

3-1 巻き線…電線の選択はどうする？　089

〈表3-4〉マグネット・ワイヤの仕上がり外径と導体抵抗

線径は銅線の線径を示している．実際は皮膜があるので公称線径値よりも1割以上太く仕上がっている．しかも理想的には巻き上がらないので，さらに1割くらいの余裕をみて計算したほうがよい

導体線径[mm]	2種 最大仕上り外径[mm]	導体抵抗20℃[Ω/km] 標準	導体線径[mm]	2種 最大仕上り外径[mm]	導体抵抗20℃[Ω/km] 標準
0.03	0.044	24,055	0.28	0.314	276.4
0.04	0.056	13,531	0.29	0.324	257.9
0.05	0.069	8,660	0.30	0.337	241.3
0.06	0.081	6,014	0.32	0.357	212.0
0.07	0.091	4,418	0.35	0.387	177.3
0.08	0.103	3,359	0.37	0.407	158.6
0.09	0.113	2,654	0.40	0.439	135.7
0.10	0.125	2,150	0.45	0.490	107.2
0.11	0.135	1,777	0.50	0.542	86.86
0.12	0.147	1,483	0.55	0.592	71.78
0.13	0.157	1,272	0.60	0.644	60.39
0.14	0.167	1,097	0.65	0.694	51.40
0.15	0.177	955.6	0.70	0.746	44.32
0.16	0.189	839.8	0.75	0.798	38.60
0.17	0.199	743.9	0.80	0.852	33.93
0.18	0.211	663.6	0.85	0.904	30.05
0.19	0.221	595.6	0.90	0.956	26.80
0.20	0.231	537.5	0.95	1.008	24.06
0.21	0.241	487.5	1.00	1.062	21.72
0.22	0.252	445.2			
0.23	0.264	407.6			
0.24	0.274	374.8			
0.25	0.284	345.7			
0.26	0.294	320.0			
0.27	0.304	297.0			

〈表3-5〉電線の許容電流

大きな電流を流すには太い電線が必要になる．温度上昇を30℃に抑えるには，この表くらいの目安が必要になる

線径 φ[mm]	0.2	0.26	0.3	0.32	0.4	0.45	0.5	0.6	0.7	0.8	1.0	1.2
断面積[mm^2]	0.03	0.05	0.07	0.08	0.13	0.16	0.2	0.28	0.38	0.5	0.78	1.13
許容電流[A]	0.12	0.2	0.28	0.32	0.52	0.64	0.8	1.1	1.5	2.0	3.1	4.5

（注）許容電流は4A/mm^{2}としてある．

はSI単位に準じていることからmmゲージが使用されています．資料によってはAWG No.を使用している場合がありますが，そのときはmmゲージに換算する必要があります．

● **高周波では細い線を並列にすることもある…リッツ線**

　スイッチング電源でも高周波領域を使用することが増えてきました．100kHz以上の高周波電流が流れるコイルやトランスにおいては，図3-1に示すように電線に生じる表皮効果を考慮しなければなりません．高周波電流は銅線の表面近辺にだけ流れて，断面に均一に流れないからです．このような場合の電線径は0.5φ以下にしておくのが無難です．0.5φで電流密度が不足するときには，何本かの電線を並列に巻くようにします．これをさらに進めたのがリッツ線と呼ばれるものです．

　リッツ線とは写真3-2に示すように，細い単線を何本も束ねてより線にしたもの

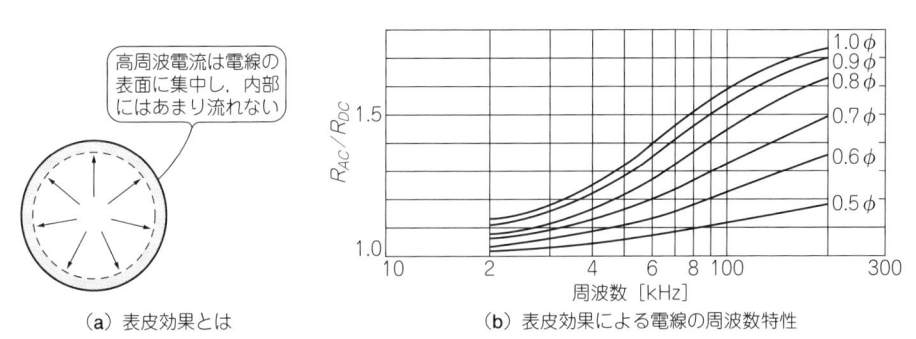

（a）表皮効果とは　　　　　　　　（b）表皮効果による電線の周波数特性

〈図3-1〉 **電線には表皮効果がある**（図2-16を再掲）
交流分は銅線の断面を一様には流れない．表面に集中する．よって周波数が高いときは注意が必要．線径が太いと表皮効果は顕著になる．100kHz，1mmφの電線では実効抵抗が1.6倍になってしまう

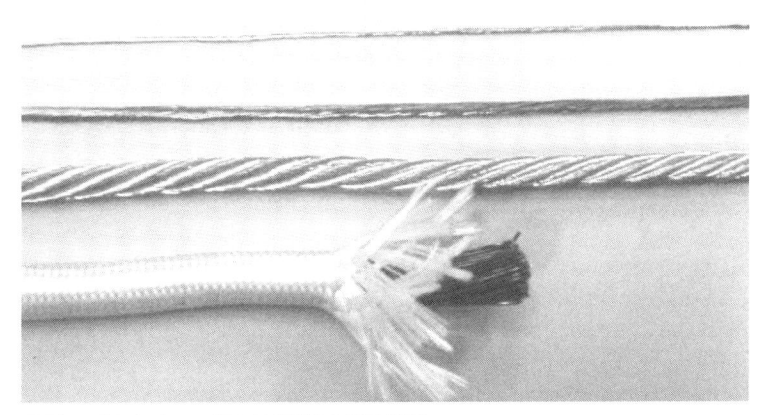

〈写真3-2〉[23] **リッツ線の外観**（多摩川電線㈱）

3-1 巻き線…電線の選択はどうする？　　091

です．構成する電線の1本ずつは表面がエナメルなどで絶縁がされています．

　30A以上の大電流を流すコイルやトランスの巻き線をするとき，あまり太線を何本も並列にすると巻き線がしづらくなります．リッツ線であれば可塑性がよく，巻き線を容易に行うことができるので重宝に使われています．同時に，流れる電流が高周波だと1本ずつの電線が細いために表皮効果が現れにくくなり，実効抵抗値を下げることができます．

　ただし，巻き始めと巻き終わりの電線の端末処理が容易ではないことが欠点です．皮膜はUEWなどが採用されていますが，束になっている線の数が多いので，大きなはんだごてなどでもすべての線の皮膜を溶かすことはできません．そのため，端末処理は大きなはんだ槽などがあって，しかも温度を高く設定できないと処理できません．

　リッツ線の種類にも，中の素線の直径と束ねている線の数によって多くの種類があります．その一例を図3-2に示しておきます．

● 高電圧を扱うときは絶縁を強化した3層絶縁電線

　スイッチング電源の出力トランスは，ワールド・ワイド対応となると最大で

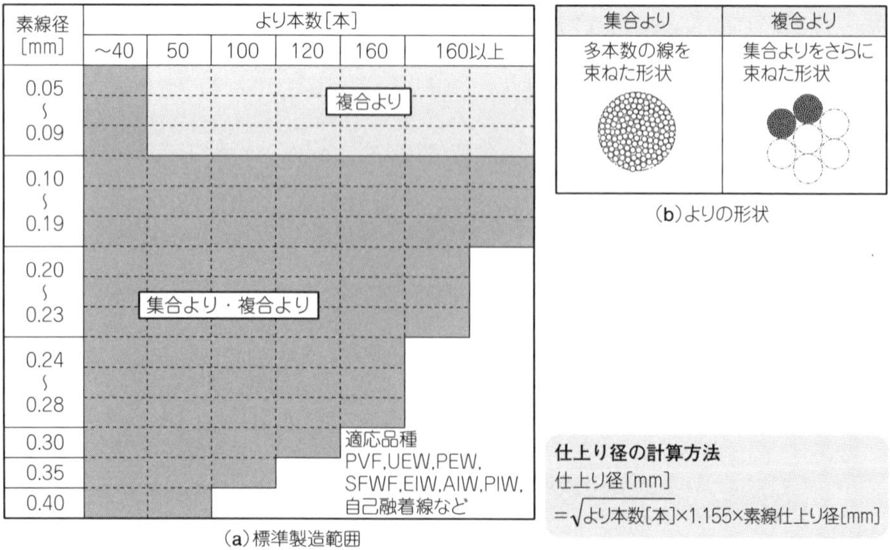

素線径[mm]	より本数[本]					
	~40	50	100	120	160	160以上
0.05~0.09				複合より		
0.10~0.19						
0.20~0.23	集合より・複合より					
0.24~0.28						
0.30						
0.35				適応品種 PVF,UEW,PEW, SFWF,EIW,AIW,PIW, 自己融着線など		
0.40						

(a) 標準製造範囲

集合より：多本数の線を束ねた形状

複合より：集合よりをさらに束ねた形状

(b) よりの形状

仕上り径の計算方法
仕上り径[mm]
$=\sqrt{\text{より本数[本]}} \times 1.155 \times \text{素線仕上り径[mm]}$

〈図3-2〉[23] リッツ線の適用範囲の一例
リッツ線自体は受注生産によるものが多い

AC265Vが印加されることになります．そのため安全あるいは漏電については注意が必要です．各国では，トランスに使用する電線については安全規格においてとくに厳しく管理されています．**表3-4**に示したように電線の絶縁皮膜についても管理されていますが，1層だけの絶縁だと樹脂に小さなピンホールがあれば完全な絶縁をすることができません．

そこで近年では絶縁を強化した，3層絶縁電線が用いられるようになってきました．商品名ですが，一般的に**TEX線**と呼ばれています．電線自体は単線の銅線です．これは**図3-3**に示すように，表面が薄い樹脂で3重に絶縁されています．3層にすることによってピンホールが重なるのを防ぐことができ，十分な絶縁性を確保できています．

トランスの1次-2次間は安全確保のため十分な絶縁を確保しなければいけません．そのため通常は，**図3-4**に示すように絶縁テープを挿入します．また，それだけではなく，電線の端末部分にはテープを挿入することができません．そのため巻き枠…ボビンの両端には**バリア・テープ**と呼ばれる絶縁物を巻いて，電線間の距離を確保する必要があります．

バリア・テープの幅は，各国の安全規格で規定された距離を確保できるものでな

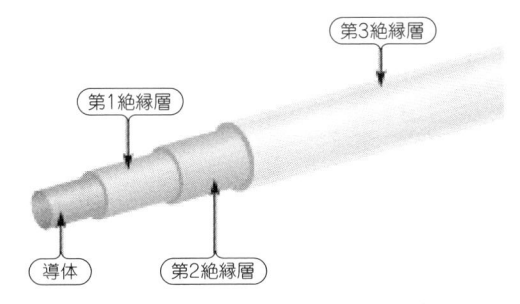

〈図3-3〉[24] 絶縁を強化した3層絶縁電線の構造

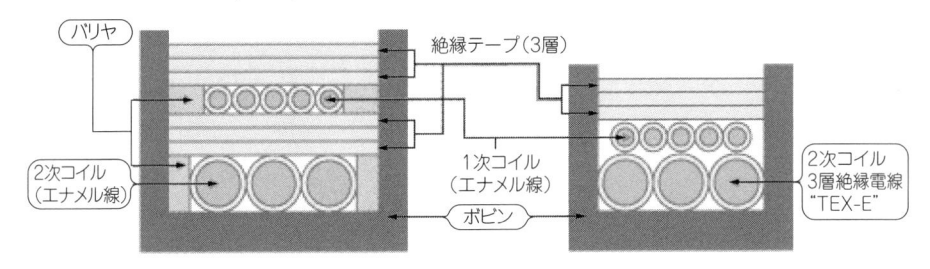

〈図3-4〉[24] 3層絶縁電線は小型化に貢献している
線間バリヤが不要になっている

くてはなりません．これは**沿面距離**と呼ばれ，たとえばヨーロッパ向けでは全体に6mmの確保が義務付けられていますから，バリア・テープは3mm幅以上が必要です．このテープを1次側と2次側巻き線のそれぞれに巻いて6mmの沿面距離を確保しなければならないのです．

しかし小型形状のコアを使用するトランスでは，このバリア・テープによるデッド・スペースが大きくなり，必要十分な太さの電線を巻き線するのが難しくなりま

〈表3-6〉[24] 3層絶縁電線の線材寸法（古河電気工業 TEX-Eの例）

導体呼び径 [mm]	公差 [mm]	目標仕上り外径 [mm]	最大仕上り外径 [mm]	最大導体抵抗 at 20℃ [Ω/km]	製品重量 [kg/km]
0.20	± 0.008	0.400	0.417	607.6	0.398
0.21	± 0.008	0.410	0.427	549.0	0.431
0.22	± 0.008	0.420	0.437	498.4	0.465
0.23	± 0.008	0.430	0.447	454.5	0.500
0.24	± 0.008	0.440	0.457	416.2	0.537
0.25	± 0.008	0.450	0.467	382.5	0.575
0.26	± 0.010	0.460	0.477	358.4	0.616
0.27	± 0.010	0.470	0.487	331.4	0.656
0.28	± 0.010	0.480	0.497	307.3	0.697
0.29	± 0.010	0.490	0.507	285.7	0.742
0.30	± 0.010	0.500	0.520	262.9	0.786
0.32	± 0.010	0.520	0.540	230.3	0.882
0.35	± 0.010	0.550	0.570	191.2	1.033
0.37	± 0.010	0.570	0.590	170.6	1.143
0.40	± 0.010	0.600	0.625	145.3	1.316
0.45	± 0.010	0.650	0.675	114.2	1.633
0.50	± 0.010	0.700	0.725	91.43	1.985
0.55	± 0.020	0.750	0.775	78.15	2.371
0.60	± 0.020	0.800	0.825	65.26	2.793
0.65	± 0.020	0.850	0.875	55.31	3.249
0.70	± 0.020	0.900	0.925	47.47	3.741
0.75	± 0.020	0.950	0.975	41.19	4.267
0.80	± 0.020	1.000	1.030	36.08	4.829
0.85	± 0.020	1.050	1.080	31.87	5.425
0.90	± 0.020	1.100	1.130	28.35	6.056
0.95	± 0.020	1.150	1.180	25.38	6.721
1.00	± 0.030	1.200	1.230	23.33	7.422

（注1）ここに記載した特性値は参考値であり，仕様値と異なる場合がある．
（注2）標準タイプのTEX-Eははんだ付け可能で，変性ポリエステルの耐熱性樹脂とポリアミド樹脂からなる3層の絶縁層を有する．古河電気工業によって開発された．

(a) 従来のトランス　　　　　　(b) TEX-E使用のトランス

〈写真3-3〉[24] 従来巻き線によるトランスと3層絶縁電線によるトランスの違い

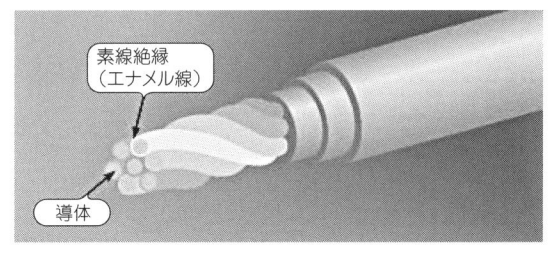

〈図3-5〉[24] 3層絶縁電線をリッツ線タイプにしたもの（古河電気工業 TEX-ELZの例）

す．その点，TEX線は線の皮膜がすでに3層で絶縁されているため，層間紙やバリア・テープが不要になります．そのぶん太い電線の選択ができ，また多くの巻き数を巻き線することが可能になります．**写真3-3**に，従来巻き線によるトランスと3重絶縁電線による同一定格トランスの大きさの違いを示します．

ただし，電線自体が3重絶縁されているので，通常のエナメル線と比較すると，同じ銅線の径に対して外形はかなり太くなっています．**表3-6**にTEXの線径と外径などのデータを示しておきます．

なお，TEX線を高周波対応のリッツ線にしたものも用意されています．**図3-5**にその構成を示しておきます．

● **大電流に対応するには銅板…平角線**

5～60A以上の電流を流すようなコイル，トランスの巻き線としては銅線ではなく，銅板が使われます．コアの巻き枠に対して銅板断面積の比率である**占積率**が高く取れるので，大電流でもっとも有利になるからです．通常の銅板を板金加工し

てコアに巻く形となりますが，通常はせいぜい数ターンの巻き数でよいときに利用されます．

　大きな問題は，銅板では表面に絶縁被膜を塗布することが容易でないことです．絶縁構造に注意を払わなければなりません．そこで，もともと断面が円ではなくて平角型にできていて，しかもエナメルなどの皮膜が塗布されて絶縁されている材料として平角線と呼ばれる電線があります（**写真3-4**）．平角線の一例を**図3-6**に示し

〈写真3-4〉[25] **平角線の一例**
ふつうの丸線にくらべ，巻いたときの密度を高くできるのが特徴．丸線の占積率は一般に78％ほどだが，平角線では90％ほどになる

導体厚さ[mm] \ 導体幅[mm]	2.0	2.2	2.4	2.6	2.8	3.0	3.2	3.5	4.0	4.5	5.0	5.5	6.0
0.8		11.438	10.384	9.588	8.837	8.194	7.639	6.934	6.009	5.302	4.774	4.317	3.940
0.9	11.127	10.010	9.096	8.406	7.752	7.192	6.708	6.093	5.285	4.667	4.204	3.803	3.472
1.0	9.884	8.899	8.093	7.483	6.904	6.409	5.980	5.434	4.717	4.167	3.755	3.398	3.103
1.2	8.917	7.969	7.203	6.630	6.091	5.633	5.240	4.742	4.095	3.603	3.237	2.922	2.662
1.4	7.420	6.648	6.021	5.550	5.106	4.728	4.402	3.990	3.451	3.040	2.734	2.470	2.252
1.6	6.354	5.702	5.172	4.773	4.395	4.074	3.796	3.443	2.982	2.629	2.366	2.139	1.951
1.8	5.555	4.992	4.533	4.186	3.858	3.578	3.336	3.028	2.625	2.316	2.086	1.886	1.721
2.0		4.440	4.034	3.728	3.438	3.190	2.975	2.703	2.344	2.070	1.865	1.687	1.540
2.2			3.635	3.361	3.101	2.878	2.685	2.440	2.118	1.871	1.686	1.526	1.393
2.4				3.059	2.823	2.622	2.447	2.224	1.931	1.707	1.539	1.393	1.272
2.6					2.712	2.512	2.339	2.121	1.835	1.618	1.455	1.315	1.199
2.8						2.314	2.156	1.956	1.694	1.493	1.344	1.215	1.108
3.0						2.000	1.815	1.572	1.387	1.249	1.129	1.030	
3.2							1.693	1.467	1.295	1.166	1.054	0.962	
3.5								1.333	1.177	1.060	0.959	0.876	
4.0									1.066	0.957	0.863	0.785	
4.5										0.842	0.760	0.692	

(a) 構造

(b) 2.0〜6.0幅の平角線とその最大導体抵抗

〈図3-6〉[26] **平角線の構造と標準品の一例**
日立電線㈱のAIW平角線のデータから，2.0〜6.0線幅を紹介

〈写真3-5〉[25] エッジ・ワイズ線の一例
スプリング状にすることでボビンなしの巻き線となり，密度の高い電線…コイルの実現が可能になる

ます．平角線はふつうの丸形電線にくらべると占積率で有利ですが，太い線になると手作業での巻き線は困難になります．

平角線を利用して巻いたコイルが**写真3-5**に示す**エッジ・ワイズ**と呼ばれるものです．ただし，ばね（スプリング）を作るような特殊な工具や熟練工の技術が必要になってくるので，我々が簡単に巻き線をするというわけにはいきません．しかし密度（占積率）にも一番優れているため，今後の大電流用途として増えるのではと考えています．

3-2	トロイダル・コアを巻いてみる

● もっとも試作・実験しやすいコア

スイッチング電源回路において一般に使用されることの多いコアは，**写真2-1**でも紹介したEIコア，EERコア，PQコアなどではないかと思います．ところが試作・実験となると状況が変わります．トロイダル・コアがもっとも適しています．理由はボビン（巻き枠）が必要ないからです．トロイダル・コアであれば，エナメル線を直接コアに巻いてしまうことで，チョーク・コイル（インダクタ）を実現することができます．もちろんトランスも実現できます．ですから，本書を手にした方で一度コイルを試作してみたいという方は，ぜひ何種類かのトロイダル・コアを準備しておくことをお勧めします．**写真3-6**に筆者の手元にあったトロイダル・コアと，巻き線を施したチョーク・コイルの一例を示します．

とはいえ，実験用の少量トロイダル・コアをどのようにして求めるかが気がかりです．一般のコアを少量（1〜数十個）購入するというのは，コネクションがない限り簡単ではありません．

表3-7に示すのは米国Fair Rite社のMn-Znフェライト 77材によるトロイダル・

〈写真3-6〉トロイダル・コアと巻き線を施したチョーク・コイルの一例
このチョーク・コイルでは φ＝0.5mm の巻き線が26ターン巻いてある

〈表3-7〉[27] 入手しやすい Fair Rite 社の Mn-Zn フェライト 77 材によるトロイダル・コアの仕様
形名末尾のCTは，エポキシ系絶縁塗装品であることを示している．無線機器などにおけるEMIノイズ・フィルタ用アミドン社コアとしても知られている．㈱マイクロ電子(http://www.micro-electro.com)などでは少量販売にも対応している(2012年6月現在)

材料名	初透磁率 μ_i	磁束密度 B[mT]	起磁力 H[A/m]	残留磁束密度 B_r[mT]	保磁力 H_c[A/m]	温度係数 [%℃]	キュリー温度 [℃]
77	2000	460	800	120	17.5	0.6	200

(a) 材料特性

形名	サイズ[mm] 外径 OD	内径 ID	高さ HT	コア定数 C_1 [cm^{-1}]	磁路長 ℓ_e [cm]	断面積 A_e [cm^2]	体積 V_e [cm^3]	A_L値(±20%) [nH/N^2]
FT37-77/CT	9.5	4.8	3.3	28.6	2.07	0.072	0.15	880
FT50-77/CT	12.7	7.2	4.9	22.9	2.95	0.129	0.38	1100
FT63A-77/CT	16.0	9.6	6.4	19.4	3.85	0.199	0.77	1300
FT82-77/CT	21.0	13.2	6.4	21.3	5.2	0.243	1.26	1175
FT100B-77/CT	25.4	15.5	8.2	15.1	6.2	0.41	2.52	1600
FT114-77/CT	29.0	19.0	7.5	19.8	7.3	0.37	2.7	1275
FT140-77/CT	36.0	23.0	12.7	11.2	8.9	0.79	7	2250

(b) コアの仕様

コアの仕様です．このコアであればノイズ・フィルタ用としても幅広く使用されており，国内販売店から少量でも入手が可能です．100kHzくらいまでのスイッチング電源(DC-DCコンバータ)にも適用することができます．透磁率 μ が2000ですから，汎用のPC40(TDK)，MB1(JFEフェライト社)などと大きな違いはありません．

● トロイダル・コアに何ターン巻くことができるか

　トロイダル・コアに実際の巻き線を行うには，寸法出しから行う必要があります．図3-7に示すのは，ある大きさのトロイダル・コアに巻き線を行うときの考え方の例です．トロイダル・コアに巻き線を何ターンまで巻くことができるかは，コア内径の内側空間を占める(窓面積÷巻き線の断面積)によってほぼ決まります．しかし，試作レベルでトロイダル・コアに目いっぱい巻き線することはあまりありません．

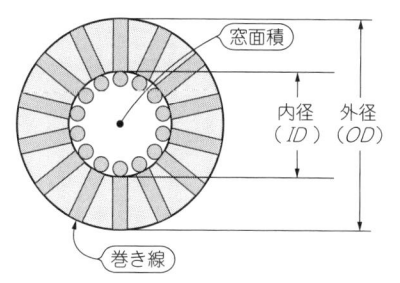

〈図3-7〉トロイダル・コアにどれだけ巻けるか…巻き線の考え方

巻き線作業もたいへんです．

一般には**1層巻き**に収まる程度の巻き線を考えておけば十分です．たとえば，**表3-7**に示したFT63A-77/CTを使用することを考えてみます．FT63Aのサイズは外径$OD = 16$[mm]，内径$ID = 9.6$[mm]です．したがって，巻き線1層の断面が占有する内径円周w_{ID}はほぼ，

$$w_{ID} = 2\pi r = 6.28 \times (9.6/2) = 30.1 \text{[mm]}$$

となります．ということは，$\phi = 1.0$[mm]の電線であれば，30ターン弱までは巻き線可能であるということです．

もちろん正確には巻き線の表記されている線径と仕上がり外径との間には若干の差がありますし，手巻きできっちり高密度に巻き線することは難しいので，現実には15～30％ほど低めに見ておく必要があります．

参考までに，**表2-7**で紹介したチャンスン社のトロイダル形パウダー・コア各サイズの1層巻き線データを**表3-8**に示しておきます．縦軸のAWG No.は米国の線径規格ですが，日本では右側に示したワイヤ径(mmゲージ)で読み直す必要があります．

● 巻き線の準備…巻き線長の算出

表3-7で紹介したトロイダル・コアはMn-Znフェライトですが，サフィックス/CT品を選択すれば絶縁塗装が施されています．よって，このコアへは直接，電線を巻き付けることができます．ただし，コアに電線を傷つけるようなバリなどがないことに注意することが重要です．

また，巻き線についても「行うは難し」です．巻き数が少ないときはあまり感じませんが，巻き数が多くなってくると，巻き線の大変さを肌で感じることができます．ここで紹介している1層に収まるくらいまでの巻き数が，手作業できる範囲と

〈表3-8〉表2-7で紹介したチャンスン社 トロイダル形パウダー・コアの巻き線データ（1層巻き）
3桁の数字がコアの外径形名を表示している。たとえば「046」は、OD046***Zを表し、φ=0.45[mm]（AWG No.26）の巻き線であれば1層巻きできるターン数まで巻くことが可能であることを示している

AWG No.	ワイヤ径 [mm]	046	063 066	068 078	096 097	102	112	127	166	172	203	229	234	270	330	343	358	400/467	468	508	571	572	610	777
10	2.67																							53
11	2.38																								60
12	2.13									9	13	15	15	16	23	27	25	22				37	35	67
13	1.90								10	10	15	17	17	18	26	30	29	25	30	33	26	42	39	76
14	1.71								11	12	17	19	20	20	29	34	32	28	34	38	30	48	44	84
15	1.53							10	13	14	19	22	22	23	32	38	37	31	38	43	34	54	50	95
16	1.37						9	11	15	16	22	25	25	26	37	43	41	35	43	48	39	60	56	106
17	1.22						11	13	17	18	25	28	29	29	41	49	46	40	48	54	43	68	63	119
18	1.09					9	12	15	19	20	28	31	32	33	46	55	52	45	54	60	49	76	71	134
19	0.98				9	10	14	17	21	23	32	35	36	37	52	61	58	50	61	68	55	85	80	150
20	0.88				11	12	16	19	24	26	35	40	41	42	58	69	65	57	68	76	62	96	90	168
22	0.70			11	14	15	21	25	27	33	45	50	52	53	74	87	82	71	77	85	70	108	101	211
24	0.56		8	14	18	20	26	31	35	41	56	63	65	66	92	108	103	90	86	95	78	120	113	
26	0.45	9	11	18	23	25	33	40	44	52	71	79	81	83	115	135	129	112	108	120	88	152	143	
28	0.36	12	14	23	29	32	42	50	55	65	89	99	101	104	143	168	160	140	134	149	111	189		
30	0.29	15	19	29	37	40	52	63	69										168	186	138	237		
32	0.24	19	23	36	46	49	64	77													174			
34	0.19	25	30	46	58	62																		
36	0.15	31	38	58	73																			

100　第3章　コイル/トランスの製作…巻き線の実践ノウハウ

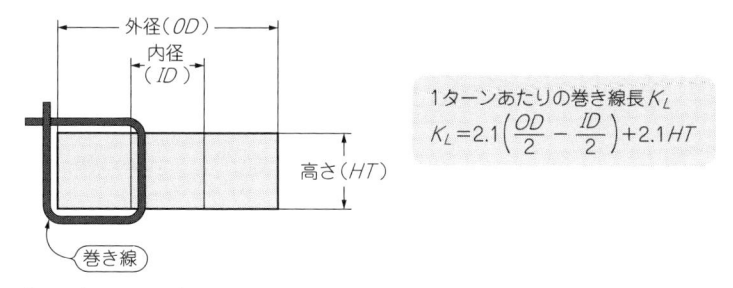

〈図3-8〉トロイダル・コアにおける1ターンあたりの巻き線長

考えて良いでしょう．

　巻き線にあたっては，図3-8に示すようにコア外形から1ターンあたりの巻き線長をあらかじめ計算しておきます．1ターンあたりの巻き線長さk_Lは以下のようになります．

$$k_L = 2.1\left(\frac{OD}{2} - \frac{ID}{2}\right) + 2.1HT$$

　上式におけるOD，ID，HTは所定コアの塗装後の寸法です．また，2.1という数字は理想的には2.0ですが，巻き線を曲げるとき余裕が必要なので，若干長めにするため2.1としてあります．

　ここで使用するコアとして表3-7に示したFT63A-77/CTを例にすると，1ターンあたりの巻き線長$k_{L(63A)}$は，

$$k_{L(63A)} = 2.1(8 - 4.8) + (2.1 \times 6.4) = 6.72 + 13.44 = 20.16 [\text{mm}]$$

となります．よって，もし25ターン巻こうとするのであれば，$25 \times 20.16 = 504 [\text{mm}]$ + αが必要な巻き線長となります．αはリード線の長さです．巻き始め/巻き終わり合計で100mmもあればよいでしょう．

● トロイダル・コアへの実際の巻き線

　トロイダル・コアへの巻き線にあたっては，あらかじめ巻き線長を算出し，事前に電線をその長さに切っておくことをお勧めします．理由は，巻いてみるとすぐにわかりますが，尻の切れてない電線をトロイダル・コアに巻くことは困難だからです．大きな電線の束はコアの中を通すことができません．

　ここの例のように巻き数が少ないときは，図3-9に示すように用意した電線の中心付近で1ターン巻いて，そののち左右に分けて$N/2$ターンずつ反対方向に巻いていくのが効果的です．

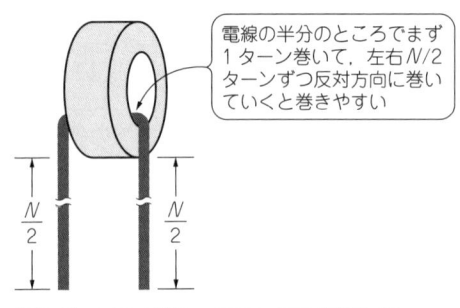

〈図3-9〉トロイダル・コアへの巻き線法(1)
巻き数が少ないとき

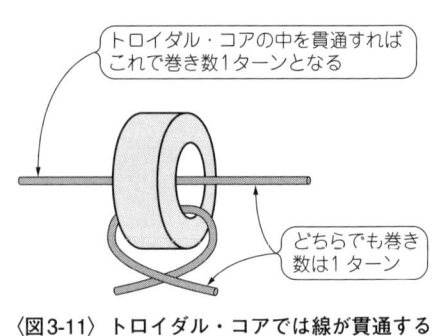

〈図3-11〉トロイダル・コアでは線が貫通するだけでも1ターンになる
巻いた形をしていなくても1ターンになる．終端処理を誤らないように

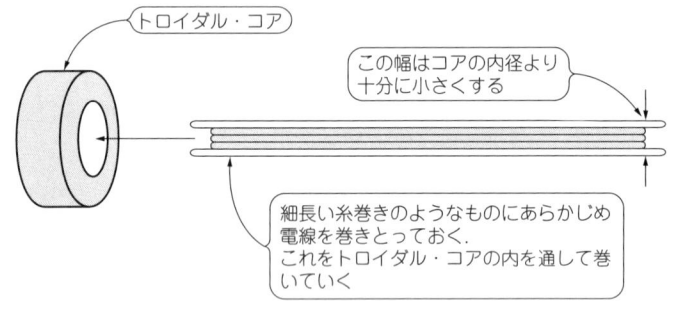

〈図3-10〉トロイダル・コアへの巻き線法(2)
巻き数が多いとき　釣り糸を巻くような治具を使わないとうまく巻くことは難しい

　巻き数が多いときは，図3-10に示すような治具を用意することもあります．魚釣りの糸巻きを細長くしたようなものに，あらかじめ必要な長さの電線を余裕をみて巻いておきます．ただ，この治具の幅はコア内径より十分に細いものでないとトロイダルの中を通りません．細い糸巻きを自作しておくと良いかもしれません．

　トロイダル・コアでは図3-11に示すように電線がコアの中を通ってさえいれば，それは1ターンになります．巻き始めと巻き終わりの端末をきちんとコアの外側まで回す必要はありません．コアがほどける心配のないように固定さえしておけば十分です．端末は瞬間接着剤などで止めておくといいでしょう．

● 2A・60μHのチョーク・コイルを考える
　チョーク・コイルの設計は第4章で紹介しますが，ここでははじめてチョーク・コイルを試作するとき，どのような手順をふめば良いのかを示しておきます．フォ

ワード・コンバータなどの2次側整流回路における典型的なチョーク・コイルを例にします．仕様は以下のとおりです．

- 定格電流　2A DC
- インダクタンス　60μH
- コンバータの周波数　約50kHz

2次側整流回路に使用するチョーク・コイルですから，流れる直流電流で磁気飽和を起こさないコアを選ぶ必要があります．ここでは価格的にも手頃なセンダスト・コアから選ぶことにして，第2章で示した**表2-7**を参照することにします．

はじめに巻き線の線径を決めます．直流電流の最大定格が2Aですから，**表3-5**から若干の余裕をみて$\phi = 1.0$[mm]とします．2UEW-ϕ1.0を選びます．触れてみるとわかりますが，ϕ1.0となるとちょっと固く感じる電線です．

インダクタンスは以下の式から求められます．

$$L = A_L \cdot N^2$$

トロイダル形センダスト・コアから仮に外径約27mmの[OD270125]を選んだとすると，**表2-7**(b)から$A_L = 157\text{nH}/N^2$です．したがって所望のインダクタンスを得るための巻き数$N(60\mu)$は，

$$N(60\mu)_1 = \sqrt{\frac{L}{A_L}} = \sqrt{\frac{60 \times 10^{-6}}{157 \times 10^{-9}}} = 19.5$$

19.5ターン≒約20ターン巻けば良いという結果が得られます．ここで，**表3-8**からOD270の巻き線容量を確認してみます．ϕ1.71であれば20ターンまでは巻けることがうかがえます．よって，OD270は一つの正解となります．

次により小型化を狙うつもりで，一ランク下のOD234で計算してみましょう．[OD234125]のA_Lは**表2-7**(b)より$105\text{nH}/N^2$ですから，この値で$N(60\mu)$を求めると，

$$N(60\mu)_2 = \sqrt{\frac{60 \times 10^{-6}}{105 \times 10^{-9}}} = 23.9$$

23.9ターン≒24ターン巻けば良いという結果になります．**表3-8**からOD234の巻き線容量を確認すると，ϕ1.37であれば25ターンまでは巻けることになっているので，きれいに巻ききれるならOD234はよりベターな正解となります．

25ターンくらいであれば，一般には自ら手巻きで巻ける範囲と言えます．

3-3　巻き線以外に用意するもの

スイッチング電源に限れば，トランスのほとんどにはMn-Znフェライト・コア

を使用しています．ここでは標準形状とも言えるE形フェライト・コアに巻き線することを前提に考えます．

● コアとセットのボビンを利用

　一般にコイルやトランスの巻き枠のことをボビンと呼んでいます．E形コア用ボビンの代表的形状を図3-12に示します．

　ボビンの材質はフェノールで作られたものが多く，機械的強度および熱的にも十分な特性をもっています．こうした専用ボビンを使って巻き線するのが一般的です．巻きやすく，しかも効率良くコイルやトランスを作ることができます．ただ，コア形状によっては専用ボビンが入手できないケースもあります．事前に入手性を調べておくことが重要です．

　専用ボビンが入手できなければ，巻き枠としてボビンを手作りしなければなりません．ガラス繊維の入ったファイバ・ボードと呼ぶ板を用意します．この材質は機械的な強度も強く，力を入れて巻き線（巻き線のテンションを高く）しても簡単に形が崩れることはありません．ただし，EERやPQなど脚が円形のものは製作が容易ではありません．EIやEE形あるいはUU形コアを応用する場合と考えてください．

　図3-13に簡易的なボビンの作りかたの例を示します．巻き線を行うコア脚の寸法に合わせて5面の四角を作ります．それぞれの角はカッタ・ナイフなどで少し浅

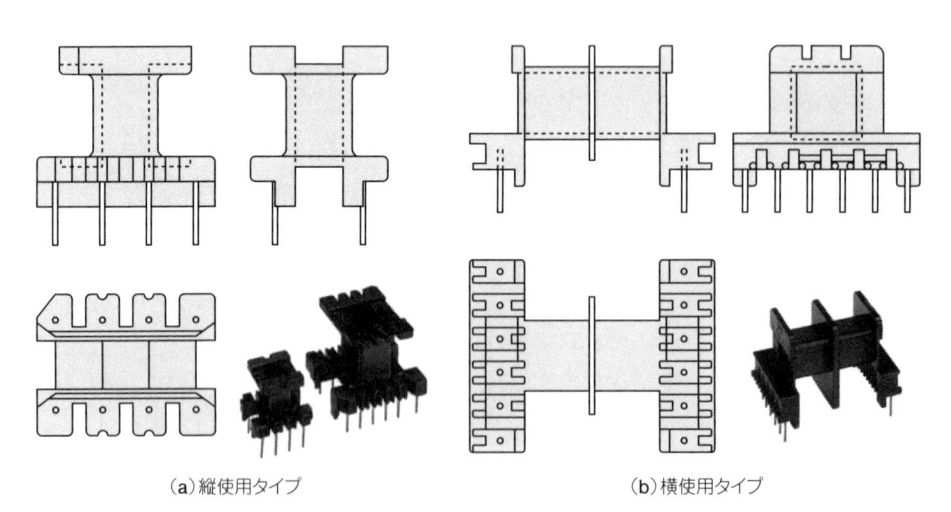

　　　　　　　　（a）縦使用タイプ　　　　　　　　　　　　　　　（b）横使用タイプ

〈図3-12〉市販のされているフェライト・コア用ボビンの例
市販のフェライト・コアにはそれぞれの外形と用途に合わせた専用ボビンが用意されている．形状，サイズの標準化が重要と考えられる

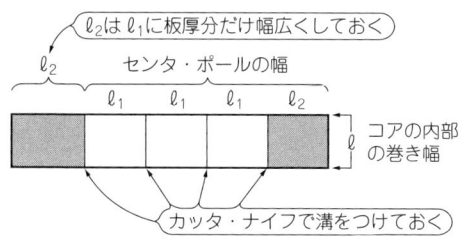

〈図3-13〉 一般的な巻き枠の作りかた
ボビンがないときはプラスチック板などを加工すれば良い．アミの部分を重ねて固定する

い溝をつけておくと，きれいに折り曲げることができます．重ねた一面はボンドなどで固定するか，粘着テープなどで固定をして巻き枠とします．

なお，巻き線を行うときの両端は電線の形が崩れてしまうので，2mm幅くらいの厚めテープ（バリア・テープ）を始めに巻いておけば，きれいに巻き線をすることができます．

(a) コア＋ボビン断面

(b) スペーサ・テープを使うとき（ボビン断面）

(c) 固定するための絶縁テープ

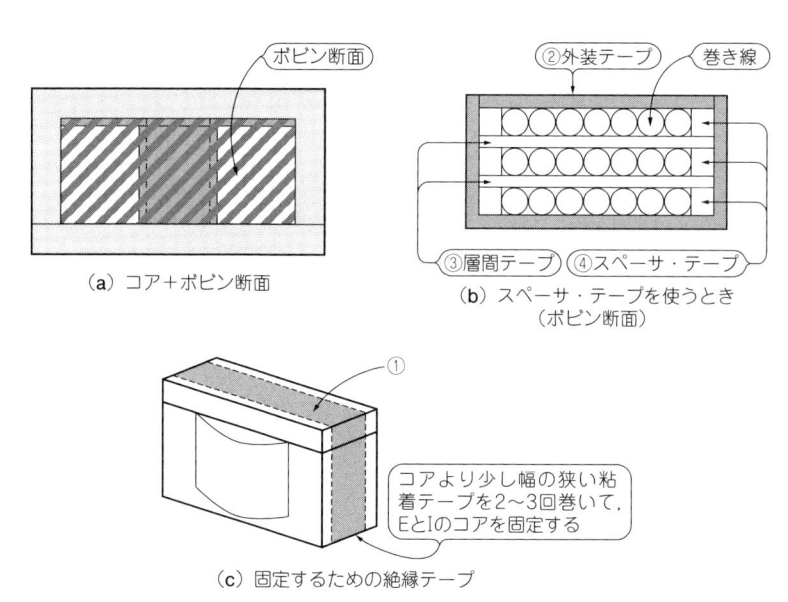

〈図3-14〉 絶縁保持のためにテープ処理が重要
トランスでは層間テープ，スペーサ・テープ（バリア・テープ），外装テープなどで絶縁を確保することが安全規格などから重要．固定のための絶縁テープはコア幅よりも0.5mmほど狭いテープを2～3回巻いてコアを固定する

● 絶縁保持のための絶縁テープ

　トランスにおいては絶縁を保持するためのスペーサ・テープ…絶縁テープを使用する箇所が**図3-14**に示すように何箇所かあり，とても重要です．

　一つは1次側巻き線と2次側巻き線間を絶縁するための層間テープです．もっとも重要な部分です．通常はポリエステル・フィルムによる粘着テープを用います．各国の安全規格や，絶縁性能を十分に確保するために3層に巻くことになります．ただし，先に紹介した3層絶縁電線を使用するならこのへんは大幅に簡素化できます．

　巻き上がったコイルの上に巻く外装テープと呼ばれるものもあります．電磁鋼鈑やMn-Znフェライトなどではコア自体の比抵抗が低いので，電線との距離が確保できないと十分な絶縁性能を維持できないからです．層間テープと同様に粘着テープを2層に巻いているのが一般的です．

　これら2種類の絶縁テープは，巻き枠であるボビンの巻き幅にちょうど一杯になる幅のテープを用いて，すき間ができないようにしないと絶縁の目的が達成できません（**口絵5を参照**）．ポリエステル・フィルム粘着テープなどのメーカである㈱寺岡製作所などでは，任意幅の粘着テープが用意されています．

　つづいて，ボビンの両端に巻き線間の沿面距離を確保するためのバリア・テープ（あるいはスペーサ・テープ）です．これは**エポキシ含浸粘着テープ**で，どの程度の沿面距離を確保するかに応じていくつかの幅があります．通常は2mmか3mm幅が使われています．寺岡製作所では530Fなどがあります．

　最後にコアを固定するためのテープです．EE形やER形など，2個のコアを組み合わせて磁路を形成する組みコアと呼ばれるものは，コアをボビンに挿入しただけでは固定されません．そこで図(c)に示すように，粘着テープによって組み合わせた2個のコアを固定しているのです．コアの幅より少し狭い幅をもったものを使用します．

● 巻き線の引き出し部に絶縁チューブ

　ときどき使われるのが絶縁チューブです．各巻き線の端末をボビンのピンなどに絡げて処理をしますが，このときほかの巻き線とこの端末との絶縁距離が狭くなってしまうことがあります．

　そのようなときは図3-15に示すように，電線端末に絶縁用チューブを挿入して，電線をピンに絡げるようにします．このチューブは端末をはんだ付けで処理する際に，加熱されて溶けてしまっては意味がありません．ですから，耐熱性テフロン・チューブなどを用いています．

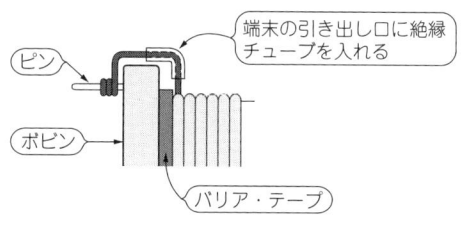

〈図3-15〉端末へのチューブの挿入

| 3-4 | 実際の巻き線作業 |

　さて実際の巻き線ですが，どのような形状のコアに巻き線するかによって違いがあります．代表的な形状で，実際の巻き線方法を説明します．なお，月刊誌「トランジスタ技術」（CQ出版社）の中にトランス巻き線の実際をていねいに解説した記事がありました．当該記事の筆者の許可を得て，**口絵5**に紹介していますので参照してください．

● EI形コアを例にすると

　巻き線の巻き方を**図3-16**に示します．多くの例では(a)に示す多層巻きとなるのですが，先に示したように1次側に配置する高電圧の加わるトランスでは絶縁確保のために(b)のように各層の間には層間テープが必須です．

　さて，一般的には始めに1次側巻き線から巻いていきます．**図3-17**に示すように巻き始めの端末をボビンのピンに2～3回絡げて固定します．ボビンにはピンとピンの間の溝が切ってあるので，そこから右方向でも左方向でも巻きやすい方向に必

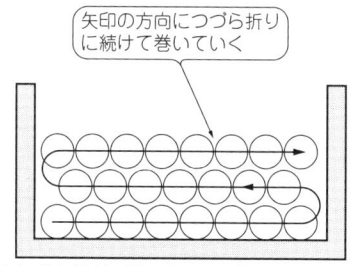

(a) 巻き線が一層で終わることは少ない．たいていは図のように多層巻きになる．きれいに巻きたい

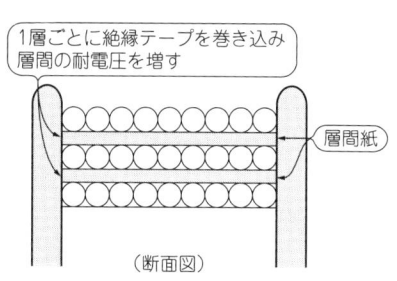

(b) 一層ごとに層間紙…層間テープを入れておくと耐電圧を上げることができる．トランスの常套手段

〈図3-16〉実際の巻き線

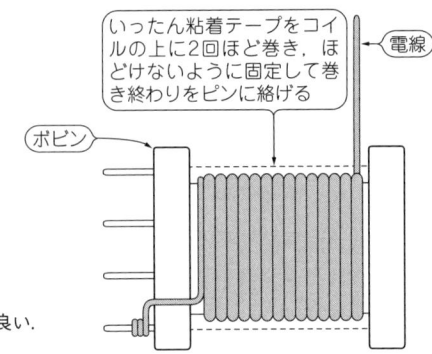

〈図3-17〉コイルを固定するには
巻き線が終わったら粘着テープでコイルを固定したほうが良い．コアとの絶縁にも役立つ

（図中ラベル：いったん粘着テープをコイルの上に2回ほど巻き，ほどけないように固定して巻き終わりをピンに絡げる／電線／ボビン）

要な数を巻いていきます．ただし，各巻き線の極性を合わせるには，すべての巻き線の巻き方向は統一しておいたほうが間違いをなくすことになります．巻き終わったもう一端をボビンのほかにピンに絡げて固定をします．

　なお，EI形コア用のボビンは巻き芯が円形でなく四角になっています．したがって各角の部分をきちんと直角に曲げて巻いていかないとコイルが膨れてしまう，いわゆる巻き太りになってしまい，最後にコアを入れようと思ってもぶつかって入らなくなってしまうことがあるので注意してください．巻き芯を円形にしたコアがEER形コアです．

● 層間紙を入れるとき

　次に層間紙を最低2周，1次側巻き線の上に巻きます．粘着テープですが，きれいにきちんと巻かず弛んだりゆがみがあると，コアの窓枠にすべての巻き線が巻ききれなくなります．注意をしてください．

　層間紙の巻き始めと巻き終わりは若干重なるようにするために，この部分の厚みが増してしまいます．ですから，重なり部分は必ずコアの窓枠の内側に入る部分にはせず，外側の位置に来るようにしてください．

　続いて2次側巻き線も1次側巻き線と同じように巻いていきます．1次側巻き線もそうなのですが，とくに2次側巻き線は太めの電線を使用するケースが多いので，なるべく電線が直線に巻けるよう，線を引っ張るように，つまりテンションをかけて巻くように心がける必要があります．

　なお，電線を巻いていくときはきちんと形が整列するようにします．ガラ巻きと呼ばれる乱雑な巻き方をしていると，電線と電線が直角に重なる部分があり，被膜が破れてショートしやすくなってしまいます．**レア・ショート**といいますが，この

部分で短絡電流が流れしまい，大きな電力損失が発生したり，異常過熱してついには壊してしまうことになります．

● **大きな電流を流すとき…並列巻き**

　コイル…巻き線に大きな電流を流そうとするには，それだけ大きな断面積の大きな電線を必要とします．しかしあまり太い電線では巻きにくく，いわゆる巻き太りになってしまいます．

　そこで大きな電流を流すようなときの電線は，細い電線を何本か並列にして巻く方法が用いられます．2本の場合を**バイファイラ巻き**，3本の場合を**トリファイラ巻き**と呼んでいます．

　これらは巻きかたのうえでとくに変わった方法を必要とするわけではありません．あらかじめ2本（あるいは3本）の電線を同時に巻いていくわけですが，絶対にこの2本が交差しないように整列巻きしていきます．

　EI形コアなどを使うときは，**図3-18**に示すようにボビンのつばの部分で折り返すときだけ2本を交差して反転するとコイルの両端部分の巻きくずれがなく，きれいに仕上がります．

● **コアとボビンの固定**

　以上の手順ですべての巻き線が終了したら，最後に表面に外装紙の粘着テープをやはり2ターンほど巻きます．終了したら，コアをボビンの中に挿入するいわゆるコア組みをします．両脚の断面ができるだけピタリと合うようにして，最後に粘着テープでコアを固定します．

　以上でとりあえずトランスが完成します．しかし，コアとボビンとの間には必ず

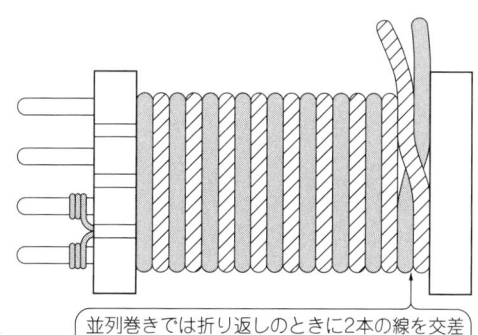

〈図3-18〉並列巻きにするとき
大きな電流を流す線では2本…バイファイラ巻きにすることがある．きれいに整列巻きとする

並列巻きでは折り返しのときに2本の線を交差して巻くと端がきれいに巻ける

3-4　実際の巻き線作業　｜　109

クリアランスがあります．そのため，手で振ったり振動などがあるとコアがカタカタと動いて音が出てしまいます．動作には問題ないのですが，あまり好ましくありません．

工業用などでは，ワニスと呼ばれる液の中に浸漬して乾燥させ，コアとボビンを固定する方法が用いられています．これをワニスの含浸といい，この作業をワニス処理といっています．

ところが，専門の巻き線メーカでもない限りはこのような材料や設備がありません．そこで図3-19に示すように，ボビンのつばの部分とコアとをボンドなどの接着剤で固定します．こうすることによってきちんと固定することができます．

最後に，ピンに絡げた電線の端末の処理です．図3-20にそのようすを示します．UEWなどの電線であれば，被膜を剥がずにピンの2ターンほど電線を絡げます．そこに，少し大きめの60W以上のはんだごてを当ててはんだ付けすれば，皮膜が自動的に溶けてピンを接続することができます．

それ以外の電線を使用する場合には，剥離材で皮膜をとるなどした後に，同じよ

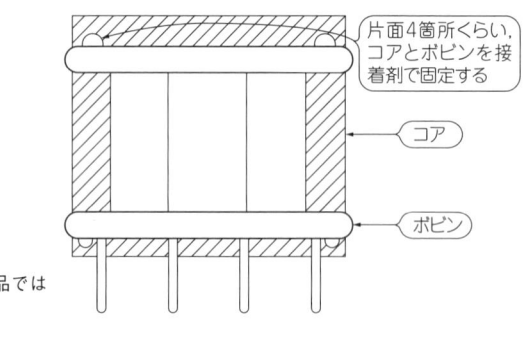

〈図3-19〉コアとボビンの固定
がたがたしないよう接着剤で固定する．製品ではさらにワニスに漬けたりする

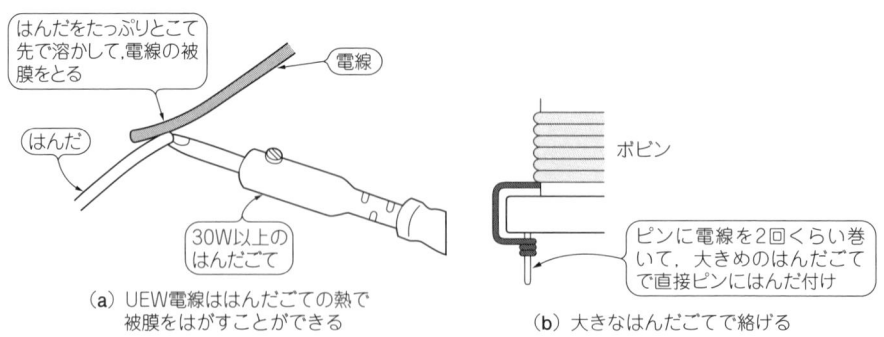

〈図3-20〉巻き線の端末処理
（a）UEW電線ははんだごての熱で被膜をはがすことができる
（b）大きなはんだごてで絡げる

うにピンに接続して完成となります.

3-5　実際のコアにどのくらい線が巻けるのか

以上,チョーク・コイルやトランスの基本的な巻き線方法について紹介しました.次章以降でチョーク・コイルやトランスの実際の設計例を紹介しますが,最終的にどのようなコア,どのようなサイズから選択するのが良いかとなると,巻き線メーカとの共同作業になるのが現実です.

Column (4)

巻き枠(ボビン)がないと巻き線できない

スイッチング電源の実験や試作を行うとき,作る数量が少なければチョーク・コイルやトランスは自作してしまうことがよくあります.そのためコア材などについては社内で標準化を行い,ある程度の実験・試作用部品は手元に在庫しておくケースが一般的です.ということで実験・試作用コアは用意しておこうとすると,コア材は比較的簡単に集まるものの,巻き線のためのボビンを調べてみると(とくに数量が少ないとき),これが入手できず困ってしまうことがあります.

そのようなとき重宝するのが,多摩川電機㈱のオリジナル・ボビン・シリーズです.フェライト・コア各社の形状主流であるEE/EI/EER/EIR/EPC/RM/UUなどに準じたボビンが用意されており,比較的少量であっても購入することができるようです.表3-Aにその一例としてEEコア用ボビンの一例を示しておきます.

多摩川電機㈱のURL http://www.trec.jp

[表3-A] [28] EEコア用ボビンの一例
コア材メーカによっては巻き線用ボビンを用意してないところがある.ボビンが容易に入手できることは,実験・試作において重要である

メーカ名	EEコア
TDK	EE19-Z
JFE フェライト	EE-19A
NEC トーキン	FEE19
日本セラミック	FEE-19
トミタ電機	EE-19G

(a) 適合するコア

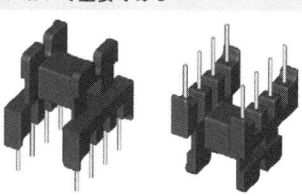

EE19H-8P-G(フェノール材PM9630)
EE19H-8P-N(フェノール材PM9820)
(b) ボビン

〈表3-9〉コア形状とサイズによる巻き線データ

コア形状	ボビン名称	窓面積 [mm²]	巻き面積 [mm²]	巻き線長 [cm]	線径[φ]/巻き数[T]				
					0.1	0.2	0.3	0.5	0.6
EI-12.5	BE12.5LP10	7.6	4.6	2.5	383	109	52	20	14
EI-16	BE16AP10	23.2	13.9	3.5	1158	330	156	60	42
EI-19	BE19NP8	28.6	17.2	4.3	1433	409	193	75	52
EI-22	BE22KP8	30.2	18.1	4.6	1508	430	203	79	55
EI-25D	BE25NP8	39.4	23.6	5.4	1967	562	265	102	71
EE-8.3	BE8.3KP6	5.98	3.6	1.8	300	86	40	16	11
EE-10.2	BE10.2KP8	11.9	7.1	2.2	592	169	80	31	21
EE-13D	BE13KP10	21.2	12.7	2.8	1058	302	142	55	38
EE-16A	BE16AP10	23.2	13.9	3.5	1158	330	156	60	42
EE-19A	BE19NP8	28.6	17.2	4.3	1433	409	193	75	52
EE-22A	BE22KP8	30.2	18.1	4.6	1508	430	203	79	55
EE-25D	BE25NP8	39.4	23.6	5.4	1967	562	265	102	71

(1) ボビンはJFEフェライト製　(5) バリア・テープおよび層間紙なし
(2) 電線は2UEW　(6) 単巻き線
(3) 巻き方は整列巻き　(7) 平均巻き線長は1Tあたりの電線の長さ
(4) 占積率は60%とした　(8) 確定的な数値ではなくおおよその目処
(a) EI/EEコア

コア形状	ボビン名称	窓面積 [mm²]	巻き面積 [mm²]	巻き線長 [cm]	線径[φ]/巻き数[T]							
					0.1	0.2	0.3	0.4	0.5	0.6	0.8	1.0
EER-10.8D	BER10.8LD10	3.15	1.9	2.2	158	45	21	13	8	5	巻き線不可	
EER-25.5A	BER25.5KP8	44.1	26.5	3.1	2208	631	298	177	115	80	46	30
EER-28.5U	EER28.5KP10	66.4	39.9	5.3	3325	950	448	266	173	121	70	45
EER-28.5A	EER28.5MP12	94.6	56.7	5.3	4725	1350	637	378	246	172	99	64
EER-35A	BER35KP12	147	88.2	6.1	7350	2100	991	588	383	267	155	100
EER-39J	BER39LP16	175	105	7	8750	2500	1180	700	456	318	184	119
EER-40H	BER40KP12	175	105	7	8750	2500	1180	700	456	318	184	119
EER-40D	BER40LP16	175	105	7	8750	2500	1180	700	456	318	184	119
EER-42P	BER42KP14	147	88.2	7.4	7350	2100	991	588	383	267	155	100
EER-42D	BER42LP16	147	88.2	7.4	7350	2100	991	588	383	267	155	100
EER-49L	BER49AP14	269	161.4	8.8	13450	3843	1813	1076	701	489	293	183

EER-90/EER-94/EER-120には標準ボビンなし
(1) ボビンはJFEフェライト製　(5) バリア・テープおよび層間紙なし
(2) 電線は2UEW　(6) 単巻き線
(3) 巻き方は整列巻き　(7) 平均巻き線長は1Tあたりの電線の長さ
(4) 占積率は60%とした　(8) 確定的な数値ではなくおおよその目処
(b) EERコア

コア形状	ボビン名称	窓面積 [mm²]	巻き面積 [mm²]	巻き線長 [cm]	線径[φ]/巻き数[T]					
					0.1	0.2	0.3	0.5	0.6	0.8	1.0
PQ20/16Z-12	BPQ20/16-1114CPFR	25	15	4.4	1250	357	168	65	45	26	17
PQ20/20Z-12	BPQ20/20-1114CPFR	37.5	22.5	4.4	1875	536	253	98	68	39	26
PQ26/20Z-12	BPQ26/20-1112CPFR	33.6	20.1	5.6	1675	478	226	87	61	35	23
PQ26/25Z-12	BPQ26/25-1112CFPR	50.7	30.4	5.6	2533	724	341	132	92	53	34
PQ32/20Z-12	BPQ32/20-1112CFPR	47.7	28.6	8.5	2383	681	321	124	87	50	32
PQ32/30Z-12	BPQ32/30-1112CFPR	98.6	59.1	8.5	4925	1407	664	257	179	104	67
PQ35/35Z-12	BPQ35/35-1112CFPR	159	95.4	9.6	7950	2271	1072	415	289	167	108
PQ40/40Z-12	BPQ40/40-1112CFPR	248	148.8	10.7	12400	3542	1672	647	451	261	169
PQ50/50Z-12	BPQ50/50-1112CFPR	319	191.4	13.2	15950	4557	2150	832	580	336	217

(1) ボビンは㈱染谷電子製
(2) 電線は2UEW
(3) 巻き方は整列巻き
(4) 占積率は60%とした
(5) バリア・テープおよび層間紙はなし
(6) 単巻き線
(7) 平均巻き線長は1Tあたりの電線の長さ
(8) 確定的な数値ではなくおよその目処

(c)[29] PQコア

コア形状	ボビン名称	窓面積 [mm²]	巻き面積 [mm²]	巻き線長 [cm]	線径[φ]/巻き数[T]				
					0.1	0.2	0.3	0.4	0.5
EEPC-10D	BEPC10-118GAFR	3	1.8	2	150	43	20	巻き線不可	
EEPC-13D	BEPC13-1110CPHFR	11.3	6.8	2.6	567	162	76	45	29
EEPC-17D	BEPC17-1110CPHFR	20	12	3.6	1000	286	135	80	52
EEPC-19D	BEPC19-1111CPHFR	28.5	17.1	4	1425	407	192	114	74
EEPC-25D	BEPC25-1111CPHFR	48.8	29.3	5.1	2442	697	329	195	127
EEPC-27D	BEPC27-1111CPHFR	62	37.2	5.5	3100	886	418	248	161
EEPC-30D	BEPC30-1112CPHFR	68	40.8	6.1	3400	971	458	272	177

(1) ボビンは㈱染谷電子製
(2) 電線は2UEW
(3) 巻き方は整列巻き
(4) 占積率は60%とした
(5) バリア・テープおよび層間紙なし
(6) 単巻き線
(7) 平均巻き線長は1Tあたりの電線の長さ
(8) 確定的な数値ではなくおよその目処

(d)[29] EPCコア

しかし，標準的に用意されているコアおよびボビンにどの程度の巻き線（線径および巻き数）が行えるかの情報があると設計者にはたいへん有効です．以前は，コア・メーカからそのような巻き線のためのデータが提供されていましたが，近年のカタログには残念ながら記載されていないようです．よって，ここではコア・メーカあるいは巻き線メーカの用意しているボビンのサイズから，巻き線の線径によってどの程度の最大巻き数が可能であるかを算出してみました．表3-9を参考値としてご利用ください．

3-5 実際のコアにどのくらい線が巻けるのか

Column (5)

薄型化トランスの本命になってきたプレーナ・トランス

　トランスの薄型化には多くのチャレンジがありましたが，どうやらプレーナ・トランスと呼ばれるものが本命となってきています．これは巻き線に多層プリント板のしくみを利用して，重ねる構造になっています．**図3-A**に示すように多層プリント基板(といっても樹脂はきわめて薄いものを使うが)や，やはりマイラなどの上に銅箔を取り付けたものを何層にも重ねていきます．

　最後はそれぞれの層を直列に接続すれば，何ターンの巻き線でも製作することができるわけです．ただし我々が簡単に手作りをするのは容易ではありません．専門メーカに依頼をするしか方法はありませんが，近年では多くの(海外をふくむ)メーカが手がけるようになってきました．

　その一例を**写真3-A**に示しておきます．

〈写真3-A〉[21] **プレーナ・トランスの一例**
プレーナ・トランスは多層プリント基板による巻き線構成が多い．DC-DCコンバータの薄型化などで使用されている(トミタ電機㈱ TPLJシリーズより)

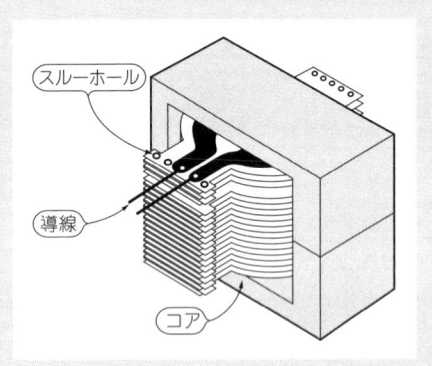

〈図3-A〉 **プレーナ・トランスのしくみ**
構造をわかりやすくした図面．数ターンの巻き線に相当するフィルム状のものを重ねることで多巻き数を実現する．薄型コアと組み合わせ

スイッチング電源のコイル/トランス設計

第4章
スイッチング電源用チョーク・コイルの設計

スイッチング電源回路で使われる各種コイル…
主にチョーク・コイルの設計法について紹介します．
ただしチョーク・コイルといっても種類はさまざまで，
動作条件などによって構造や設計方法が異なります．

4-1　チョーク・コイルのあらまし

　チョーク・コイルは，いわゆる整流・平滑回路におけるフィルタとしての用途と，スイッチング電源の原理にもつながるエネルギーの蓄積/放出を目的とする用途があります．いずれにおいても，扱う電流の大きさ，周波数に対して適切なチョーク・コイル…コアの選択，あるいは設計がポイントです．**表4-1**に，本章で紹介する主なチョーク・コイルのポイントをまとめておきます．

[表4-1] チョーク・コイルのあらまし
チョーク・コイルといっても用途，定格などによって最適な設計を行うには留意点が多い．コアが磁気飽和すると大きな事故につながるので十分な注意が必要である

用　途	リプル・フィルタ（整流・平滑用）	非絶縁降圧型DC-DCコンバータ	非絶縁昇圧型DC-DCコンバータ PFC用	ノイズ・フィルタ（コモン・モード・コイル）
容　量	低インダクタンス 20μH以下	設計値による	設計値による	大インダクタンス 数mH以下
留意点	・直流重畳特性 ・小型化 ・低価格化	・連続電流による直流重畳特性 ・小型化	・ピーク電流の直流重畳特性 ・エネルギーの蓄積/放出	・巻き線間の絶縁 ・小型化
コア材（形状）	ダスト・コア Ni-Znフェライト（ドラム形，バー形）	・30A以下ではセンダスト（トロイダル形） ・30A以上ではMn-Znフェライト（EE形，PQ形）	・小電流ではNi-Znフェライト（ドラム形） ・30Aまではセンダスト（トロイダル形） ・30A以上ではMn-Znフェライト（EE形，PQ形）	・HighμのMn-Znフェライト（トロイダル形）
技術的なポイント	−	・30A以上では大きなギャップ	・30A以上では大きなギャップ	第7章で詳述

● 基本は**LC**フィルタ…リプル・フィルタおよびノイズ・フィルタとして

図4-1に示すのは，高周波除去の基本となるもっとも簡単なLCフィルタの構成です．インピーダンス素子としてのコイルL，およびコンデンサCはそれぞれ，

$$Z_L = \omega L = 2\pi f L$$

$$Z_C = \frac{1}{\omega C} = \frac{1}{2\pi f C}$$

という特性をもつので，コイルのインピーダンスZ_Lは周波数が上がると高くなり，コンデンサのインピーダンスZ_Cは周波数が上がると低下します．よって，LとCを組み合わせたLCフィルタは，交流周波数が高くなるに従い，大きな減衰特性をもつロー・パス・フィルタ(LPF)としての機能をもつことになります．

図4-2は整流・平滑回路における典型的なリプル・フィルタの構成です．スイッチング電源に限らず，直流電源における整流・平滑回路は，基本的にこのLPFの働きを利用しています．整流で生じる脈流からリプル分をきれいにすることから，リプル・フィルタとも呼ばれています．

図4-3はLCフィルタを多段にして，さらにリプル減衰率を稼ぐようにしたフィルタの構成です．

また図4-4に示すのは(スイッチング)電源に限りませんが，商用AC電源ライン

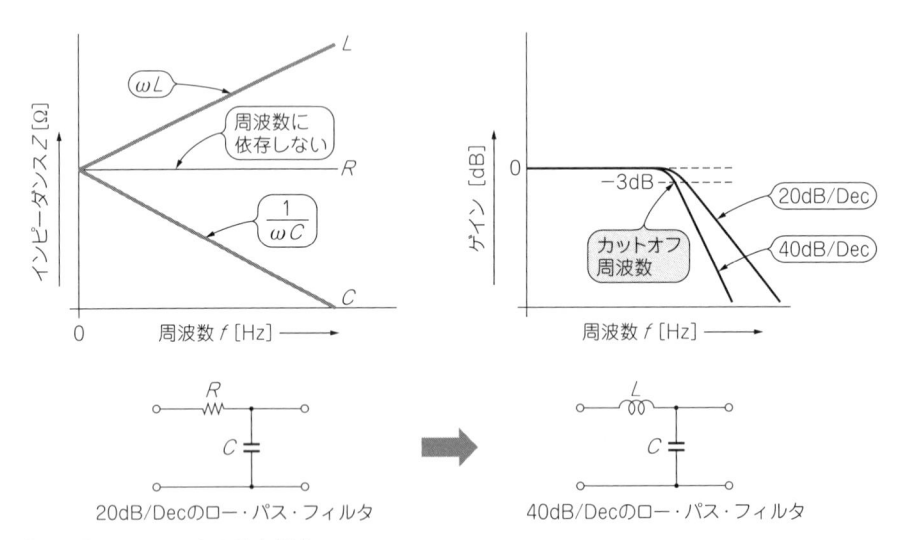

[図4-1] **LC**フィルタの基本構成
LとCとは，インピーダンスで見ると周波数成分に対して逆のふるまいを行う．よってLCを組み合わせることによって，通過信号の周波数特性を操作することができる．ロー・パス・フィルタの働きになる

[図4-2] 整流・平滑回路におけるリプル・フィルタの構成

整流回路ではダイオードによってACをDCに変換できる．ただし，正弦波の場合は整流後に脈流…リプルが残存する．きれいな直流を得るにはリプルを小さくしたい．リプル・フィルタが重要になる

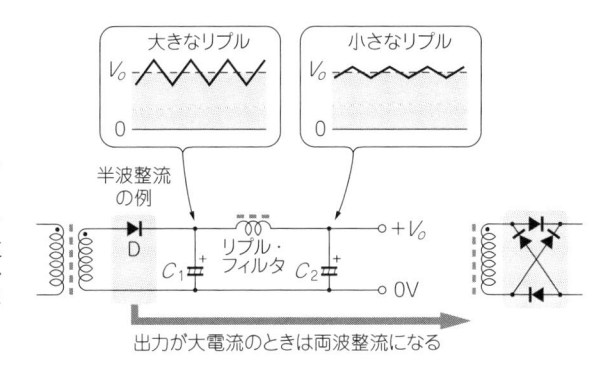

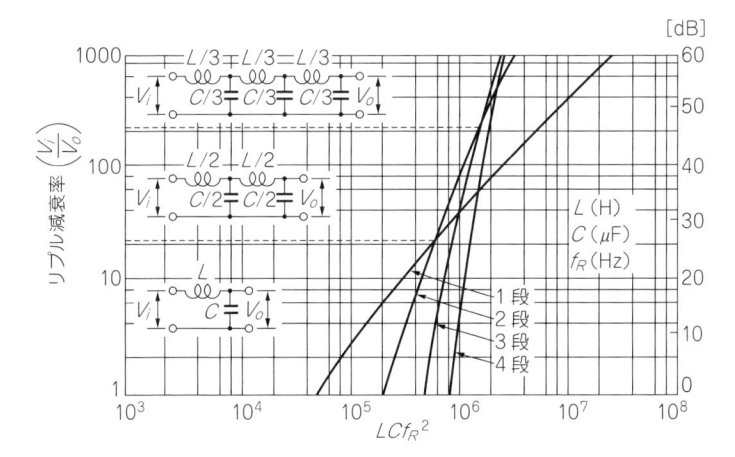

[図4-3] LCフィルタを多段にすると減衰率がさらに大きくなる

リプル・フィルタを直列多段に接続すると，フィルタとしての減衰特性を大きくすることができる

に接続する電子機器からの電磁的ノイズを抑える目的の通称ノイズ・フィルタ，正確にはノーマル・モード・ノイズ・フィルタと呼ばれるものです．チョーク・コイルあるいはLCフィルタと呼ばれています．ノイズ・フィルタについては第7章で詳しく述べます．

● エネルギーを蓄積/放出するチョーク・コイル

チョーク・コイルには交流を通しにくくする働きとは別に，エネルギーを蓄積/放出するスイッチング電源ならではの働きがあります．

図4-5に示すのは非絶縁DC-DCコンバータの基本的な構成で，チョッパ・コンバータとも呼ばれている便利な三つの回路です．

4-1 チョーク・コイルのあらまし | 117

(a) ノイズ抑制効果　　　　　　　　　　　(b) SN コイルの外観

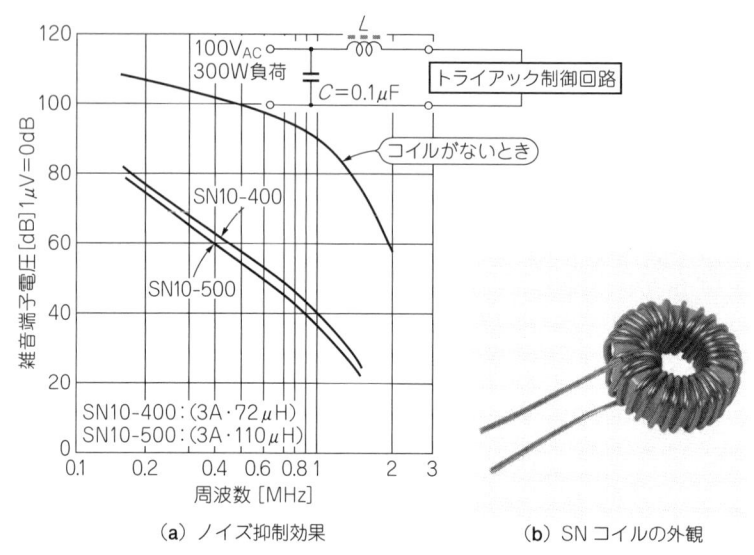

[図4-4] [17] *LC* フィルタはノイズ（EMC/EMI）フィルタの基本でもある
NEC トーキンのSNコイルの使用例．たとえばAC100V動作のアイロンや電気こたつでは，ヒータの温度制御にトライアックなどが使用されている．直接AC100V回路を制御するのでノイズの発生も大きい．AC100Vラインは電源エネルギーの供給源でもあるが，ノイズの伝導路にもなっている．発生ノイズがACラインから放出されないように*LC*フィルタを付加するのが常識になっている

(a) 高い電圧から低い電圧を作る降圧コンバータ
(b) 低い電圧から高い電圧を作る昇圧コンバータ
(c) 電圧極性を反転させる極性反転型コンバータ

を実現することができます．この回路はチョーク・コイルに流れる電流を半導体スイッチ…トランジスタやMOS FET，あるいはダイオードによってON/OFFすることにより，チョーク・コイルにエネルギーの蓄積/放出を行わせ，電圧変換を実現しています．

以下，動作を簡単に説明しておきます．なお，MOS FETはいずれの回路においても一定のデューティ比でON/OFFを繰り返していることとします．

▶降圧コンバータ

まずは(a)の降圧コンバータ．MOS FETがONであれば入力電圧V_{IN}はチョーク・コイルLとコンデンサC，さらには負荷に対してエネルギーを供給します．Lには電流が流れることによってエネルギーが蓄えられます．このときダイオードはOFFしているので，ないのと同じです．

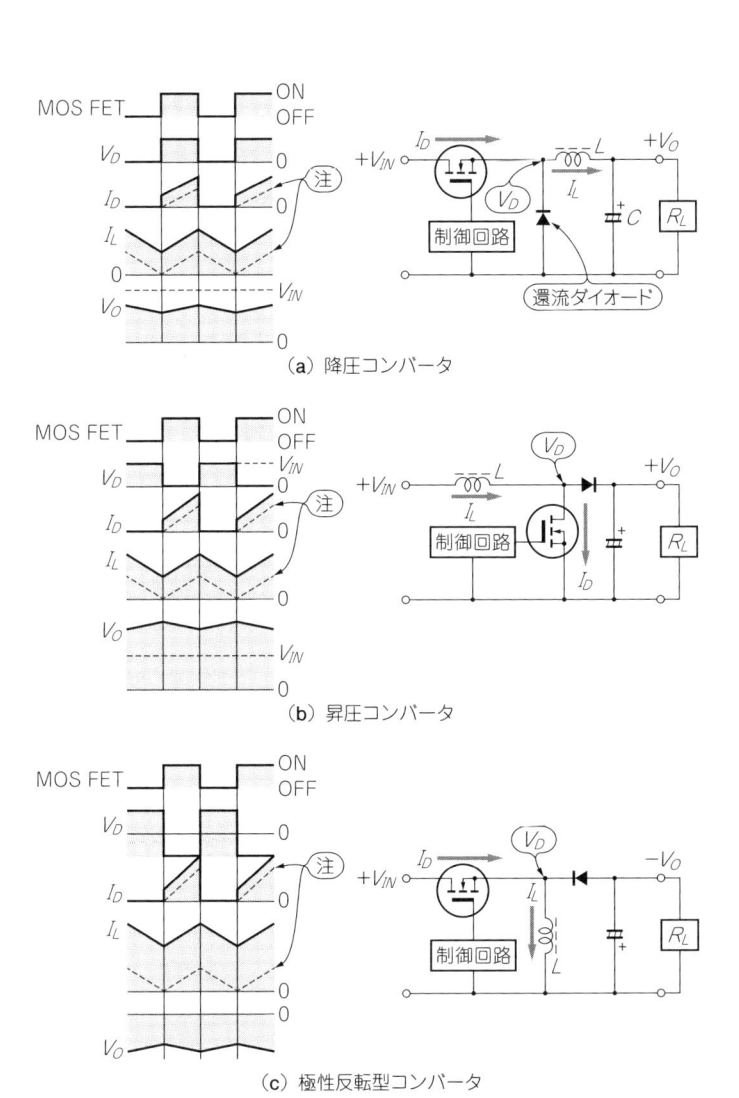

[図4-5] 非絶縁DC-DCコンバータ…チョッパ・コンバータの動作

チョッパ・コンバータに使用するチョーク・コイルは，半導体スイッチ…MOS FETのON/OFFによってエネルギーの蓄積/放出を行っている．MOS FETのドレイン電流I_D，チョーク・コイルを流れる電流I_Lに注目してほしい．I_Lは連続した電流になっている．図中I_Lの破線(注)は負荷が軽くなったときの電流波形

ではMOS FETがOFFになるとどうでしょう．負荷へのエネルギー供給はなくなるのではないかと思いきや，今度はチョーク・コイルLに蓄えられていたエネルギーがダイオードを通して供給されるのです．つまり，ダイオードによってLに蓄

4-1 チョーク・コイルのあらまし | 119

えられていたエネルギーが還流させられます．ということで，このダイオードを**還流**(フライホイール)**ダイオード**と呼ぶこともあります．

したがって，この回路でMOS FETのON/OFF時間比率…デューティ比を制御すれば，出力電圧V_oの値を可変できることは予想できるでしょう．実際は以下のコンバータもそうですが，制御用ICなどによって出力電圧を監視し，MOS FETのON/OFFデューティ比を制御して出力電圧を安定化しています．

▶昇圧コンバータ

(b)の昇圧コンバータでは，MOS FETがONしている期間にチョーク・コイルLにエネルギーが蓄積されます．そして，MOS FETがOFFした瞬間から発生する逆起電力を出力側に電力として伝達するものです．昇圧コンバータはたとえば電池などの低い電圧から，電子回路を動作させ得るような電圧に昇圧するときに使われています．

また近年では，商用電源で動作する(テレビなどの)電子機器に使用するスイッチング電源において課題となっている，高調波発生を抑制するための力率改善回路(PFC：Power Factor Correction)における昇圧コンバータにも使用されています．たとえばワールド・ワイド対応薄型テレビなどで，AC85〜265V入力からDC390Vを得るときなどに使用されています．

▶極性反転コンバータ

(c)の極性反転コンバータは昇圧コンバータと動作が似ています．MOS FETがONしている期間にチョーク・コイルにエネルギーが蓄積されますが，MOS FETがOFFした瞬間からダイオードのカソード側には，コイルにため込んだときとは逆極性の電圧が発生することになります．

● チョーク・コイルがもっている電流特性

スイッチング電源に使用するチョーク・コイルは，前述から想像できるように，用途によってはかなり大きな電流が流れます．ですから，チョーク・コイルの設計あるいは選択においては，この電流特性を十分に理解しておくことが重要です．ポイントは**定格電流**と**直流重畳特性**です．

チョーク・コイルの定格電流は，コアの鉄損および巻き線による銅損から生じる発熱によって制限される，連続的に流すことのできる最大電流です．一方，直流重畳電流特性というのは，直流電流が重畳することによってインダクタンスがどう変化するかを示したもので，コアが磁気飽和を起こさない電流の目安を示しています．コアが磁気飽和にいたると，チョーク・コイルはインダクタンスが極端に小さくな

品　名	定格電流 I_{dc}[A]	インダクタンス L[μH] 代表値 $I_{dc}=0$	インダクタンス L[μH] 代表値 $I_{dc}=$定格	直流抵抗 max.[mΩ]	外径寸法 $D \times W$ max.[mm]（トロイダル形）	線径 [mmφ]
HK-05S040-1010（H）	1	100	80	130	13 × 8	0.4
HK-05S055-4000	2	40	25	45	14 × 8	0.55
HK-08SS050-1010H	1.5	100	64	110	16 × 6	0.5
HK-08S050-2010（H）	1	200	160	190	19 × 12	0.5
HK-08S070-6500	2	65	55	55	19 × 14	0.7
HK-08S080-3000（H）	3	30	23	30	20 × 14	0.8
HK-10S050-6010（H）	1	600	450	410	24 × 13	0.5
HK-10S070-1810（H）	2	180	135	100	24 × 14	0.7
HK-10S080-1210（H）	3	120	80	70	24 × 14	0.8
HK-10S100-4500（H）	5	45	30	25	25 × 15	1.0

（a）コイルの標準仕様

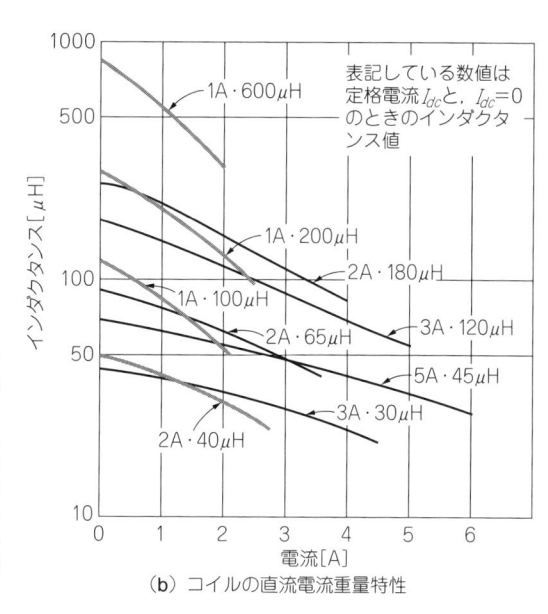

[図4-6][10] **市販チョーク・コイル（トロイダル形）の定格と直流重畳特性の一例**
定格電流は銅損・鉄損による温度上昇から制約される．直流重畳特性は，主にコアの材質で決まる．直流電流が重畳したときのインダクタンスの低下，公称インダクタンス値からの低下割合で示されることもある．このデータは東邦亜鉛㈱のタクロンHKコイル（センダスト・コア）のデータから

（b）コイルの直流電流重畳特性

ります．インピーダンスは巻き線抵抗分と空芯のインダクタンスだけになってしまいます．結果，回路に大電流が流れてしまい事故につながる可能性があります．一瞬たりとも超えてはいけない電流の最大値です．

　図4-6は，磁気飽和に強いといわれているセンダスト材に巻き線したチョーク・コイルの定格電流と直流重畳特性を示したものです．定格値として直流電流$I_{dc}=$ 0Aにおけるインダクタンスが表記されていますが，直流重畳電流が増加して定格

電流にいたるとインダクタンスは大幅(60～80数%)に低下していることがわかります．そして，(b)の直流重畳特性グラフを見ると1A定格のものは約2倍，5A定格のものは約1.2倍までの直流電流におけるインダクタンス値の低下傾向が示されています．表記範囲内の重畳電流では磁気飽和にいたらないということが推測できます．しかし，一般には最大直流重畳電流も定格電流値内に収めて使用するのが，安全のためには必要です．

4-2　フォワード・コンバータのチョーク・コイル設計

● 絶縁電源2次側整流回路のチョーク・コイル

チョーク・コイルの典型的な使用例として，スイッチング電源の中でも入力側と出力側とがトランスで電気的に絶縁をされた方式から考えてみましょう．図4-7に代表的なスイッチング電源方式の一つである，フォワード・コンバータのしくみを示します．フォワード・コンバータは数十～数百Wオーダの電源として使用されています．

(a)に示すように，スイッチング・トランジスタ(パワーMOS FET)によって，直流高電圧を数十kHz以上の高周波電力に変換します．高周波スイッチングすることによって，絶縁と電圧変換のためのトランスを小型化できることがスイッチング電源の大きな特徴です．

高周波電力は，トランスによって目的とする電圧・電流に変換されます．高周波電力を整流して直流にするわけですが，実際はダイオードと平滑コンデンサだけで整流・平滑するのではなく，直流出力電圧をさらに安定化したり，リプルの少ないきれいな直流を作らなくてはなりません．

そのような目的に使われるのがチョーク・コイルというわけですが，(b)に示すように，パルス状の電圧・電流波形をきれいな直流電圧に変換します．直流出力電圧V_oはチョーク・コイルLと平滑用コンデンサCによって，パルス電圧V_s(波高値)とスイッチング・パルス幅t_{on}，さらにスイッチング周期Tから，

$$V_o = \frac{t_{on}}{T} \cdot V_s \quad \cdots\cdots (4\text{-}1)$$

となります．これは波高値V_sのパルス電圧が，時間に対して平均化されたことを意味します．言い換えると，スイッチング周期Tに対して，$V_s \times t_{on}$の面積が出力電圧V_oになるということです．

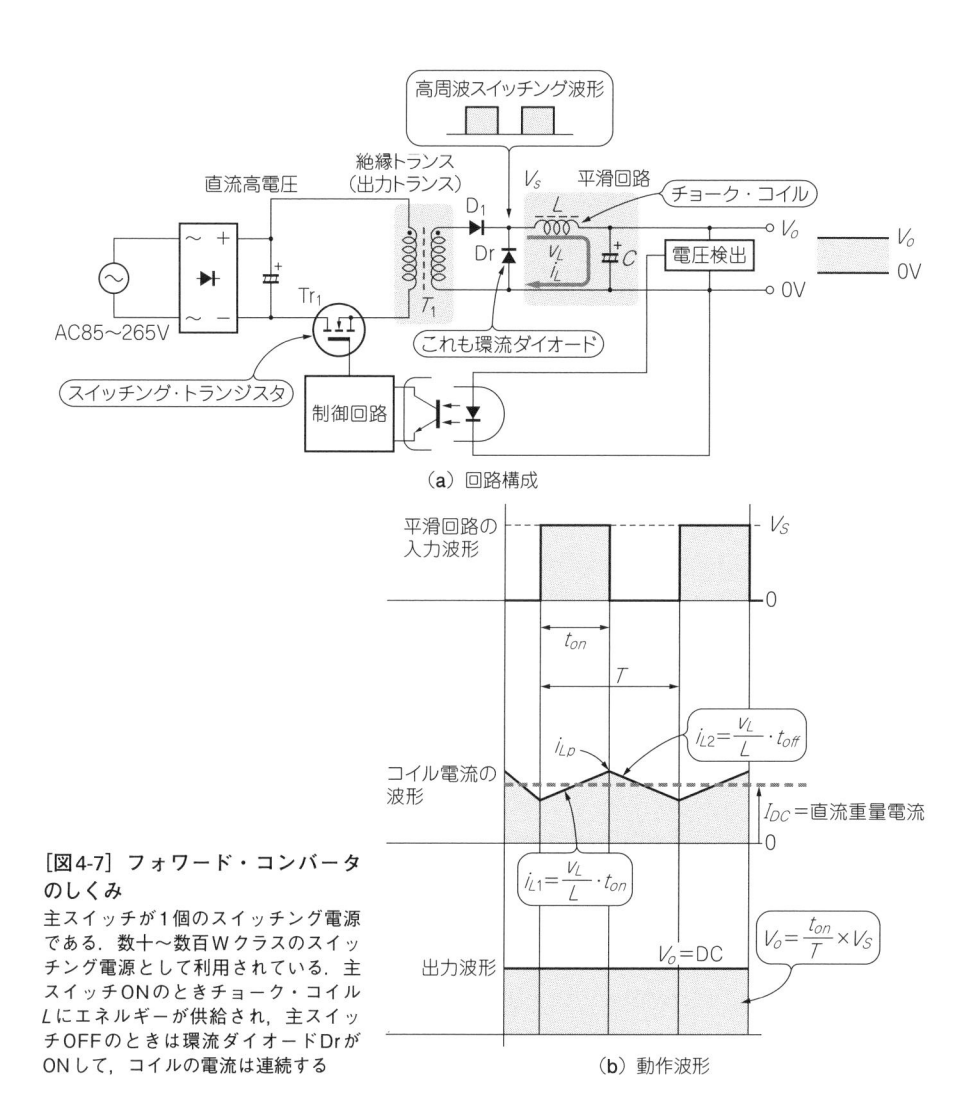

[図4-7] フォワード・コンバータのしくみ

主スイッチが1個のスイッチング電源である．数十～数百Wクラスのスイッチング電源として利用されている．主スイッチONのときチョーク・コイルLにエネルギーが供給され，主スイッチOFFのときは環流ダイオードDrがONして，コイルの電流は連続する

(a) 回路構成

(b) 動作波形

● チョーク・コイルの中の電流はどうなっているか

では，実際にチョーク・コイルの中を流れる電流はどうなっているのでしょうか．

ダイオードD_1で整流されたパルス状の波形は，図4-7(b)に示すようにチョーク・コイルLに加わります．このときコイルの中を流れる電流i_{L1}は，

$$i_{L1} = \frac{V_L}{L} \cdot t_{on} \quad \cdots\cdots\cdots\cdots\cdots\cdots\cdots\cdots\cdots\cdots\cdots\cdots\cdots\cdots\cdots\cdots\cdots\cdots\cdots\cdots\cdots (4\text{-}2)$$

となって，時間と共に直線的に上昇する電流波形となり，パルス幅を示す時間t_{on}で最大値i_{Lp}を示します．このときコイルLにはi_{Lp}によってエネルギーp_Lが，

$$p_L = \frac{1}{2} L \cdot i_{Lp}^2 \quad \cdots\cdots\cdots\cdots\cdots\cdots\cdots\cdots\cdots\cdots\cdots\cdots\cdots\cdots\cdots\cdots\cdots\cdots\cdots\cdots\cdots\cdots (4\text{-}3)$$

と蓄えられます．パルスはt_{on}時間後にはなくなってしまうので，電流i_{L1}がこれ以上流れることはありません．ところがコイルLは，内部に蓄えられたエネルギーp_Lによって今度は自ら電流i_{L2}を流し始めます．コイルの逆起電力による電流が流れるわけです．コイルの電圧は極性が反転して，マイナス電圧を発生します．

こうして結局，コイルの中にはi_{L1}とi_{L2}の電流が交互に流れ，最終的にはパルスは(リプルはあるけれど)直流になっていきます．このような動作を平滑と呼んでいます．

● コイルを飽和させずに流せる直流電流の大きさがポイント

スイッチング電源における平滑用チョーク・コイルは，リプルの減衰が目的であると考えると，インダクタンスがどれだけ大きいかが重要と思いがちです．しかし実際はそれ以上に，流れる電流i_Lに対してコイルとしての機能が維持できるかどうかが重要です．チョーク・コイルは無制限に大きな電流が流せるわけではないからです．

使用するコア材の種類によっても変わりますが，チョーク・コイルはある値以上の直流電流を流すとコアが磁気飽和を起こしてしまいます．磁気飽和させないための流せる直流電流の限界値を示唆するのが，**直流電流重畳特性**と呼ばれています．コアとしては大きな直流電流重畳特性をもつものが望ましいわけです．

一般に材料・形状が決まったコアでは，巻き線をたくさん巻けばインダクタンスは大きくなります．しかし，インダクタンスが大きくなるとそのぶん磁気飽和を起こしやすくなり，大きな直流電流が流せなくなってしまうのです．

図4-8は，表2-7でも紹介したトロイダル形センダスト・コアのサイズおよび透磁率μごとの直流電流重畳特性の違いを示したものです．直流重畳特性では縦軸にA_L値をとり，横軸はAT積(あるいはNI積)と呼ぶ(電流×巻き数)の積を示しています．A_L値(A_L value)はコイルのインダクタンスと同じ意味で，あるコアに1T(ターン)のコイルを巻いたときのインダクタンスを表しています．単位はnH/N^2です．コアにN回の巻き線を施したときのインダクタンスLは，

$$L = A_L \times N^2 \,(\text{nH}) \quad \cdots\cdots\cdots\cdots\cdots\cdots\cdots\cdots\cdots\cdots\cdots\cdots\cdots\cdots\cdots\cdots\cdots\cdots (4\text{-}4)$$

となります．

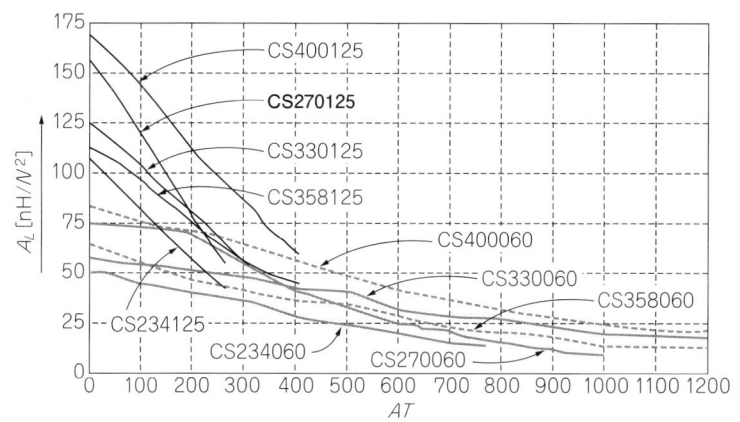

(a) インダクタンス（A_L）-直流重量特性

コア品名	A_L値[nH/N^2]	透磁率 μ	実効磁路長 ℓ_e[cm]	実効断面積 A_e[cm^2]	実効体積 V_e[cm^3]	窓枠面積 A_{cw}[cm^2]
CS234060	51	60	5.88	0.388	2.2814	1.49
CS234125	105	125				
CS270060	75	60	6.35	0.654	4.154	1.56
CS270125	157	125				
CS330060	61	60	8.15	0.672	5.4768	2.93
CS330125	127	125				
CS358060	56	60	8.98	0.678	6.0884	3.64
CS358125	117	125				
CS400060	81	60	9.84	1.072	10.549	4.27
CS400125	168	125				

(b) コア材の特性仕様

コア形状名	$OD \times ID$[mm]	線径 AWG[mm]	12(2.05)	13(1.83)	14(1.63)	15(1.45)	16(1.29)	17(1.15)	18(1.02)	19(0.91)
OD234	23.57 × 14.40	1層巻き数[T]	15	17	20	22	25	29	32	36
	HT = 8.89	R_{dc}[mΩ]	3.07	4.29	5.95	8.32	11.6	16.2	22.7	31.8
OD270	26.92 × 14.73	1層巻き数[T]	16	18	20	23	26	29	33	37
	HT = 11.18	R_{dc}[mΩ]	3.67	5.14	7.15	10	14.1	19.7	27.6	38.7
OD330	33.02 × 19.94	1層巻き数[T]	23	26	29	32	37	41	46	52
	HT = 10.67	R_{dc}[mΩ]	5.17	7.22	10	14	19.7	27.4	38.4	53.8
OD358	35.81 × 22.35	1層巻き数[T]	25	29	32	37	41	46	52	58
	HT = 10.46	R_{dc}[mΩ]	5.79	8.09	11.2	15.7	22	30.6	42.9	60
OD400	39.88 × 24.13	1層巻き数[T]	28	31	35	40	45	50	57	64
	HT = 14.48	R_{dc}[mΩ]	7.62	10.7	14.8	20.8	29.2	40.8	57.4	80.4

(注) 巻き線の線径はAWGで示したが，( )内がmmφに相当する

(c) コア形状で決まってしまうコイルの最大巻き数（1層巻きのとき）

[図4-8][11] **センダスト・コア（トロイダル形）の直流重量特性とコアの最大巻き数**
スイッチング電源などにおけるチョーク・コイルは，コイル・メーカが客先仕様によって製造するケースも多い．この図のデータは製作可能なコイル仕様を示すためのもの．表2-7で紹介したチャンスン社のトロイダル形センダスト・コアのデータから抽出した．インダクタンスはA_L値と巻き数(N)から算出するが，直流重畳特性は(a)のAT（アンペア・ターン…電流×巻き数）特性から判断する．センダストなどのパウダ・コアは直流重畳特性が優れているが，A_L値はアンペア・ターンによって変動する

4-2 フォワード・コンバータのチョーク・コイル設計 | **125**

● 大電流を流し大きなインダクタンスを求めると大型コアになる

　図4-8(a)において横軸のAT積は，Aが流れる電流で，Tがコイルの巻き数を意味します．AT積…アンペア・ターン積と呼んでいます．コアのサイズ…実効体積（＝実効磁路長ℓ_e×実効断面積A_e）V_eが大きくなるほど(CS234→CS400)，A_L値およびAT積は大きくなります．

　たとえば図4-8の例でコア材としてCS270125の使用を考えると，A_L値は157nH/N^2（電流0における初期値）となっています．(c)は，同形状OD270において巻き線が1層でどれだけ巻けるかを示すものです．ϕ1.0(AWG19)の線材を使用すると37ターンが最大で，ϕ2.0(AWG12)の線材になると16ターンが最大巻き数であることが示されています．このとき得られるコイルのインダクタンスLは，式(4-4)から，215μH(@37T)，40μH(@16T)となります．

　許容できる直流重畳電流I_sの大きさは，(a)のAT値を，コイルの巻き数で割れば求まります．CS270125コアのATを100とすれば，215μH(@37T)においては100/37 = 2.7A，40μH(16T)においては，100/16 = 6.25Aということがわかります．巻き数Nを大きくすればインダクタンスは大きくなりますが，大きな電流を流すことができない理由がわかると思います．

　平滑用チョーク・コイルは，最大電流を流しても一定のインダクタンスを維持していないと，スイッチング電源を構成したときの動作や特性を満足することができません．したがって，チョーク・コイルの設計ではコアの直流重畳特性にもっとも注意を払わなければならないわけです．結果，大電流を流しながら大きなインダクタンスを維持しようとするときは，それなりの大型コアを使わざるを得なくなってしまいます．

● ギャップを使ってMn-Znフェライトの直流重畳特性を改善する

　各種あるコア材のうち，センダスト・コアは確かに磁気飽和には強いのですが，価格にやや難があります．そこで大電流用チョーク・コイルを作るときは，Mn-Znフェライトを使うことがよくあります．Mn-Znコアにギャップを設けると，ギャップの大きさによって直流重畳特性を改善することができます．ギャップの効用については，先に第2章 2-3節で紹介しています．

　図4-9はJFEフェライト社のMn-Znフェライト，材質MB3によるEER-25.5Bにギャップを設けたときの直流電流重畳特性を示したものです．ギャップの厚さによって直流電流重畳特性が変化しているのがわかります．ギャップが0あるいは小さいときはA_L値が高いのですが，小さなAT積で磁気飽和にいたってしまいます．

逆に大きなギャップであればA_L値は低いのですが，AT積を大きくできるようになっています。

では，どちらがコイルとして有利なのでしょうか．たとえば，ギャップ＝0.1mmのときの最大AT積は約20ATです．このとき3Aの電流を流すとしたら最大巻き数は7Tです．A_L値は400nH/N^2ですから，7TのときのインダクタンスL_{n7}は，

$$L_{n7} = A_L \times N^2 = 400 \times 7^2 = 19.6 \mu H \cdots\cdots\cdots\cdots\cdots\cdots\cdots\cdots\cdots (4\text{-}5)$$

となります。

次にギャップ＝0.25mmのときのAT積は50ATで，同じ3Aの電流だと巻き数は16Tになります。A_L値は250nH/N^2ですから，このときのインダクタンスL_{n16}は，

$$L_{n16} = A_L \times N^2 = 250 \times 16^2 = 64 \mu H \cdots\cdots\cdots\cdots\cdots\cdots\cdots\cdots\cdots (4\text{-}6)$$

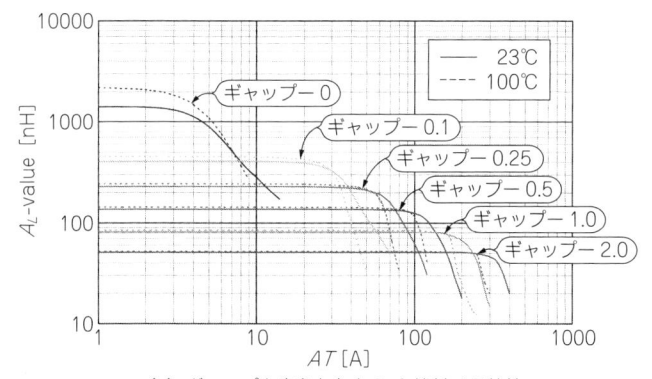

(a) ギャップを変えたときのA_L値対AT特性

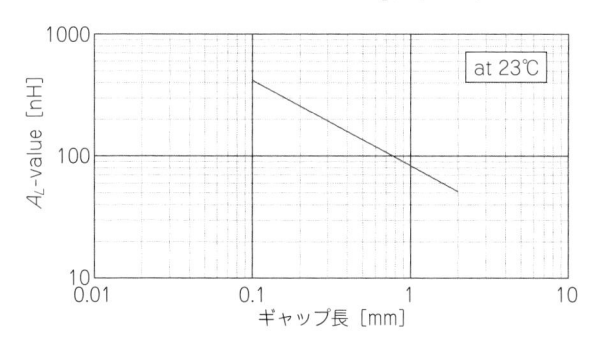

(b) センタ・ギャップにおけるギャップ対A_L値の実測データ

[図4-9] EER25.5(MB3)のギャップ対A_L値特性
JFEフェライト社低パワー損失材(Mn-Znフェライト)MB3の特性例．式(4-5)と式(4-6)から，ギャップ付きコアでインダクタンスを稼ぐには，ギャップを大きくとって巻き数を増やしたほうが効果的なことがわかる

4-2 フォワード・コンバータのチョーク・コイル設計

となります.

　この結果から同サイズのコアであれば，A_L値が下がってもギャップを大きくして直流重畳特性を改善し，巻き数を多く巻いたコイルのほうが大きなインダクタンスを実現できることがわかります.

　このようにMn-Znフェライト(低価格)ではギャップのとり方によって，同じ電流を流しても大きなインダクタンスを得ることが可能です. ただし，最終的には流す電流に合わせた電線の直径によって，そのコアに巻ききれるかどうかの判断が必要です. 磁気飽和しないからといって細い電線を多く巻いたのでは，電線による損失…銅損が増え，温度上昇が大きくなってしまいます.

● チョーク・コイルに流れる電流を算出する

　では2次側の高周波整流後の平滑用チョーク・コイルを具体的に設計してみましょう. フォワード・コンバータの構成は先の**図4-7**を使用します. スイッチング・トランジスタTr_1によって，数十〜数百kHzの高周波電力に変換し，トランスT_1を介して2次側に電圧・電流が変換されているものとします.

　(b)の各部動作波形もご覧ください. トランスの2次側に発生した高周波電圧V_sを整流・平滑して,直流電圧を得ようとするものです. 周波数fの高周波電圧V_sは，電流I_oを流そうとするのですが，チョーク・コイルLのインピーダンスZ_Lのために，そのまま高周波電流としてLの中を通過することはできません. コイルLにはパルス状電圧V_sがt_{on}時間だけ印加されますが，このときのLの内部電流i_{L1}はパルス状では流れなくて，

$$i_{L1} = \frac{V_s}{L} \cdot t \quad \cdots\cdots\cdots\cdots\cdots\cdots\cdots\cdots\cdots\cdots\cdots\cdots\cdots\cdots\cdots\cdots (4\text{-}7)$$

と，直線的に増加しながら流れます. もちろんトランジスタTr_1のON時間t_{on}で，電流の最大値i_{Lp}は，

$$i_{Lp} = \frac{V_s}{L} \cdot t_{on} \quad \cdots\cdots\cdots\cdots\cdots\cdots\cdots\cdots\cdots\cdots\cdots\cdots\cdots\cdots (4\text{-}8)$$

をとります. このとき同時にコイルの中に電流i_{Lp}でエネルギーが蓄積されます.

　トランジスタTr_1がOFFした瞬間にコイルは逆起電力を発生し，今度はダイオードD_rを通して電流i_{L2}が流れます. コイルLに蓄えられた電流を放出するわけですから，傾斜は時間とともに直線的に減少します.

　コイルを流れる電流は不連続にはならず，必ず連続して流れる性格をもっています. ということは，i_{L1}のピーク電流i_{Lp}とi_{L2}のピーク電流i_{L2p}は等しいことになり

ます．ですから，トランジスタがOFFしている間に流れる電流i_{L2}は，

$$i_{L2} = i_{L1p} - \frac{V_o}{L} \cdot t \quad \cdots\cdots\cdots\cdots\cdots\cdots\cdots\cdots\cdots\cdots\cdots\cdots\cdots\cdots\cdots\cdots\cdots\cdots\cdots\cdots\cdots\cdots (4\text{-}9)$$

と表すことができます．

● リプル電流はどのようにして決まるか

　図4-10は直流の出力電流I_oと，コイルの中を流れる電流i_Lとの関係を表しています．コイルのインダクタンスが十分に大きく，一定以上の電流が出力されている条件のときです．出力電流I_oはコイルの中を流れる電流と等しくなければなりません．

　しかしコイルの中を流れる電流の傾斜は，直流の出力電流I_oには無関係です．単純にコイルに印加される電圧v_LとインダクタンスLだけで決定されるからです．したがって，I_oが大きな値で流れたときコイルの電流は，I_{dc}で表した直流バイアス(オフセットとも言う)をもった波形で流れています．その上にリプル電流と呼ばれる高周波成分が重畳されています．これが平滑コンデンサCの中を流れて，綺麗な直流出力の電圧・電流になるわけです．

　では，リプル電流値はどのように決まるのでしょうか．電流はコイルの中を連続して流れるので，トランジスタがONしている期間に増加する電流値Δi_{L1}と，OFFしている間に減少した電流値Δi_{L2}は等しいことになります．また，ON期間にLに印加される電圧はv_{L1}と，OFFしている期間にLが発生する電圧v_{L2}はそれぞれ，

$$v_{L1} = V_s - V_o \quad \cdots\cdots\cdots\cdots\cdots\cdots\cdots\cdots\cdots\cdots\cdots\cdots\cdots\cdots\cdots\cdots\cdots\cdots\cdots\cdots (4\text{-}10)$$
$$v_{L2} = V_o \quad \cdots\cdots\cdots\cdots\cdots\cdots\cdots\cdots\cdots\cdots\cdots\cdots\cdots\cdots\cdots\cdots\cdots\cdots\cdots\cdots\cdots\cdots\cdots\cdots (4\text{-}11)$$

となります．したがって，電流の増加分Δi_{L1}と減少分Δi_{L2}とは，

$$\Delta i_{L1} = \Delta i_{L2} = \frac{V_s - V_o}{L} \cdot t_{on} = \frac{V_o}{L} \cdot t_{off} \quad \cdots\cdots\cdots\cdots\cdots\cdots\cdots\cdots\cdots\cdots (4\text{-}12)$$

となります．これがリプル電流分です．コイルLを流れる電流の最小値は，このリプル電流の最小値のことを意味しています．

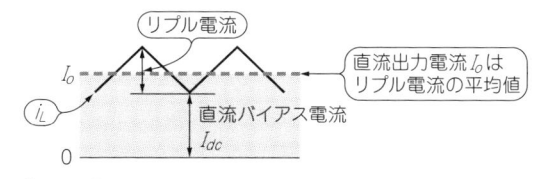

[図4-10] 出力電流I_oとコイルを流れる電流I_Lとの関係

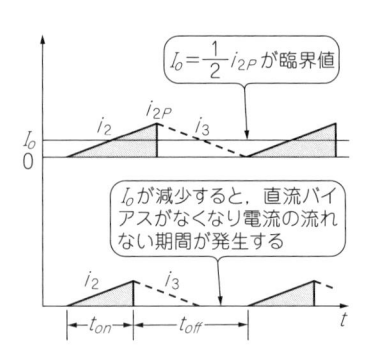

[図4-11]
出力電流が減少するとコイルを流れる電流は不連続モードになる

$I_o = \frac{1}{2}i_{2P}$ が臨界値

I_o が減少すると，直流バイアスがなくなり電流の流れない期間が発生する

● 出力電流が減少すると電流不連続モードになる

　ところで前述のような動作をしているとき，スイッチング電源の負荷が小さくなって出力電流I_oが減少すると，コイルを流れていた電流はどうなるのでしょうか．

　図4-11がそのようすを示しています．コイルを流れる電流の傾斜…リプル電流は出力電流I_oとは無関係です．よって出力電流I_oが減少すると，直流バイアス成分I_{dc}だけが減少します．すると，I_{dc}の低下によりやがてリプル電流の最小値は0に近づき，さらには0に届いてしまいます．このとき0になったポイントを，コイルの**電流臨界点**と呼んでいます．

　ここまでの領域では，スイッチング制御においてON時間t_{on}は変化させていません．しかし出力電流I_oが，コイルの電流臨界点を超えてさらに減少しようとすると，スイッチングのt_{on}時間が変化しなければ，平滑コンデンサへの充電電流は，放電の，つまり出力電流I_oよりも大きくなってしまいます．ということは，出力電圧V_oが安定ではなく，規定の値より上昇してしまいます．これでは定電圧動作が行えません．

　そこで，実際はコイルを流れる電流が電流臨界点を割ってさらに減少しようとすると，スイッチングのON時間t_{on}を短くするように制御が働きます．つまり，ここでコイルを流れる電流は連続性を失ってしまいます．このような状態を電流不連続モードと呼んでいます．チョーク・コイルを流れる電流が不連続モードになると，スイッチング電源としては動作に大きな影響をもたらすことになるのです．

● 電流不連続モードを避けるためのインダクタンス値を決める

　チョーク・コイルを設計するときは，電流不連続モードを避ける条件から，インダクタンスを決める必要があります．インダクタンスの大きなコイルを用いれば電流臨界点は下がります．逆にインダクタンスの小さいチョーク・コイルを用いると

臨界点は上がってきます．つまり，リプル電流値が大きくなってしまいます．その結果，直流出力のリプル電圧が大きくなるという問題を生じます．実際はある値にリプル電流を制限しなければなりません．

フォワード・コンバータにおいては一般に，**最大出力電流$I_{o(\max)}$に対して30%前後のリプル電流**を流してやるのが適当とされています．たとえば出力電流I_o = 5Aの電源であれば，リプル電流値を$5 \times 0.3 = 1.5A_{p-p}$程度とするインダクタンスにするということです．ただし，この数値は論理的な根拠をもって決めたものではありません．過去からの経験則に従ったものです．

$I_{o(\max)}$の30%$_{p-p}$のリプル電流ということは，図4-12に示すように直流出力に換算するとその半分の15%，つまり0.75A出力のときに臨界点に達するということになります．この程度にしておけば平滑コンデンサの容量をさほど大きくする必要がなく，十分に低いリプル電圧に抑えることができるからです．

この値に抑えるためのコイルのインダクタンスLは式(4-12)を変形して，

$$L = \frac{V_2 - V_o}{\Delta I_L} \cdot t_{on} = \frac{V_2 - V_o}{0.3 \times I_o} \cdot t_{on} \quad \cdots\cdots (4\text{-}13)$$

で求めることができます．

スイッチング・トランジスタのON時間t_{on}は周波数に反比例します．したがって，スイッチング周波数が高ければインダクタンスは小さくてすみます．また，出力電流$I_{o(\max)}$が大きな電源ではΔi_Lが大きくても良いわけで，やはり小さなインダクタンスでよいことになります．さらにコイルに加わる電圧v_Lは，出力電圧V_oが低いときほど小さくなりますから，やはり小さなインダクタンスでよいことになります．

ところがコイルに加わる電圧v_Lは，

$$v_L = V_s - V_o \quad \cdots\cdots (4\text{-}14)$$

となります．ですから入力電圧V_{in}が大きく変動するような電源，たとえばワールド・ワイド対応でAC85〜265V系まで連続制御をするような場合には，AC200V

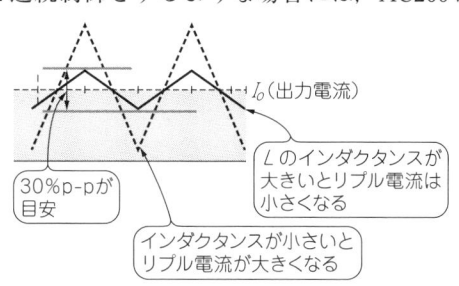

[図4-12] コイルに流れる電流とリプル電流

入力時に高い電圧v_Lが加わってしまいます．このようなときには，大きめのインダクタンスにしておかないと十分にリプル電流を抑えることができなくなってしまいます．

　一般にスイッチング電源では，入力電圧の変動に応じて出力電圧を安定化制御するために，スイッチングのデューティ比をPWM制御しています．つまり，スイッチングのON時間t_{on}が変化しているのですが，それでも高い入力電圧の場合にはコイルの中のリプル電流は大きくなるので注意が必要です．

● 12V・5A出力のためのインダクタンスの計算

　では，実例ではどの程度のインダクタンスが必要になるかを計算してみましょう．ここでは入力電圧範囲：AC100V±10％，出力電圧・電流：DC12V・5Aとします．

　入力電圧の範囲がAC100V±10％ですから電源電圧の変動は大きくなく，AC100V時の定格電圧を前提に設計をしてもさしつかえありません．

　トランス2次巻き線電圧V_s＝36Vとします（トランス設計は第6章で解説）．また，スイッチング周波数fを100kHzとすると，1周期T＝10μsとなります．

　スイッチングのデューティ比$D = t_{on}/T = 0.35$とするとt_{on}は，

$$t_{on} = 10 \times 0.35 \times 10^{-6} = 3.5[\mu s] \quad \cdots\cdots (4\text{-}15)$$

と求まります．

　次にコイル両端に加わる電圧v_Lは，

$$v_L = V_s - V_o = 36 - 12 = 24[V] \quad \cdots\cdots (4\text{-}16)$$

となります．

　出力電流I_o＝5Aですから，コイルのリプル電流は30％の1.5A_{p-p}流れても良いこととします．したがって，この条件における必要なインダクタンスLは，

$$L = \frac{24}{1.5} \times 10 \times 0.35 \times 10^{-6} = 56[\mu H] \quad \cdots\cdots (4\text{-}17)$$

と求められます．

　上記で決めたチョーク・コイルの，動作状態における$B\text{-}H$曲線は図4-13に示すような形になります．I_{dc}分が$B\text{-}H$カーブ上ではバイアス状態となり，その上でリプル電流分の磁束変化が生じます．

　磁束の変化分ΔBはさほど大きくなりません．つまりコア損失はそれほど大きくならないので，コア材としては低損失材よりも直流重畳特性の優れたもののほうが有利といえます．たとえば，センダスト・コアが最適です．

　またチョーク・コイルなので巻き線は一つであり，形状としてはトロイダル・コ

[図4-13] 設計したチョーク・コイルにおける B-H曲線

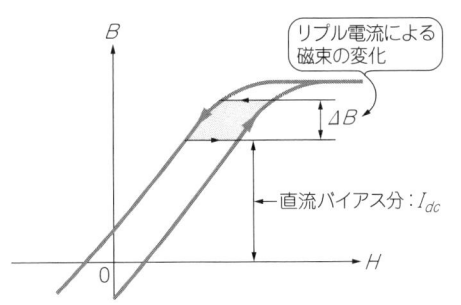

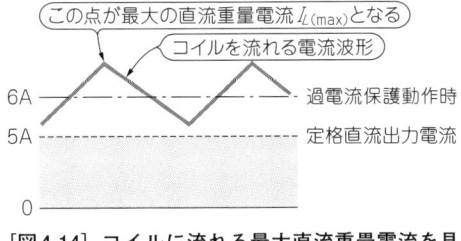

[図4-14] コイルに流れる最大直流重畳電流を見積もる

アがもっとも巻きやすく，実装したときのスペース効率も良くなります．

● 過電流保護を想定した最大電流から直流電流重畳特性を求めておく

次にコイルの直流電流重畳特性を求めておかなければなりません．

図4-14に示すように，定格出力電流I_oがたとえば5Aであっても，コイルの中を流れる最大電流はこれだけではすみません．スイッチング電源の場合には，過電流保護回路の動作条件を考慮しなければなりません．過電流保護は一般に，定格出力電流に対して1.2倍程度の電流値で保護動作させます．つまり，コイルには1.2倍までの電流が流れる条件があるわけで，この状態においてでも磁気飽和を起こすわけにはいかないのです．

さらにはリプル電流分もコイルの中を流れていますから，最大電流$I_{L(\max)}$は，

$$I_{L(\max)} = 5 \times 1.15 \times 1.2 = 6.9 [\mathrm{A}] \quad\quad\quad\quad\quad\quad (4\text{-}18)$$

と，この値までの直流重畳特性はもっていなければなりません．

しかも，コアの磁気飽和条件は第2章 図2-12に示したように温度によって変化します．温度が高くなると，飽和磁束密度B_sは低下して磁気飽和を起こしやすくなります．一般にスイッチング電源におけるチョーク・コイルは，（周囲温度＋自己発熱温度）により最大100℃までは問題なく動作させなければなりません．

以上のような条件を考慮して，ここではコア材にトロイダル形センダスト・コア27 ϕのCS270125を使用することにします．CS270125の諸データについては図4-8を参照してください．このコアはA_L値$\fallingdotseq$120$[\mathrm{nH}/N^2]$なので，巻き数Nは，

$$N = \sqrt{\frac{L}{A_L}} = \sqrt{\frac{56 \times 10^{-6}}{120 \times 10^{-9}}} \fallingdotseq 21 [\mathrm{T}] \quad\quad\quad\quad\quad\quad (4\text{-}19)$$

と求めます．

4-3　大電流対応チョーク・コイルの設計

フォワード・コンバータは典型的なスイッチング電源の構成ですが，使用するスイッチング・トランジスタは基本的に1個です．大きな出力を得たいときにはスイッチング・トランジスタの数を複数にした回路方式が使用されています．

● ダブル・フォワード・コンバータ用チョーク・コイル

基本的な動作はフォワード・コンバータと同じですが，図4-15に示すように，二つのパワー・スイッチング回路の位相が交互に180°ずれてスイッチングする電源回路がダブル・フォワード・コンバータです．二つのスイッチング回路が並列に接続されているので，トランス2次側も180°ずつの波形が交互に出力されます．**出力電圧が数十V以上**と比較的高く，しかも**数百W以上の電力**をとるようなときに採用される方式です．

二つのスイッチング回路が交互に動くことから，整流・平滑回路ではあたかもスイッチング周波数が2倍になったような形になります．さらに電圧の印加されない期間…デッド・タイム t_d が非常に短くなり，スイッチングの最大デューティ比 D が80%程度と，きわめて広く動作をしていることになります．そのためトランス2次

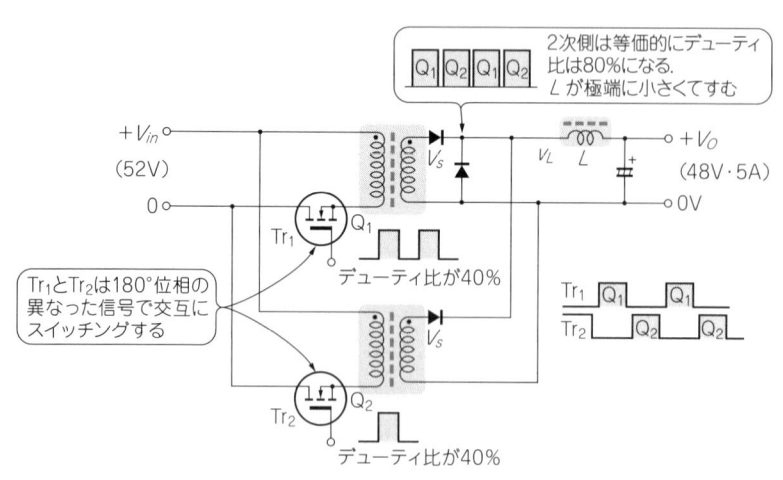

[図4-15] ダブル・フォワード・コンバータの構成
ふつうのフォワード・コンバータを2並列にしたような構成となる．トランス，スイッチング・トランジスタの数は2倍になるが，出力エネルギーも同様に大きくなるので結構便利

側電圧V_sは,

$$V_s = \frac{V_o}{0.8} \quad \cdots\cdots\cdots\cdots\cdots\cdots\cdots\cdots\cdots\cdots\cdots\cdots\cdots\cdots\cdots\cdots\cdots\cdots\cdots\cdots\cdots\cdots\cdots\cdots\cdots\cdots\cdots\cdots\cdots\cdots \text{(4-20)}$$

と,普通のフォワード・コンバータに比較して半分程度の電圧になります.

一つのスイッチング回路のデューティ比が50%でスイッチングしたとすれば,2次側のデューティ比は100%に相当し,出力には直流がそのまま出力されたのと等価になります.ということは,平滑用チョーク・コイルのインダクタンスは小さくてすむわけで,小型化に役立つことになります.

ただし,チョーク・コイルに印加される電圧v_Lは入力電圧の変動によって大きく変化するので,最大入力電圧$V_{in(\max)}$のときの電圧$v_{L(\max)}$を前提にコイルを決める必要があります.

● 48V・5A(240W)出力コンバータのとき

具体的な設計例として48V・5A(240W)出力のダブル・フォワード・コンバータで考えてみましょう.入力電圧V_{in}が最小のときトランスの2次電圧V_sを52Vとすると,最大入力電圧$V_{in(\max)}$は,

$$V_{in(\max)} = \frac{52}{0.8} \fallingdotseq 65 [\text{V}] \quad \cdots\cdots\cdots\cdots\cdots\cdots\cdots\cdots\cdots\cdots\cdots\cdots\cdots\cdots\cdots\cdots\cdots\cdots \text{(4-21)}$$

となります.またスイッチング周波数を125kHzとすると,1周期$T = 8\mu s$です.したがって$V_{in(\max)}$時のデューティ比Dは,

$$D = \frac{V_o + V_f + V_{dr}}{V_{in(\max)}} = \frac{48 + 1 + 2}{65} \fallingdotseq 0.83 \quad \cdots\cdots\cdots\cdots\cdots\cdots\cdots\cdots\cdots\cdots \text{(4-22)}$$

となるので,スイッチのオン時間t_{on}は,

$$t_{on} = \frac{T}{2} \times D = \frac{8}{2} \times 0.83 = 3.32 [\mu s] \quad \cdots\cdots\cdots\cdots\cdots\cdots\cdots\cdots\cdots\cdots \text{(4-23)}$$

となります.

ふつうのフォワード・コンバータと同じように,チョーク・コイルにはリプル電流ΔI_Lが$I_{o(\max)}$の30%程度流れるとすると,

$$\Delta i_L = 5 \times 0.3 = 1.5 [\text{A}] \quad \cdots\cdots\cdots\cdots\cdots\cdots\cdots\cdots\cdots\cdots\cdots\cdots\cdots\cdots\cdots\cdots\cdots \text{(4-24)}$$

ですから,チョーク・コイルにおける必要なインダクタンスLは,

$$L = \frac{V_s - V_o}{\Delta I_L} \cdot t_{on} = \frac{65 - 48}{1.5} \times 3.32 \times 10^{-6} \quad \cdots\cdots\cdots\cdots\cdots\cdots\cdots\cdots \text{(4-25)}$$

$$= 37.6 [\mu\text{H}]$$

> ## Column (6)
> ### 大電流対応のC形コイル
>
> チョーク・コイルにおける現在の主流は，一般にはトロイダル・コアを使用した製品です．トロイダル・コイルは構造が簡単で品種も豊富であり，スイッチング電源の出力チョーク・コイルをはじめとして広く普及しています．しかし，トロイダル・コイルは，コアがリング状で解放部がないため機械化による巻き線が困難で，多くは手作業による巻き線が行われています．そのため，電線に加わるストレスによる耐電圧低下や巻き線の不均一性など，品質面での安定性が課題と言えます．一方，手作業に代わる自動巻き線機も一部で使用されていますが，手作業に比べて巻き線スピードが遅く，太線対応が困難であるなど，制約が多く生産性の面で課題があります．
>
> トロイダル・コイルの問題点に着目し，2分割したコアに直接機械巻き線を行えるようにしたのが，[口絵2]で紹介しているC形コイルです．巻き線部を直線的にすることで，均一な機械巻きが可能となり，トロイダルのようにコアの窓枠に電線が集中する問題も解消されます．C形コイルはコア（ケース付）に直接電線を巻き付けた構造です．これによりコアと電線の密着性は改善され，電線の占積率が向上します．
>
> C形コイルはセンダスト・コアを使用したものが東邦亜鉛㈱からHKシリーズとして8〜50Aという大電流対応品が商品化されています．

と求まります．

なお，出力最大電流は，過電流保護動作点が$I_{o(max)}$の1.2倍とすると，チョーク・コイルの直流重畳電流の最大値$I_{L(max)}$は，

$$I_{L(max)} = I_O \times 1.2 \times 1.15 = 6.9 [A] \quad \cdots (4\text{-}26)$$

となります．

ここでもチョーク・コイルのコアにセンダストを採用することにすると，先述と同じく27φ程度でよいことになります．センダスト・コアCS270125を使用します．このコアはA_L値 = 120nH/N^2程度ですから，巻き数Nは，

$$N = \sqrt{\frac{37 \times 10^{-6}}{120 \times 10^{-9}}} \fallingdotseq 18 [T] \quad \cdots (4\text{-}27)$$

となり，直流重畳もほぼ133ATですから十分であることがわかります．

一般のフォワード・コンバータに比較して，大電力でもチョーク・コイルが大型化せずに小型の形状で十分であることがわかると思います．

● ブリッジ・コンバータ用チョーク・コイル

図4-16はスイッチング・トランジスタを2個使用するハーフ・ブリッジ・コンバータ

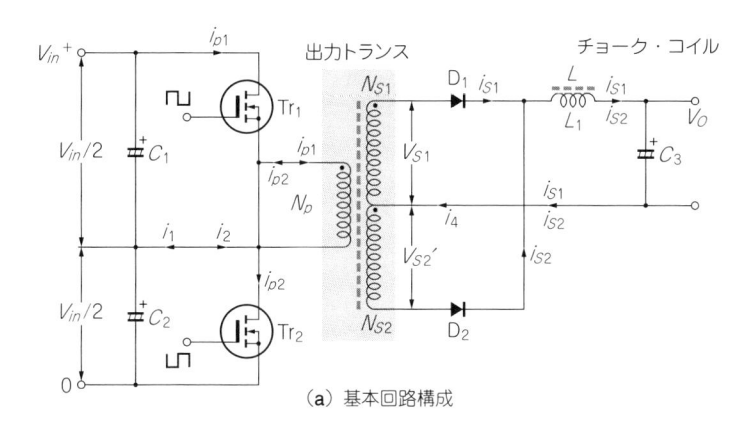

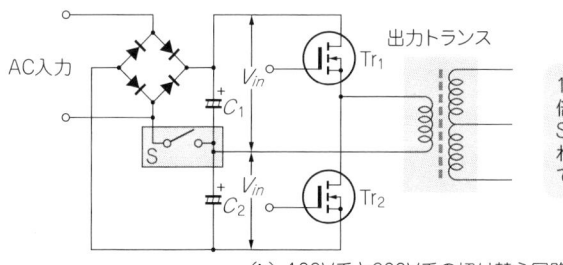

[図4-16] **ハーフ・ブリッジ・コンバータの構成例**
ハーフ・ブリッジ・コンバータは数100WクラスでAC100V/200V系を切り替えて使うようなときに有効な方法といえる．100V系のときには倍電圧整流回路を構成しているところがポイント

の基本的な構成です．ハーフ・ブリッジ・コンバータは(b)に示すように，AC入力が100V/200Vの切り替え方式のときにたいへん効果的です．AC100V入力のときは1次側平滑コンデンサの中点を，スイッチあるいはジャンパ線で接続し，倍電圧整流とします．接続をオープンにするとAC200V入力による通常のブリッジ整流に対応します．

ハーフ・ブリッジ・コンバータは500W程度の出力までの電源に多用されていて，たとえばデスクトップ・パソコンなどの電源にもよく採用されています．図4-17に示すように，2個のトランジスタが交互にON/OFFを繰り返します．トランスの2次側はセンタ・タップ方式となっており，両波整流を行います．

図4-18は四つのトランジスタ・スイッチを使用するフル・ブリッジ・コンバータと呼ばれる方式の基本的な構成です．フル・ブリッジ・コンバータは数kWクラス出力にも対応できる方式です．四つのトランジスタが2個ずつ，交互にON/OFF

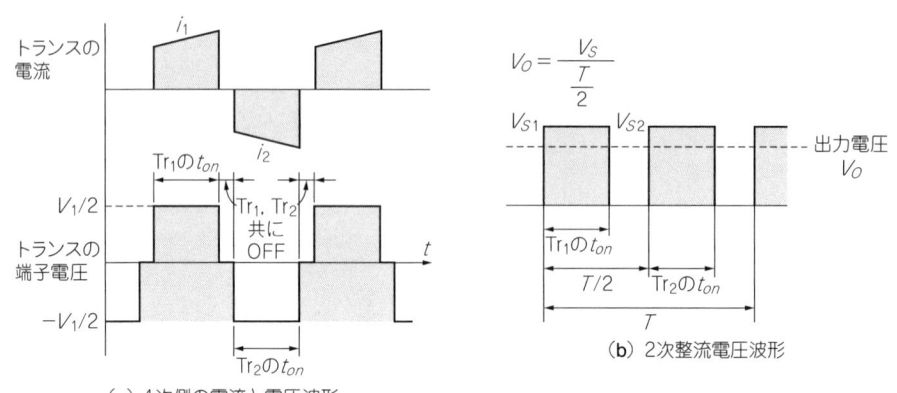

[図4-17] ハーフ・ブリッジ・コンバータの動作波形

フォワード・コンバータと異なり，トランスはスイッチングによる高周波電力を1次側→2次側に伝達しているだけである．したがってチョーク・コイルはロー・パス・フィルタ（平滑フィルタ）として機能していることになる

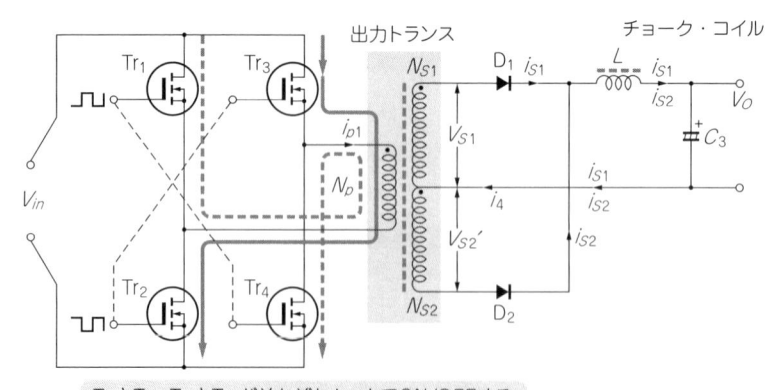

[図4-18] フル・ブリッジ・コンバータの構成

ハーフ・ブリッジ回路における，スイッチング・トランジスタ1個あたりの電力負担は全体の約1/2である．フル・ブリッジ回路になるとトランジスタ1個あたりの電力負担は全体の約1/4になる．そのためにkWオーダの大電力スイッチングが行えるようになる

を繰り返します．たとえばはじめにTr_1とTr_4がONして，この二つがOFFした後にTr_3とTr_2がONするわけです．トランスの2次側はハーフ・ブリッジと同様に，センタ・タップ方式で両波整流を行います．

出力はたとえば12V・100Aといった大電流となるわけですが，100Aというよう

な大電流を問題なく流せる電線はあまりありません．あったとしてもあまりに太くて，安易にコアに巻き線をするわけにはいきません．そこで，実際の巻き線では銅板を加工した平角線と呼ばれるものなどが採用されることになります．

● **大電流用コアは何を使うか**

　リング状のトロイダル・コアはトランスとしては理想に近い形状ですが，板状の銅板を巻き線するわけにはいきません．そこで実際には**図4-19**に示すように，大型Mn-Znフェライトによる，EIやEE形状のコアを使うことになります．インダクタンスは小さくてよいのですが，当然のように直流重畳特性が問題になります．コアの磁気飽和を抑えるには，コアの一部に大きなギャップを設ける必要があります．

　インダクタンスの決定は，フォワード・コンバータのときと同様な手順です．たとえばスイッチング周波数fが100kHzとし，12V・100A出力の電源を考えてみましょう．スイッチングのデューティ比$D = 0.75$とすると，スイッチング・トランジスタのON時間t_{on}は3.75μsとなります．また，チョーク・コイルのリプル電流ΔI_Lを出力電流$I_{o(max)}$の30%とすれば，30Aとなります．

　トランスの2次側電圧$V_2 = 18$Vとして，チョーク・コイルのインダクタンスLを求めると，

$$L = \frac{V_2 - (V_o + V_f + V_{dr})}{\Delta I_L} \times t_{on} \quad\cdots\cdots\cdots (4\text{-}28)$$

$$= \frac{18 - (12 + 1 + 2)}{30} \times 3.75 \times 10^{-6} = 0.375 [\mu\text{H}]$$

となります．これより最大の直流重畳電流値は過電流保護回路の動作を考慮すると，

$$I_{L(max)} = I_o \times 1.2 \times 1.15 = 100 \times 1.2 \times 1.15 \quad\cdots\cdots (4\text{-}29)$$

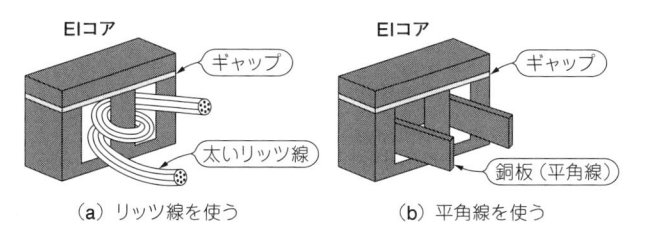

$$= 138 [\text{A}]$$

[図4-19] EIコアを使って安価に大電流用チョーク・コイルを得る
Mn-ZnフェライトÔ材 EIコアの最大のポイントは材料が安価に入手できること

(a) リッツ線を使う　　(b) 平角線を使う

となります.

　以上の結果からΔBがあまり大きくなることはなく，コア損失もあまり気にしなくてすみます．よって，できるだけ飽和磁束密度B_sの大きなフェライト・コアを選びます．ここでは低パワー損失材の中でもB_sが比較的大きなMB1H（JFEフェライト）という材質を選ぶことにします．

　図4-20に，MB1H材によるEI-60形状コアのギャップ対A_L値特性を示します．これからギャップ＝2.0mmとすると，NI積が330ほど取れることがわかります．$I_{L(max)}$が140Aですから，巻き数Nは2Tまで巻くことが可能です．このときA_L値＝200nH/N^2ですから，インダクタンスLは，

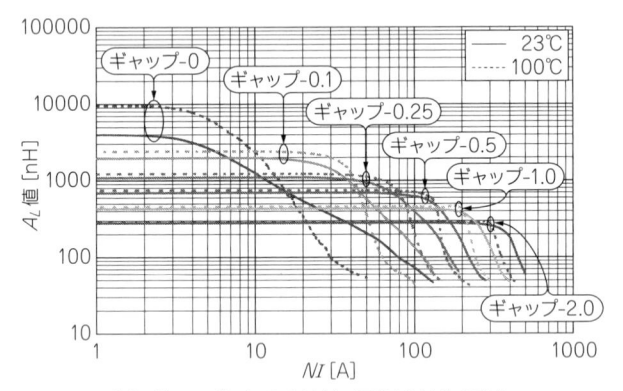

(a) ギャップによるA_L値対$AT(NI)$特性の変化

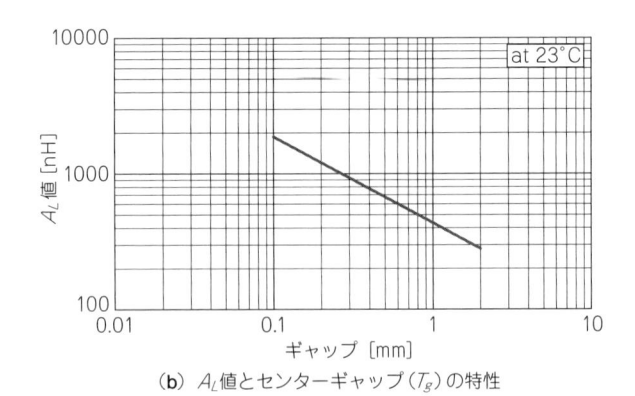

(b) A_L値とセンターギャップ(T_g)の特性

[図4-20] MB1H材 EI-60形状コアのギャップ対A_L値特性
コア形状ごとのギャップとA_L値との関係は一般には公開されてない．メーカに情報提供を依頼するか，自ら測定するかしかない

$$L = N^2 \times A_L \text{値} = 2^2 \times 200 \times 10^{-9} = 400 [\text{nH}] \quad \cdots\cdots (4\text{-}30)$$

となって，十分な値となることがわかります．

4-4　電流の大きさで特性が変化するチョーク・コイル

● 間欠発振を防止するためのスインギング・チョーク

　先に説明したフォワード・コンバータで，スイッチング周波数をさらに高周波化したとします．たとえば500kHzで動作させようとすると，1周期 T は，

$$T = \frac{1}{f} = \frac{1}{500 \times 10^3} = 2[\mu s] \quad \cdots\cdots (4\text{-}31)$$

となります．ここでスイッチングのデューティ比 $D = 0.35$ とすると，トランジスタのON時間は $t_{on} = 0.7\mu s$ とたいへん短い時間になってしまいます．さらに，このとき出力電流が減少して平滑チョーク・コイルが臨界点を割ってしまうと，t_{on} 時間はさらに短くなります．とりわけ電流がほとんど0に近づくと，t_{on} は $0.1\mu s$ 以下になってしまうような状態もありえます．

　するとスイッチング電源自体が安定したPWM制御の状態を維持できなくなってしまい，チョーク・コイルは**電流不連続**となり，さらに図4-21に示すような，いわゆる間欠発振と呼ばれる動作に入ることがあります．これでも出力電圧自体は安定な値を示しますが，間欠発振による低い周期でのリプル電圧が発生します．そのうえ，この間欠発振の低い周期(低い周波数)による騒音をトランスなどが発生してしまうことがあります．そこで，このような間欠モードを避ける安定なPWM制御が求められています．

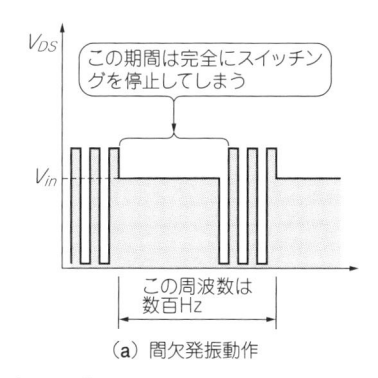

[図4-21] フォワード・コンバータでは軽負荷時に間欠発振を生じる

(a) 間欠発振動作

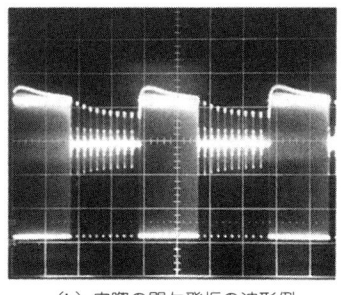

(b) 実際の間欠発振の波形例

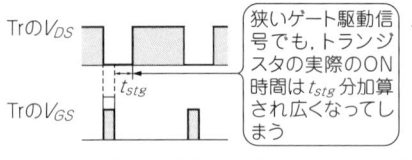

[図4-22] 制御で間欠発振を抑えられない理由

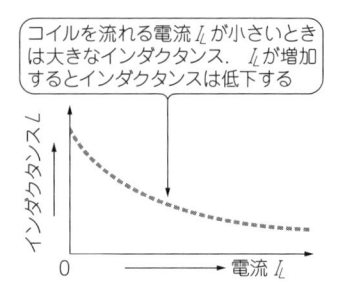

[図4-23] こんな特性のチョーク・コイルがあると良い…スインギング・チョーク・コイル

　図4-22に示すように，あまりに短いt_{on}時間でトランジスタをON/OFFさせようとすると，いくら制御信号を短くドライブしてもトランジスタ自体のスイッチング特性によって実際のON時間は短くなれないのです．$t_{on}+(t_{stg}$時間$)$が必要になり，所定のt_{on}以上に長い時間のスイッチングをしてしまいます．すると，出力電圧は上昇しますから，規定の電圧にするために一定期間スイッチングの動作を止めてしまいます．これが間欠発振と呼ばれる症状です．

　間欠発振を解決するには，スイッチング・トランジスタのON時間があまり短くならないよう，動作状態を維持しなければなりません．ゼロ負荷を避ける意味で負荷に一定電流を流すためのブリーダ抵抗を挿入する例がありますが，省エネの時代には感心しません．またチョーク・コイルのインダクタンスを大きくすれば良いのですが，そうすると大型コイルにせざるを得なくなってしまいます．

　そこで図4-23に示すように，電流が小さなときには大きな値のインダクタンスを確保でき，電流が増加したらインダクタンスが減少しても良いというコイルを使えば，両方の問題を解決することができることになります．このような特性をもったコイルをスインギング・チョーク・コイルと呼んでいます．

● スインギング・チョーク・コイルをどのように作るか

　チョーク・コイルをスインギング特性にするにはいくつかの方法があります．

　一つは図4-24に示すように，特性の異なる2種類のコアを重ね，そのうえに巻き線してコイルにする方法です．たとえば，一つは透磁率μの大きいMn-Znフェライト・コアとし，もう一つのほうはμの小さなダスト・コアとします．

　すると，電流の小さな領域ではMn-Znフェライト・コアによって大きなインダクタンスが得られます．ところが，この材料は直流重畳特性が良くありません．電

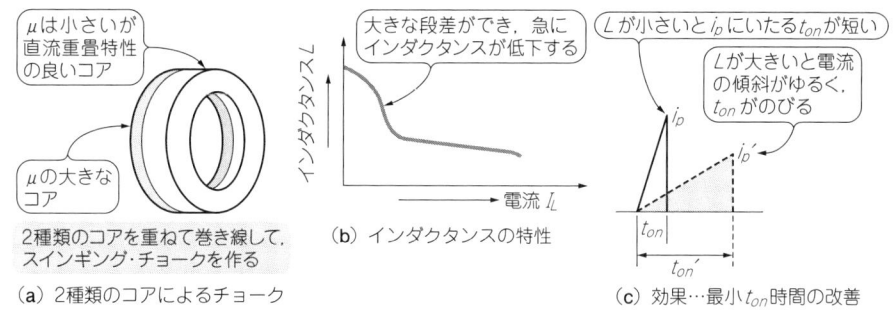

[図4-24] スインギング・チョーク・コイルのしくみ

(a) 2種類のコアによるチョーク
- μは小さいが直流重畳特性の良いコア
- μの大きなコア
- 2種類のコアを重ねて巻き線して，スインギング・チョークを作る

(b) インダクタンスの特性
- 大きな段差ができ，急にインダクタンスが低下する

(c) 効果…最小t_{on}時間の改善
- Lが小さいとi_pにいたるt_{on}が短い
- Lが大きいと電流の傾斜がゆるく，t_{on}がのびる

流が増加するとある点で急激に磁気飽和にいたります．しかしその後は，並行して重ねているダスト・コアが作用して小さなインダクタンスになるのですが，ダスト・コアは大電流を流しても磁気飽和せずにコイルとして機能するわけです．

その結果，電源の出力電流が小さいときでもトランジスタのt_{on}が短くならず，間欠発振動作を回避できるようになります．

表4-2に示すのは，軽負荷時の間欠発振防止に使用できるスインギング・チョーク・コイルの一例です．見かけはふつうのトロイダル・コアによるチョーク・コイルのようになっていますが，電流0のときのインダクタンスと，定格電流のときのインダクタンスがそれぞれ仕様にうたわれています．

● くさびギャップを使用する方法

スインギング・チョーク・コイルを得る方法として，くさびギャップと呼ばれる例を図4-25に示します．材料としては主にMn-Znフェライト・コアを使用し，ギャップのつけ方を特殊な形状とする方法です．コア形状は何でも構わないのですが，通常はEE，EI，EERあるいはEPCなどを使います．ギャップの形もいくつか考え

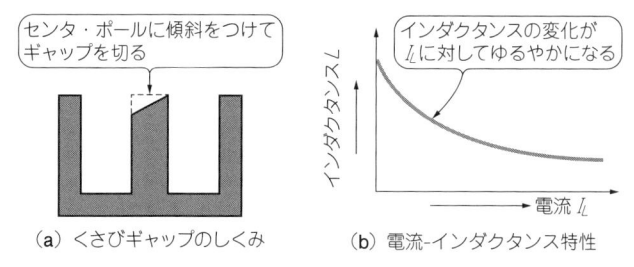

(a) くさびギャップのしくみ
- センタ・ポールに傾斜をつけてギャップを切る

(b) 電流-インダクタンス特性
- インダクタンスの変化がLに対してゆるやかになる

[図4-25] くさびギャップでつくるスインギング・チョーク・コイル

[表4-2] [10] **市販のスイング・チョーク・コイルの一例**(東邦亜鉛㈱HKFシリーズ)
コア材としてはMn-Znフェライト・コアとセンダスト・コアが使用されているが，外観上はふつうのトロイダル・コアのように見える

(a) 外観

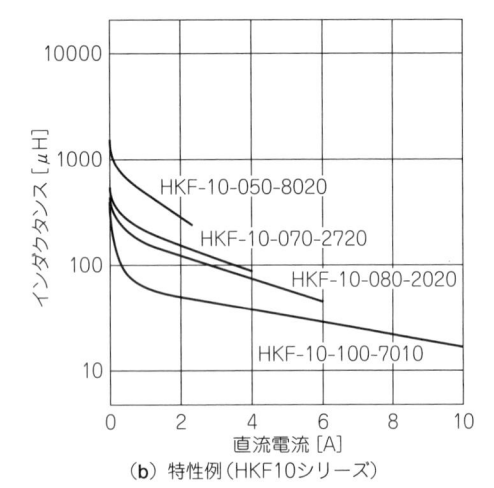

(b) 特性例(HKF10シリーズ)

品 名	定格電流 I_{dc}[A]	インダクタンス[μH] $\left(\begin{array}{c}+35\%\\-25\%\end{array}\right)$ $I_{dc}=0$	$(L+20\%)$ $I_{dc}=$定格	直流抵抗 max.[mΩ]	外径寸法 $D\times W$ max.[mm]	線径 [mmϕ]	温度上昇 [℃]
HKF08-050-3220	1	3200	190	240	19×15	0.50	30
HKF08-070-1020	2	1000	60	70	20×15	0.70	30
HKF08-080-5010	3	500	30	40	21×15	0.80	30
HKF10-050-8020	1	8000*	460*	420	23×18	0.50	30
HKF10-070-2720	2	2700	145	130	24×19	0.70	30
HKF10-080-2020	3	2000	90	87	25×19	0.80	30
HKF10-100-7010	5	700	30	35	26×19	1.00	30
HKF12-050-1630	1	16000*	800*	600	28×19	0.50	30
HKF12-070-8020	2	8000*	320*	230	29×19	0.70	30
HKF12-080-2020	3	2000	100	85	29×19	0.80	30
HKF12-100-1320	5	1300	55	50	29×19	1.00	30
HKF14-080-6720	3	6700*	280*	160	36×22	0.80	40
HKF14-100-6720	5	6700*	180*	110	37×23	1.00	40
HKF14-110-9012	10	900	35	17	39×23	1.10×2P	40

L値測定条件：1mA，100kHz
(注) *印は1mA，10kHz

(c) 電気的仕様

られていますが，単純に片側に傾斜をつけたものと，V字型に溝を掘ったものが主流となっています．

このくさびギャップは，電流が小さい領域では狭いギャップが有効に作用して高

第4章 スイッチング電源用チョーク・コイルの設計

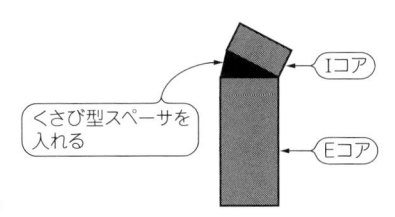

[図4-26]
EIコアにくさび形スペーサを入れる

（図中ラベル：くさび型スペーサを入れる／Iコア／Eコア）

い透磁率を得て，大きなインダクタンスのコイルとして動作します．しかし電流が増加すると小さいギャップ部分から徐々に磁気飽和が起き，その部分が広がっていきます．ですから大きな電流が流れても一定のインダクタンスを確保しながら，直流重畳特性も保ちながらの動作ができるわけです．

インダクタンスが変化するようすは，図4-24に示した2種類のコアを重ねたものとは違い，あるところで急激に変化をすることはありません．NI積に応じて徐々にインダクタンスが減少する，なだらかな変化を示します．スイッチング電源用としては，こちらのほうが全電流領域に渡って安定な動作をさせることができます．

● EI形コアにくさびギャップ…スペーサを使う

図4-25に示したくさびギャップは，コアそのものを削って作らなければなりません．Mn-Znフェライト・コアは砥石などで比較的簡単に削ることができますが，寸法精度を出すのは専用マシンを使用しないと容易ではありません．

そこで，簡単にくさびギャップを設ける方法として，図4-26に示すような方法もあります．これはEI形コアで，二つのコアの突き合わせ部分にベーク板などの絶縁物を挟み込む方法です．絶縁物をくさび状にしておいて二つのコアを合わせれば，コアを直接削らなくても磁気回路にくさびギャップを設けたのと同じような特性を作ることができます．

このような工夫をすることによって，スインギング・チョーク・コイルを用意すれば，フォワード・コンバータでも全動作電流領域において間欠発振を起こさず，安定したPWM制御が可能になります．

4-5 力率改善…昇圧型PFCコンバータ用チョーク・コイルの設計

● 力率改善…PFCとは

AC100/200Vあるいはワールド・ワイド（変動幅をふくめるとAC85～265V）対応のスイッチング電源では，直流変換のための1次側整流回路にコンデンサ入力型

(a) コンデンサ入力型整流回路

(b) 入力電圧と入力電流の波形

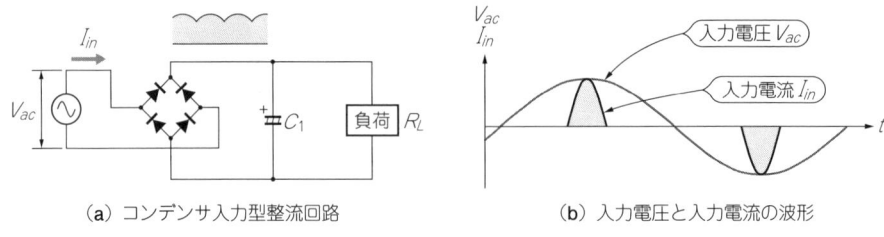

[図4-27] [30] コンデンサ入力型整流回路の入力電圧と入力電流波形

(a) 昇圧型PFC回路

(b) PFC回路を組み込んだときの入力電圧と入力電流波形

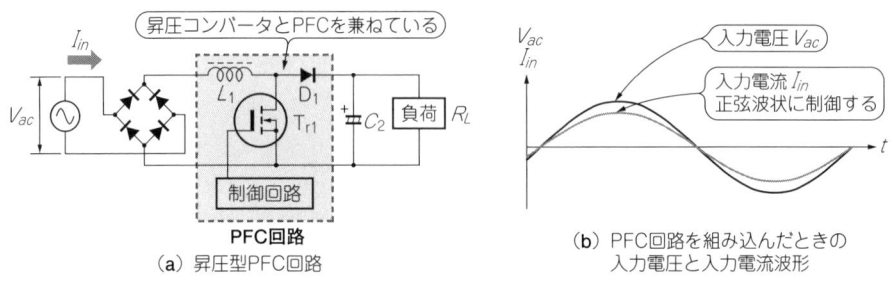

[図4-28] [30] PFC回路の入力電圧と入力電流波形

が主に用いられています．ところがコンデンサ入力型におけるACラインの電流波形I_{in}は，図4-27に示すようにきれいなサイン波形にはなっていません．パルス状の波形になってしまいます．その結果，AC入力電力における力率PF（Power Factor…有効電力/皮相電力）はW/VA＝0.6程度にしかならず，また入力電流がパルス状であることから，AC入力ラインにおける高調波の重畳が配電系統への障害になるという問題も生じています．

こうした配電線への悪影響を抑えるために，各国では電子機器のAC入力電流に対して規制が行われ，日本においてもJIS C 61000-3-2によって規格化されています．表4-3に，その規格概要を示します．

実際の電子機器における電源装置…スイッチング電源においては，図4-28に示すような非絶縁昇圧型コンバータを利用して，力率をほぼ1に近づけるための力率改善，すなわちPFC（Power Factor Collection）回路が使用されるようになってきています．この回路はブリッジ・ダイオードで整流した後に大容量平滑コンデンサを付加しない点が特徴的です．

しかし，通常の昇圧型DC-DCコンバータと動作が大きく異なる点があります．入力の電圧が直流ではなくて，両波整流されたサイン波を直接スイッチングする点

[表4-3][14] 日本国内におけるAC入力電流の高調波規制（JIS C61000-3-2）の概要

内容	分類	例	規制内容
クラスA	他のクラスに属さない機器	洗濯機 オーディオ・アンプ 液晶プロジェクタ	高調波電流が(b)に示した値以下
クラスB	手持ち型電動工具 専門家用でないアーク溶接機	電気ドリル	高調波電流が(b)に示した値の1.5倍以下
クラスC	照明機器*	白熱電球を用いた照明，蛍光灯を用いた照明，電球型蛍光灯，広告用電飾サイン	有効入力電力が25Wを超える場合：基本波に対する比率が(c)以下 有効入力電力が25W以下の場合：高調波電流の値が(d)以下で，そのほか二つの条件を満たす
クラスD	テレビ受信機，パソコン，パソコン用モニタ，インバータ式冷蔵庫で，有効入力電力*が600W以下のもの	液晶テレビ パソコン	高調波電流が(d)以下，かつ奇数次の高調波電流が(b)に示した値以下

（注）正確な定義は規格を参照のこと

（a）日本国内の高調波規制の分類（クラス分けや規制の内容は将来変更される可能性もある）

	高調波次数 n	最大許容高調波電流 [A]
奇数 高調波	3	5.29
	5	2.62
	7	1.77
	9	0.92
	11	0.759
	13	0.483
	$15 \leq n \leq 39$	$0.345 \times (15/n)$
偶数 高調波	2	2.484
	4	0.989
	6	0.69
	$8 \leq n \leq 40$	$0.529 \times (8/n)$

（b）クラスAにおける高調波電流の限度値（定格100Vの場合）
100V定格の場合の計算値，使用電力に関わらず一定値

	高調波次数	基本波に対する比率 [%]
偶数 高調波	2	2
奇数 高調波	3	30×（力率）
	5	10
	7	7
	9	5
	$11 \leq n \leq 39$	3

（c）クラスCにおける高調波電流の限度値
25Wを超える照明機器の場合．絶対値ではなく，基本波に対する比率で規制される

高調波次数 n	電力比例限度値 [mA/W]
3	7.82
5	4.37
7	2.3
9	1.15
11	0.805
$15 \leq n \leq 39$ （奇数次だけ）	$8.855/n$

（d）クラスDにおける高調波電流の限度値
100V定格の場合，クラスDでは，この表による限度値と，(b)の奇数次部分の両方を満たす必要がある

です．(b)に示すように毎周期スイッチングする電流波形の最大値が，サイン波の孤の上に来るように特殊な制御をしています．結果，この電流波形がフィルタを通ると入力電流もサイン波となって，AC入力の力率はほぼ1になり，昇圧した直流出力を得ることができるようになっています．

● **240W出力PFC回路(電流臨界モード)のチョーク・コイル**

昇圧型PFC回路ではサイン波を高速にスイッチングするので，各周期の電流最大値はかなり大きな値となります．とりわけ，サイン波のピーク値では大きな電流を流してやらなければなりません．しかも，昇圧型コンバータですから電圧を上昇させながら，定電圧化を同時に行っています．AC100V入力では出力電圧は180V以上，AC200V入力では380V以上を出力しています．

また，チョーク・コイルを流れる電流波形から，PFC回路には**図4-29**に示すように二つの動作モードがあります．300W程度までは**電流臨界モード**と呼ばれる方式が主流で，それ以上の大きな電力を出力するときには**電流連続モード**と呼ばれる例が多くなります．

ここでは入力電圧がAC100V ± 15Vで，DC200V・1.2A = 240W出力PFC回路のチョーク・コイルについて考えてみましょう．動作は電流臨界モードになるので，入力電圧や出力電流によって，デューティ比Dや周波数が大きく変化します．スイッチング電流値が最大になるのは，入力電圧が最小で出力電流が最大のときです．しかも，入力のサイン波ピーク値でスイッチング電流が最大値をとることになります．

このPFC回路はおおむね95％近い電力変換効率が確保できるので，入力電力P_{in}は，

$$P_{in} = \frac{P_o}{\eta} = \frac{240}{0.95} = 253 [\text{W}] \quad\cdots\cdots\cdots\cdots\cdots\cdots\cdots\cdots\cdots\cdots\cdots\cdots (4\text{-}32)$$

となります．

さらに力率PF = W/VA = 1を前提にするので，AC85V…最低入力電圧時の入力電流の最大値$I_{in(\max)}$は，

$$I_{in(\max)} = \frac{P_{in}}{V_{in(\min)}} = \frac{253}{85} \fallingdotseq 3 \text{A} [\text{rms}] \quad\cdots\cdots\cdots\cdots\cdots\cdots\cdots\cdots\cdots (4\text{-}33)$$

となります．

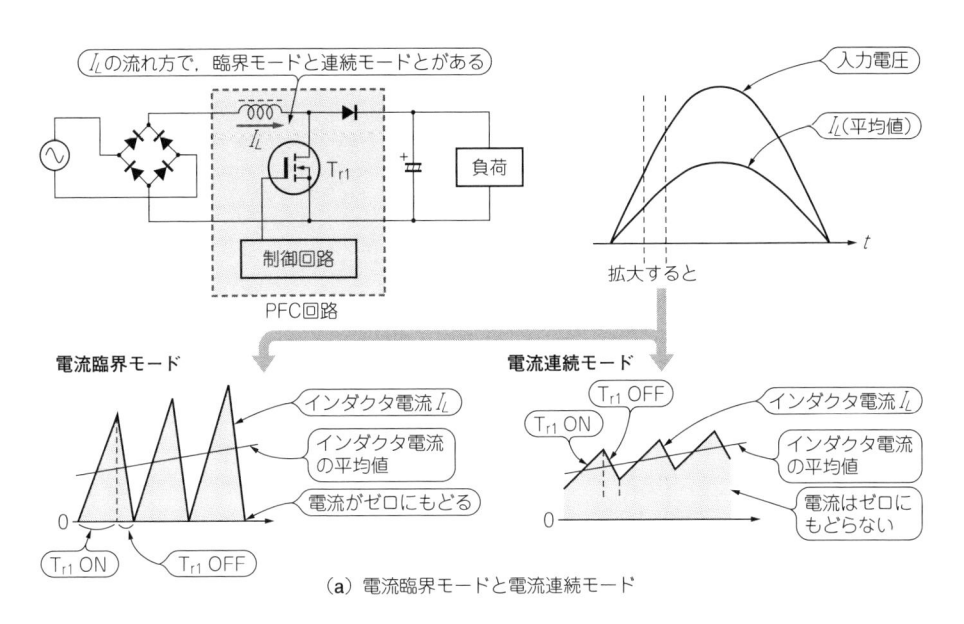

[図4-29](30) **PFCにはチョーク・コイルの電流波形から二つの動作モードがある**

(a) 電流臨界モードと電流連続モード

項　目	電流臨界モード(CRM)	電流連続モード(CCM)
インダクタ電流	臨界	連続
インダクタのリプル電流	大	小
スイッチング周波数	可変	固定
パワーMOSピーク電流	大(EMIノイズ大)	小(EMIノイズ小)
適用範囲	中小電力向き(300W以下)	大電力向き(300W以上)

(b) 二つの動作モードの特徴

● 電流ピーク値からチョーク・コイルの定数を算出する

前述を前提として，電流のピーク値を求めてコイルのインダクタンスを計算してみましょう．

入力AC85Vのサイン波ピーク電圧V_{inp}は，$\sqrt{2}$倍して120Vとなりますが，ブリッジ・ダイオードの電圧降下分V_{dr}なども考慮すると約115Vになります．したがってスイッチングのデューティ比Dはおよそ，

$$D = \frac{V_{inp}}{V_D} = \frac{115}{200} = 0.575 \quad \cdots\cdots\cdots\cdots\cdots\cdots\cdots\cdots\cdots\cdots\cdots\cdots (4\text{-}34)$$

と求めることができます．このときスイッチング周波数を50kHzで動作させることにすると，スイッチング・トランジスタTr_1のON時間t_{on}は，

4-5 力率改善…昇圧型PFCコンバータ用チョーク・コイルの設計

$$t_{on} = \frac{1}{f} \times D = \frac{1}{50 \times 10^3} \times 0.575 = 11.5[\mu s] \quad \cdots\cdots\cdots\cdots\cdots\cdots\cdots\cdots\cdots\cdots (4\text{-}35)$$

となります．Tr_1がONしている期間にチョーク・コイルLに印加される電圧v_Lは入力電圧そのものですから，

$$v_L = V_{in(min)} \times \sqrt{2} - V_{dr} = 115[V] \quad \cdots\cdots\cdots\cdots\cdots\cdots\cdots\cdots\cdots\cdots (4\text{-}36)$$

となります．またAC入力サイン波のピーク電流値I_{acp}は，

$$I_{acp} = I_{in(max)} \times \sqrt{2} = 3 \times \sqrt{2} = 4.24[A] \quad \cdots\cdots\cdots\cdots\cdots\cdots\cdots\cdots\cdots\cdots (4\text{-}37)$$

となります．

次にスイッチングする電流の三角波上でピーク値i_pは，スイッチング・デューティ比$D = 0.575$なので，

$$i_p = \frac{I_{acp} \times 2}{D} = \frac{4.24 \times 2}{0.575} = 14.75[A] \quad \cdots\cdots\cdots\cdots\cdots\cdots\cdots\cdots\cdots\cdots (4\text{-}38)$$

となります．したがって求めるチョーク・コイルのインダクタンスLは，

$$L = \frac{V_{inp}}{i_p} \times t_{on} = \frac{115}{14.75} \times 11.5 \times 10^{-6} = 90[\mu H] \quad \cdots\cdots\cdots\cdots\cdots\cdots\cdots\cdots\cdots\cdots (4\text{-}39)$$

と決めることができます．

直流重畳電流については，ここでも過電流保護動作を考慮します．つまりコイルを流れる電流の最大値I_{Lp}は，

$$I_{Lp} = i_p \times 1.2 = 14.75 \times 1.2 = 17.7[A] \quad \cdots\cdots\cdots\cdots\cdots\cdots\cdots\cdots\cdots\cdots (4\text{-}40)$$

となるので，この値でも磁気飽和を起こさないチョーク・コイルを採用しなければなりません．

● センダスト・コアで考える…2個のコイルを直列に

式(4-39)および式(4-40)から，インダクタンスが90μH，最大直流重畳電流が18A弱というチョーク・コイルが必要なことがわかります．大電流しかも大きなインダクタンスが必要になるのが，PFC回路の一番の泣き所です．

チョーク・コイルの設計には，コアの選択から始まって細心の注意を払わなければなりません．サイン波のピークに流れる最大電流でも磁気飽和を起こすわけにはいかないので，直流重畳特性はもっとも重要なポイントになります．

一般にセンダスト・コアは，透磁率μは低いのですが直流重畳特性には優れています．ただし，大型センダスト・コアは品種が少なく入手もあまり容易ではありません．そこで，ここでは図4-30に示すように，2個のチョーク・コイルを直列に接続する方法を考えてみます．2個のチョーク・コイルには同じ電流が流れるので，

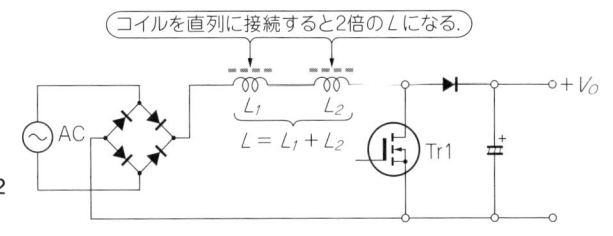

[図4-30] チョーク・コイルを2直列にする

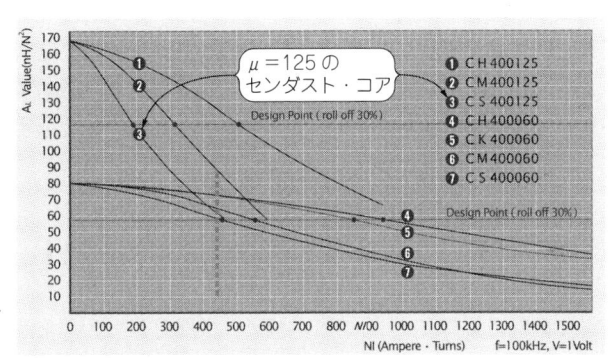

[図4-31][11] センダスト・コアの直線重畳特性

　直流重畳特性は最大電流I_{Lp}を前提に考えなくてはなりません．ただし，2個直列に接続するので1個あたりのインダクタンスは半分で良いことになり，45μHということになります．

　図4-31はチャンスン社のトロイダル形センダスト・コアCS400125の直流重畳特性を示しています(図4-8も参照)．特性が直線性を示していないので，45μHを得るのに何ターン巻くかということを一発で決定するのは難しいのですが，とりあえずNI積で400程度の所で計算をしてみます．

　最大電流I_{Lp}は17.7Aですから，巻き数Nは，

$$N = \frac{400}{17.7} \fallingdotseq 23 \quad\cdots\cdots (4\text{-}41)$$

となります．このときのA_L値は図4-31のグラフから$70\text{nH}/N^2$なので，インダクタンスLを再計算すると，

$$L = N^2 \times A_L = 23^2 \times 70 \times 10^{-9} \fallingdotseq 37[\mu H] \quad\cdots\cdots (4\text{-}42)$$

となります．

　これだと少しインダクタンスが不足しているので，再度NI積を400→450に上げて計算をしてみると，巻き数$N = 450/17.7 \fallingdotseq 26$となるので，上と同様にインダクタンス$L$は，

$$L = N^2 \times A_L = 26^2 \times 60 = 41\,[\mu\mathrm{H}] \quad\cdots\cdots\cdots\cdots\cdots\cdots\cdots\cdots\cdots\cdots (4\text{-}43)$$

となって，必要な分が得られることになります．

このように設計には若干の手間はかかりますが，手法を覚えてしまえば，たいして時間をかけなくても計算を容易に実行することが可能です．

● Mn-Znフェライト・コアを使うと

先の例ではセンダスト・コアを使用しましたが，比較的安価なMn-Znフェライト・コアを使用することも不可能ではありません．とくに大型コイルが必要なときは，形状選択の自由度が大きいフェライト・コアの存在はありがたく，有利な点も多くあります．ただし，十分に注意をした設計がなされないと使い物にならないチョーク・コイルになってしまいます．

Mn-Znフェライト・コア自体は，何度も述べているように直流電流重畳特性はあまり良くありません．大電流を流すコイルのときは，大きなギャップを設けなければ磁気飽和してしまいます．一般には図2-22に示したようなセンタ・ギャップ方式が用いられていますが，ギャップ部分から大量の漏れ磁束が発生してしまいます．

センタ・ギャップ方式では，このギャップ周辺にコイルが巻き線されています．すると，漏れた磁束が巻き線の銅線の中を通過します．結果，そこに渦電流を生じて損失が発生するわけです．大きな温度上昇を引き起こしてしまうことになります．ときには温度上昇が100℃を超えることも珍しくありません．こうなると電力変換効率も悪くなるし，コイルそのものが使い物にならなくなります．

温度上昇を少しでも下げようと太い電線を巻いたり，ときには薄い銅板を巻いたりするとなおさらこの渦電流が生じやすく，かえって温度上昇が大きくなる悪い結果をもたらすこともあります．

このようなとき対応するには，**写真3-2**で紹介したリッツ線と呼ぶ特殊な電線を用いなければなりません．これは線径の細い電線を束にして撚ってあるものです．

いずれにしてもコストと性能の間で多くの検討が必要になりますが，うまく折り合うと低コストのチョーク・コイルが出来上がることも事実です．ぜひ挑戦してみてください．

4-6　非絶縁DC-DCコンバータ用チョーク・コイルの設計

ここで紹介するのは，先に図4-5で紹介したチョーク・コイルにエネルギーを蓄

積することを利用したDC-DCコンバータにおける設計例です.

● 降圧コンバータ(5V→3.3V・5A)用チョーク・コイル

降圧コンバータの基本的な動作は，フォワード・コンバータとよく似ています．フォワード・コンバータの2次側整流ダイオードがスイッチング・トランジスタに置き換わったと考えれば，動作は理解しやすいと思います．

大きな相違点は，入力電圧が低く，かつ非絶縁なので回路がシンプルになり高周波での動作が可能になっているという点です．たとえば数MHzのスイッチングにも対応可能です．スイッチングON/OFFのデューティ比Dをほぼ100%近くまで広げられるメリットもあります．その結果，図4-32に示すようにスイッチング・トランジスタのスイッチング損失も少なくて済むために，周波数を上げてもあまり効率の低下はみられません．

ここでは図4-33に示すような，入力電圧V_{in} = 5VからV_o = 3.3V・5Aを得るコンバータでコイルを検討してみます．動作周波数は1MHzとしてあります．

チョーク・コイルにおける必要なインダクタンスの求め方は，フォワード・コンバータの平滑チョークを求めるときと同じ手順になります．

まずスイッチング・デューティ比Dを求めます．5Vから3.3Vを得るわけなので，スイッチング・トランジスタの電圧降下$V_{DS(on)}$とフライホイール・ダイオードの順方向電圧降下V_fを考慮するとデューティ比Dは，

$$D = \frac{V_o + V_f + V_{dr}}{V_{in}} = \frac{3.3 + 0.4 + 0.3}{5} = 0.8 \quad \cdots\cdots\cdots\cdots\cdots\cdots\cdots\cdots\cdots (4\text{-}44)$$

となります．1周期$T = 1/f = 1\mu$sですから，Tr_1のON時間t_{on}は，

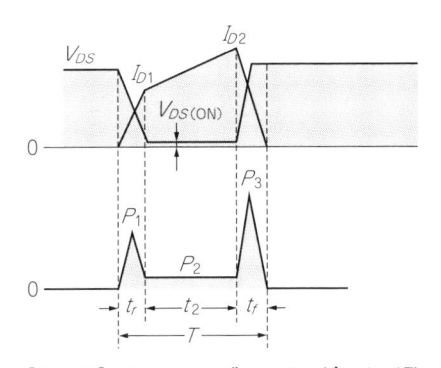

[図4-32] スイッチング・トランジスタが発生する損失

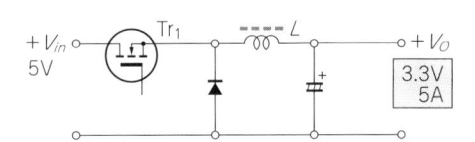

[図4-33] 降圧コンバータ(5V→3.3V・5A)の回路例

4-6 非絶縁DC-DCコンバータ用チョーク・コイルの設計

$$t_{on} = T_{on} \times D = 1 \times 0.8 = 0.8[\mu s] \cdots\cdots\cdots\cdots\cdots\cdots\cdots\cdots\cdots\cdots (4\text{-}45)$$

となります．

チョーク・コイルの中のリプル電流ΔI_Lは，出力電流$I_{o(max)}$の30％として，

$$\Delta I_L = I_o \times 0.3 = 5 \times 0.3 = 1.5[A] \cdots\cdots\cdots\cdots\cdots\cdots\cdots\cdots\cdots (4\text{-}46)$$

となります．これよりインダクタンスLは，

$$L = \frac{V_{in} - (V_o + V_f + V_{dr})}{\Delta I_L} \times t_{on} \cdots\cdots\cdots\cdots\cdots\cdots\cdots\cdots\cdots (4\text{-}47)$$

$$= \frac{5 - (3.3 + 0.4 + 0.3)}{1.5} \times 0.8 \times 10^{-6} \fallingdotseq 0.53[\mu H]$$

と決定することができます．動作周波数が高く入出力の電圧差が少ないために，非常に小さなインダクタンスですむことがわかります．

[表4-4][10] ダスト・ドラム・コアによるパワー・インダクタの例（東邦亜鉛㈱TCHシリーズ）

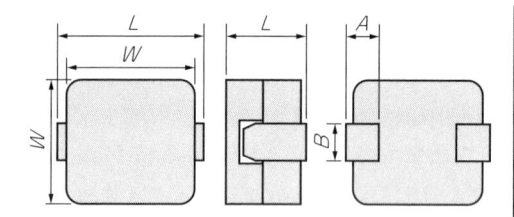

[mm]	TCH-0720	TCH-0740	TCH-0840
L	8.0max.	8.5max.	9.5max.
W	7.0	7.0	8.0
T	2.0max.	4.0max.	40max.
A	2.0	2.0	2.0
B	R15 = 1.8	R15 = 3.0	R22 = 3.1
	R33 = 1.2	R36 = 2.4	R50 = 2.3
	―	R66 = 1.6	R95 = 1.7
		1R0 = 1.5	1R6 = 1.5
		1R5 = 1.1	2R2 = 1.1

（a）外形寸法

品　名	インダクタンス[μH] @100kHz	直流抵抗[mΩ] max(typ.)	定格電流[A] @ΔT=40℃	定格時インダクタンス[μH]
TCH-0720-R12	0.12 ± 20％	2.10(1.93)	18	(0.10)
TCH-0720-R33	0.33 ± 20％	4.70(4.50)	13	(0.27)
TCH-0740-R15	0.15 ± 25％	0.70 + 20％	30	(0.11)
TCH-0740-R36	0.36 ± 25％	1.30 + 15％	25	(0.23)
TCH-0740-R66	0.66 ± 25％	2.70 + 15％	18	(0.42)
TCH-0740-1R0	1.00 ± 25％	3.80 + 15％	15	(0.65)
TCH-0740-1R5	1.50 ± 25％	6.50 + 15％	11	(1.04)
TCH-0840-R22	0.22 ± 25％	0.76 + 20％	27	(0.17)
TCH-0840-R50	0.50 ± 25％	1.45 + 15％	24	(0.34)
TCH-0840-R95	0.95 ± 25％	3.00 + 15％	17	(0.69)
TCH-0840-1R6	1.60 ± 25％	4.30 + 15％	13	(1.14)
TCH-0840-2R2	2.20 ± 25％	7.30 + 15％	10	(1.74)

（b）電気的仕様

次に直流電流重畳特性ですが，これまでの計算と同じく過電流保護回路の動作点$I_{L(\max)}$が出力電流$I_{o(\max)}$の1.2倍とすると，

$$I_{L(\max)} = I_o \times 1.2 \times 1.15 = 6.9[\text{A}] \quad \cdots\cdots\cdots\cdots\cdots\cdots\cdots\cdots\cdots\cdots (4\text{-}48)$$

となります．

直流重畳電流は大きな値になりますが，インダクタンスが小さいので汎用の面実装型パワー・インダクタの中から選択することができます．

表4-4に示すのは，ダスト・ドラム・コアの一例です．この中ではTCH-0740-R66が適していることがわかります．

● フライバック・コンバータのチョーク・コイル

昇圧型コンバータと極性反転型コンバータは，スイッチング電源の動作の中でもフライバック・モードという動作形態をとります．この方式のコイルは典型的なエネルギー蓄積作用を行っています．

図4-34は昇圧型コンバータの構成例です．スイッチング・トランジスタTr_1がONしている期間はチョーク・コイルLに電流I_1を流すだけで，出力側への電力の伝達は行われていません．Tr_1のON時間をt_{on}，入力電圧をV_{in}，チョーク・コイルのインダクタンスをLとすると，電流I_1は$t = t_{on}$で最大値I_{Lp}をとり，

$$I_{Lp} = \frac{V_{in}}{L} \cdot t_{on} \quad \cdots\cdots\cdots\cdots\cdots\cdots\cdots\cdots\cdots\cdots\cdots\cdots\cdots\cdots\cdots (4\text{-}49)$$

となります．この電流でコイルにはエネルギーp_Lが蓄えられ，そのエネルギーは，

$$p_L = \frac{1}{2} L \cdot i_{LP}^2 = \frac{V_{in}^2 \cdot t_{on}^2}{2L}[\text{J}] \quad \cdots\cdots\cdots\cdots\cdots\cdots\cdots\cdots (4\text{-}50)$$

となります．

次にTr_1がOFFすると，コイルは自分で蓄えたエネルギーで逆起電力を発生し，今度は電流I_2を流します．これが平滑コンデンサCを充電して直流に変換され，出

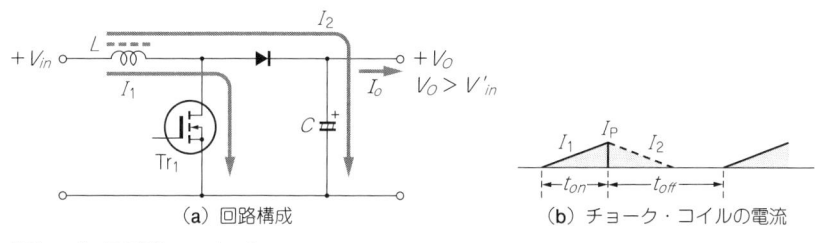

(a) 回路構成　　(b) チョーク・コイルの電流

[図4-34] 昇圧型コンバータ

力電流I_oとなります.

このようにフライバック・コンバータは,スイッチング・トランジスタがONしている期間は出力側への電力伝達を行わず,コイルへエネルギーを蓄えるだけの動作をとります.そしてトランジスタがOFFした瞬間からのコイルの逆起電力によって,電力を出力へ移行する動作モードになります.

● 昇圧型コンバータ用チョーク・コイルの設計(24V・5mA)

図4-35は,電池などの低い入力電圧から高い出力電圧の直流を得る昇圧型コンバータの例です.この例ではリチウム電池あるいはボタン電池などの3.5Vを入力源として,24V・5mAを出力するものです.制御用ICにはTOREX社のXC9105を使用しています.

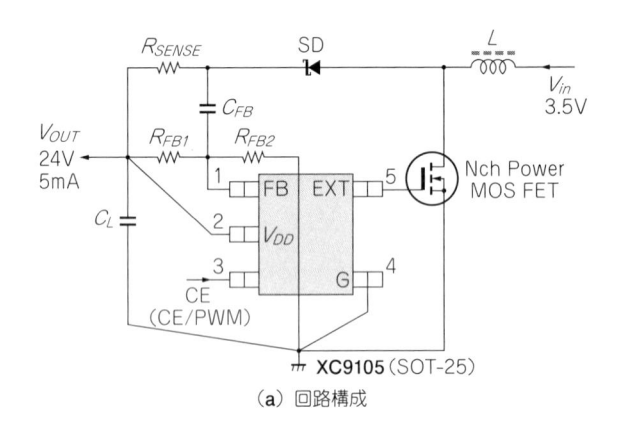

(a) 回路構成

端子番号 SOT-25	端子名	機能
1	FB	出力電圧設定抵抗の接続端子
2	V_{DD}	電源端子
3	CE	チップ・イネーブル端子"H"で動作
3	CE(/PWM)	PWM/PFM切り替え端子を兼ねる
4	GND	グラウンド端子
5	EXT	外部トランジスタ駆動端子
-	NC	未使用

(b) XC9105のピン接続

[図4-35][18] 昇圧コンバータ(3.3V→24V・5mA)の構成
ここではTOREXセミコンダクタ社の制御IC(CMOS)を使用しているが,携帯機器の発展により同様の便利なDC-DCコンバータ用ICが各社から多く用意されている

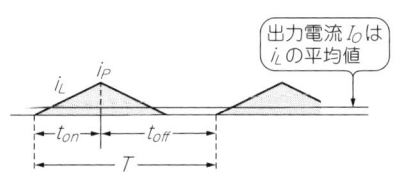

[図4-36] 不連続モードのときのチョーク・コイルの電流

　このXC9105は，スイッチングのデューティ比を最大で70%程度まで広げて動作させることが可能です．したがって，たとえば電池電圧が2.5Vまで低下しても動作可能になるよう使用することができます．スイッチング周波数はXC9105の仕様から700kHzなので，スイッチング周期Tは約$1.4\mu s$となります．
　電力の変換効率は，余裕をみて75%と想定して設計を進めます．出力電力P_oは，
$$P_o = 24 \times 5 = 120[\text{mW}] \quad \cdots\cdots\cdots\cdots\cdots\cdots\cdots\cdots\cdots\cdots\cdots\cdots\cdots\cdots (4\text{-}51)$$
ですから，入力電力P_{in}は，
$$P_{in} = \frac{P_O}{\eta} \fallingdotseq 160[\text{mW}] \quad \cdots\cdots\cdots\cdots\cdots\cdots\cdots\cdots\cdots\cdots\cdots\cdots (4\text{-}52)$$
となります．これより$V_{in} = 2.5$Vのときの入力側電流の平均値$I_{in(\text{ave})}$は，
$$I_{in(\text{ave})} = \frac{P_{in}}{V_{in(\text{min})}} \fallingdotseq 64[\text{mA}] \quad \cdots\cdots\cdots\cdots\cdots\cdots\cdots\cdots\cdots\cdots\cdots (4\text{-}53)$$
となります．
　以上からチョーク・コイルのインダクタンスLを設計します．周波数fが700kHzで，デューティ比Dを60%とするとON時間t_{on}は$0.85\mu s$となります．コイルの中を流れる電流I_{Lp}は図4-36に示すように不連続モードとして最大値を求めるとは，
$$I_{Lp} = \frac{I_{in(\text{ave})} \times 2}{D} = \frac{67 \times 2}{D} \fallingdotseq 213[\text{mA}] \quad \cdots\cdots\cdots\cdots\cdots\cdots (4\text{-}54)$$
と求まります．したがってコイルに必要なインダクタンスLは，
$$L = \frac{V_{in}}{I_{Lp}} \times t_{on} = \frac{2.5}{0.213} \times 0.85 \fallingdotseq 9.9[\mu H] \quad \cdots\cdots\cdots\cdots\cdots\cdots\cdots (4\text{-}55)$$
が求める値となります．直流重畳電流は$I_{Lp} = 213$mAがコイルの最大電流ですから，この値を満足できればよいことになります．

● 実際のチョーク・コイルを決める
　直流重畳電流I_{Lp}が小さな値ですし，周波数が700kHzと高いことから，コア材料

[表4-5][(15)] Ni-Zn フェライト材の特性例

TDK のチョーク・コイル用フェライト・コア材のうち，直流重畳特性の良い High B_s タイプの材質特性を示している．TDK ではほかに汎用タイプ，低温度係数タイプがある

材質	使用周波数[MHz]	初透磁率 $\mu i \pm 25\%$	損失係数 $\tan\delta/\mu i \times 10^{-6}$	温度係数 $\times 10^{-6}/℃$ [20 to 60℃]	キュリー温度 T_c [℃]	飽和磁束密度 B_s [mT]	残留磁束密度 B_r [mT]	保磁力 H_c [A/m]
L7H	0.05〜1	800±25%	<12[0.05MHz] <80[1MHz]	7〜15	>180	390[4kA/m]	220	16
L13H	0.05〜1	500±25%	<55[0.1MHz] <65[1MHz]	15〜35	>240	460[4kA/m]	320	37
L2H	0.05〜2	400±25%	<15[0.05MHz] <65[2MHz]	15〜25	>250	430[4kA/m]	240	35
L20H	0.05〜2	400±25%	<60[0.05MHz] <80[2MHz]	13〜19	>300	480[4kA/m]	340	50
L14H	0.05〜3	300±25%	<160[0.1MHz] <90[2MHz]	25〜40	>250	480[4kA/m]	350	65
L11H	0.05〜3	300±25%	<30[0.05MHz] <60[3MHz]	20〜30	>250	470[4kA/m]	340	60
L9H	0.05〜3	200±25%	<35[0.05MHz] <65[3MHz]	20〜30	>300	500[12kA/m]	280	64

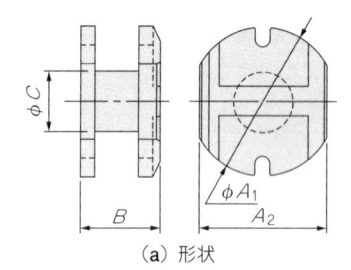

(a) 形状

外径	品名	ϕA_1	A_2	B	ϕC
$\phi 10$	L2HACD105450	10.0	9.0	5.4	5.0
	L2HACD105440				4.0
	L2HACD104036			4.0	3.6
$\phi 7.8$	L2HACD785040	7.8	7.0	5.0	4.0
	L2HACD785030				3.0
	L2HACD783526			3.5	2.6
$\phi 5.8$	L2HACD584530	5.8	5.2	4.5	3.0
	L2HACD584523				2.3
$\phi 4.5$	L2HACD453222	4.5	4.0	3.2	2.2
	L2HACD453218				1.8
$\phi 3.2$	L2HACD322515	3.2	2.85	2.5	1.5

(b) 寸法・型名

[図4-37] スリーブ付き小型ドラム・コアの形状

スリーブとは，コイル巻き線を行いやすくするためにドラムに淵(そで)が付いている形状を意味する．3.2〜10mm ϕ のものが用意されている

としては Ni-Zn フェライト・コアが最適です．表4-5は Ni-Zn 材のうち，とくに High B_s をうたっているコアの特性です．図4-37はその中のL2H材によるスリーブ付き小型ドラム・コアの形状を示したものです．

　この例では平均電流も大きくないので，L2HACD785040という形状で十分に巻き線することができます．ただし，実際にスリーブを付けた状態での実効透磁率が不明なので，インダクタンスは実測して決めざるを得ません．

実際に10Tの巻き線をしたところ,得られたインダクタンスは約$4\mu H$でしたから,これからA_L値を求めると,

$$A_L = \frac{L}{N^2} = \frac{4 \times 10^{-6}}{10^2} = 40[\text{nH}/N^2] \quad \cdots\cdots\cdots\cdots\cdots\cdots\cdots\cdots\cdots\cdots (4\text{-}56)$$

で,$40\text{nH}/N^2$と求めることができます.ですから,$10\mu H$を得るための巻き数Nは,

$$N = \sqrt{\frac{L}{A_L}} = \sqrt{\frac{10 \times 10^{-6}}{40 \times 10^{-9}}} = \sqrt{\frac{10000}{40}} = 16[\text{T}] \quad \cdots\cdots\cdots\cdots\cdots\cdots (4\text{-}57)$$

と求めることができます.

上に説明したように,A_L値が不明なコアを採用しようとするときには,とりあえず10T(ターン)程度を巻き線してインダクタンスL_xを測定します.得られた値L_xからA_L値を式(4-56)のように求めておけば,実際に何ターン巻けば必要とするインダクタンスが取れるかを簡単に決めることができます.

4-7　スイッチングするコイル…可飽和リアクトルによるマグアンプの利用

ここまで紹介してきたコイルの設計においては,「いかにしてコイルが磁気飽和しないようにするか」に多くのページを割いてきました.しかし,必ずしもすべてのコイルやトランスが不飽和領域で使用されるわけではありません.わざわざ磁気飽和をさせて目的を達成しようとするものもあります.**可飽和リアクトル**(SR:Saturable Reactor)と呼ばれるものです.

● コアの磁気飽和を利用してスイッチングさせるマグアンプ

マグアンプとはMagnetic Amplifireの略で,日本語では**磁気増幅器**と呼ばれています.典型的な可飽和リアクトルの応用例で,イメージはわきにくいと思いますが,さまざまな電源に採用されています.とりわけ,デスクトップPCなどの電源には必ずといっていいほど搭載されています.

アンプという名前がついていますが,増幅するというよりもコアの磁気飽和を利用してスイッチをさせていると考えたほうが理解しやすいと思います.

図4-38はマグアンプを使用したPWM方式スイッチング電源の2次側整流回路の基本を示したものです.通常一つのスイッチング回路では,1種類の出力しか直接的に定電圧制御を行うことはできません.たとえば図の例では,5V出力から帰還をかけてPWM制御を行い,安定度の良いDC出力を得ています.このときトランスの5V用巻き線を利用してマグアンプMAを付加すると,3.3V出力が単独に,5V

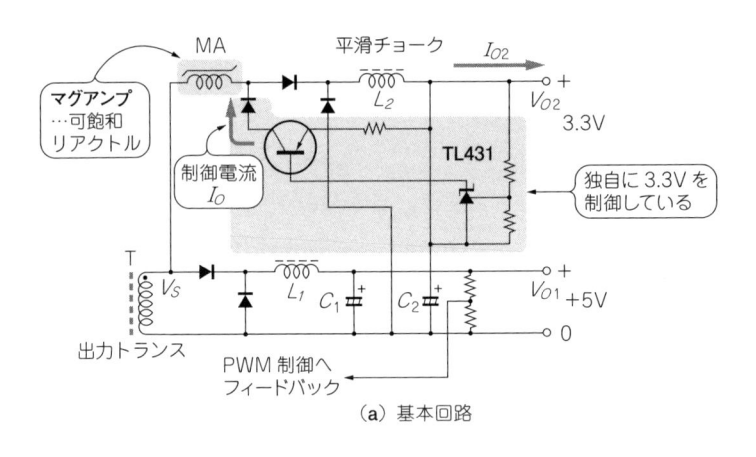

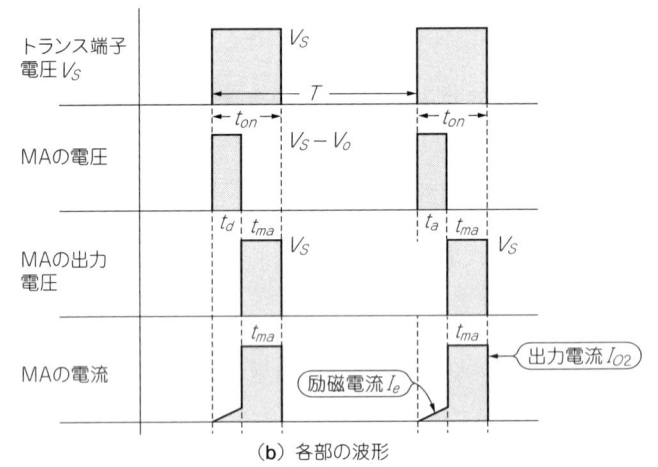

[図4-38] マグアンプMAを使用した電源回路の構成
近年のPC用スイッチング電源では＋5V出力と＋3.3V出力が欠かせない．3.3V出力を生成するのにマグアンプを使用するケースが多い

と同じ安定度の良いDC出力として得ることが可能になるのです．
　(b)は各部の動作波形を示したものです．トランスの2次側巻き線には，5V出力を得るためのPWMされた方形波が出ています．つまり，このまま波形を整流すると5Vが出てしまいますが，ここにマグアンプMAを挿入すると3.3V出力も単独に定電圧制御することができるのです．
　マグアンプ…可飽和リアクトルMAは通常，大きなインダクタンスをもっています．したがってトランスの2次側電圧V_sが加わっても，すぐに出力に電流が流れ

ることはありません．MAの中を流れる電流は励磁電流ですからたいへん小さな値でしかありません．しかし，MAにある時間の励磁電流が流れると，MAは磁気飽和を起こします．そして磁気飽和を起こすとMAのインダクタンスは急激に低下するので，この時点で大きな電流が流れ出すのです．これがチョーク・コイルL_2とコンデンサC_2によって平滑されて直流になり，3.3VのDC出力V_{o2}となります．

ここでMAが磁気飽和せず，大きなインダクタンスをもっている期間に印加される電圧V_{ma}は，

$$V_{ma} = V_s - V_o \quad \cdots\cdots\cdots\cdots\cdots\cdots\cdots\cdots\cdots\cdots\cdots\cdots\cdots\cdots\cdots\cdots (4\text{-}58)$$

となります．MAにはこの電圧V_{ma}によって励磁電流が流れるのです．やがて時間t_dが経過するとMAは磁気飽和を起こすので，もう電圧を背負うことはありません．その結果として，V_sが出力されて出力電流I_{o2}が流れます．つまり，平滑回路から見ると電圧V_sが印加される時間t_{ma}は，

$$t_{ma} = t_{on} - t_d \quad \cdots\cdots\cdots\cdots\cdots\cdots\cdots\cdots\cdots\cdots\cdots\cdots\cdots\cdots\cdots\cdots (4\text{-}59)$$

となり，出力電圧V_{o2}は，

$$V_{o2} = \frac{t_{ma}}{T} \cdot V_s = \frac{t_{on} - t_d}{T} \cdot V_s \quad \cdots\cdots\cdots\cdots\cdots\cdots\cdots\cdots\cdots\cdots (4\text{-}60)$$

となり，この時間t_{ma}が3.3Vになるように制御できれば良いことがわかります．

● MAのスイッチング時間制御

式(4-59)におけるt_{on}時間は，5V出力を定電圧化するPWM制御回路によって決まっています．ですからt_{ma}時間を制御するには，t_d時間を制御すればよいことになります．t_dは可飽和リアクトルMAのコアが，磁気飽和するまでの時間を意味しています．図4-39のB-H曲線に示すように，ΔBをどれだけ変化させればよいかということに等しいわけです．

このB-H曲線上でのΔBの変化は，最終的にコアの飽和磁束密度B_sに達して磁気飽和にいたります．たとえば@の位置からでは磁気飽和に至るのは時間が短いし，

[図4-39] マグアンプ(可飽和リアクトル)のB-H曲線
可飽和リアクトルは角形比が大きくなっているところが特徴．低保磁力なので磁気リセットの電流も小さくなる．

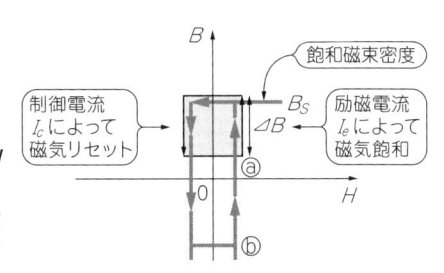

ⓑの位置からでは時間が長くなることがわかります。この時間がt_dになるわけです。

出力電圧V_oを上げたければⓐの位置にしてt_dを短く，つまりt_{ma}を長くします。逆にV_oを下げたければ，ⓑの位置でt_dを長くすればよいことになります．

B-H曲線上の磁気飽和点B_sから$\varDelta B$をマイナス方向へ下げるには，巻き線に逆方向の電流を流してやればよいのですが，これを逆バイアス電流と呼んでいます．磁気的には**磁気リセット**ということになります．この逆バイアス電流をたくさん流してやれば$\varDelta B$は**図**4-39のⓑ方向へ進み，電流を減らせばⓐの方向へ移動します．つまり，逆バイアス電流によって磁気飽和を起こす時間t_dを変化させることができるわけです．こうして出力を定電圧化できるようになります．

以上の動作を実現する回路が，**図**4-38の制御回路として示したものです．シャント・レギュレータTL431で検出した出力電圧を，PNPトランジスタで電流増幅して，可飽和リアクトルMAに逆バイアス電流を流しています．こうして磁束をマイナス方向へリセットをかけているのです．

逆バイアス電流はあまり多く流してしまうと電力損失になってしまうので，できるだけ少ない電流で制御をしなければなりません．通常は10～20mAの電流で済むようにしています．

● 可飽和リアクトルMAの選択

可飽和リアクトル…マグアンプMAのインダクタンスは大きければ大きいほど，制御電流が小さくて済むわけですから，使用するコアはできるだけ透磁率μの高い材質が好ましいといえます．なぜなら，MAの巻き線には出力電流のすべてが流れるので，銅損を減らすためあまり多くのターン数を巻きたくありません．せいぜい数ターン程度で十分に大きなインダクタンスを確保しなければ，損失が増えて効率が低下してしまいます．

そこでMAに使うコアとしては，**角形比**の大きな**アモルファス・コア**や**ファインメット・コア**が適することになります（2-4-2を参照）．大きな出力電流を制御するときでも，コア・サイズは関係ありません．電流に応じた線径の電線が巻ければよいのです．一般には**表**4-6に示すような外形が10～14ϕまでのMT10，MT12，MT14などが使われています．

マグアンプが効果的に利用できるのは，低電圧・大電流を制御するときです．たとえばデスクトップ・パソコンなどの電源では，3.3V出力が25Aに達することがあります．ということは，巻き線する電線は大電流に耐えうるような太いものを何本か並列に巻かなければなりません．

[表4-6][(16)] マグアンプとして使用される可飽和リアクトルの例

マグアンプ用アモルファス・コアは東芝マテリアル(株)，日立金属(株)などから入手できる．ここでは東芝マテリアルのCo基アモルファス可飽和コアMTシリーズの仕様を示している．形状はトロイダル

品名記号	使用コア品名記号	線径[ϕmm]	並列数[本]	巻き数[turn]	磁束量[μWb]	推奨回路(150kHz)[注2] 電圧[V]	電流[A]	仕上り寸法[mm] 外径max	高さmax	リード長[mm]
MT12S115	MT12X	1.0	1	15	94.7	5	6	20	13	
MT12S208	8×4.5W	0.9	2	8	50.5	3.3	10	20	13	
MT15S125	MT15X	1.0	1	25	197	12	6	25	15	
MT15S214	10×4.5W	0.9	2	14	110	5	10	25	15	20
MT18S130	MT18X	1.0	1	30	284	15	6	28	15	
MT18S222	12×4.5W	0.9	2	22	208	12	10	28	15	
MT21S134	MT21X	1.0	1	34	375	24	6	32	15	
MT21S222	14×4.5W	0.9	2	22	243	15	10	32	15	

(a) MT巻き線品の仕様

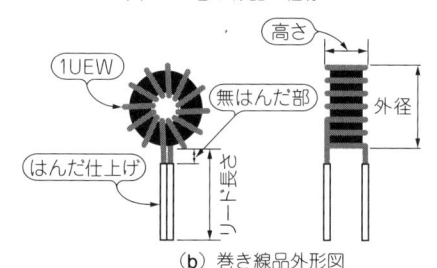

(b) 巻き線品外形図

品名記号	仕上り寸法[mm] 外径	内径	高さ	コア標準寸法[mm] 外径	内径	高さ	有効断面積 A_e[mm²]	平均磁路長 ℓ_m[mm]	総磁束[注1] ϕ_c[Wb] min
MT10×6.5W	11.4	5.6	5.8	10.2	6.7	4.5	6.06	26.5	5.67
MT10×7×4.5W	11.5	5.8	6.6	10	7	4.5	5.06	26.7	4.73
MT12×8×4.5W	13.8	6.8	6.6	12	8	4.5	6.75	31.4	6.31
MT14×8×4.5W	15.8	6.8	6.6	14	8	4.5	10.1	34.6	9.46
MT15×10×4.5W	16.8	8.8	6.6	15	10	4.5	8.44	39.3	7.88
MT16×10×6W	17.8	8.3	8.1	16	10	6.0	13.5	40.8	12.6
MT18×12×4.5W	19.8	10.8	6.6	18	12	4.5	10.1	47.1	9.46
MT21×14×4.5W	22.8	12.8	6.6	21	14	4.5	11.8	55	11.0
MT12×8×3W	13.7	6.4	4.8	12	8	3.0	4.5	31.4	4.20
MT15×10×3W	16.7	8.4	4.8	15	10	3.0	5.63	39.3	5.25

(注1)磁束量＝コア総磁束×巻き数，測定条件：100kHz，80A/m
(注2)保持力　$H_c = 20$[A/m]以下
(注3)角形比　$B_r/B_m = 94$[%]以上

(c) MTシリーズ・コアの仕様

なお，あまり力を入れて目一杯に電線を巻こうとすると，コアを絶縁している樹脂製カバーに電線が食い込み，さらにコアにまで機械的なストレスがかかってしま

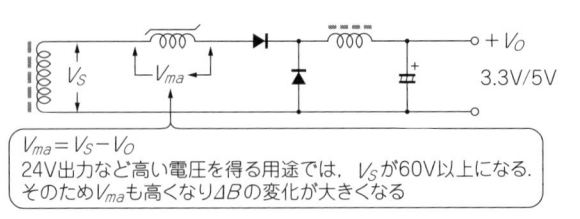

[図4-40] 入出力の電圧差が大きいとき
高い電圧巻き線の制御はマグアンプには不利になる．コアの鉄損が増加する

$V_{ma}=V_S-V_O$
24V出力など高い電圧を得る用途では，V_Sが60V以上になる．そのためV_{ma}も高くなりΔBの変化が大きくなる

います．アモルファス・コアやファインメット・コアは，構造上機械的なストレスに非常に弱いのです．薄帯状コアにクラックや割れが入ってしまうことがあります．当然コアの磁気特性に悪影響を与えることになるので注意しなければなりません．

● 入出力電圧差が大きいときのマグアンプの設計

マグアンプの設計では，入出力間電圧差が大きいときは注意が必要です．図4-40に示すように，たとえば24Vを出力するトランス巻き線から5V出力をマグアンプで制御しようとするときなどです．

24Vを出力するには，トランスの巻き線電圧V_sは60V以上になってしまうことがあります．これで5Vを制御しようとすると，MAには55Vもの電圧がかかっています．ということはコアのΔBは，

$$\Delta B = \frac{V_{ma} \cdot t_d}{N \cdot A_e} \quad \cdots\cdots\cdots (4\text{-}61)$$

ですから非常に大きな値になってしまいます．その結果，コアの損失すなわち鉄損が増加してしまいます．つまり効率は低下するし，温度上昇が大きくなってしまうわけです．

このようなケースでは巻き数を増加させてΔBを下げるか，大型コアにせざるを得なくなってしまいます．実動作状態でのΔBは，アモルファス・コアなどを使っても300mT程度までに抑えておくほうが無難といえるでしょう．

また，過電流保護回路が動作して出力電圧を低下させるときにも，t_d時間を長くしてt_{ma}を短くするような動作状態に入ります．ですから，定常の動作状態ではこの程度のΔBに設計しておく必要があります．

いずれにしても，マグアンプは入出力電圧差が大きく，大電流を制御するような回路には不向きといえます．

第5章 スイッチング電源用トランス設計のあらまし

電源回路においてトランスを用いる理由は大きく二つあります．
一つは電気的な絶縁を行うため．絶縁を行うのはトランスの1次側と2次側というだけでなく，複数ある2次側の回路間を絶縁することもあります．
二つ目の理由は，電圧や電流を変換する…いわゆる電力の変換のためです．

5-1 トランスの基礎知識

● トランスの基本的な働き…励磁電流が流れる

　トランスの設計は回路方式によって大きく異なります．とくにスイッチング電源では，トランス設計の優劣によって，特性だけではなく，信頼性や安全性にも大きな問題を引き起こすことがあります．トランス設計の如何によって，電源の主要特性が決定されるといっても過言ではありません．

　トランスの各巻き線間でどのように電圧・電流が変換されるかは，第1章においてすでに述べました．図5-1にトランスの基本構成を示しますが，電圧は1次側-2次側各巻き線の巻き数に比例し，電流は巻き数に反比例して変換されます．この特

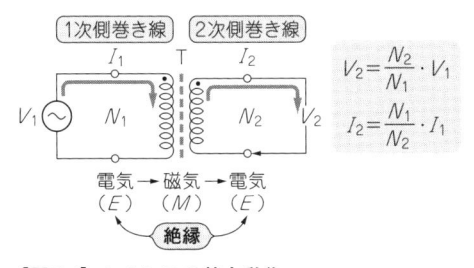

$$V_2 = \frac{N_2}{N_1} \cdot V_1$$

$$I_2 = \frac{N_1}{N_2} \cdot I_1$$

[図5-1] トランスの基本動作
動作の基本は，スイッチング電源でもその他のトランスにおいても同じ．交流電圧(電流)を磁気エネルギーに変換し，再び交流電圧(電流)に変換するものである．1次側，2次側の巻き数比を変えることにより電気的に絶縁された任意の電圧，電流を得ることができる

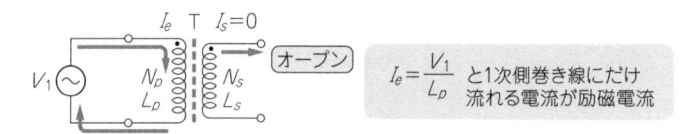

[図5-2] トランスには励磁電流が流れる
トランスの2次側がオープンであっても，1次側電流を測定するとわずかだが一定の電流が流れている．励磁電流という．トランスを動作させるときには必ず磁気回路を励起させるための電流が必要になる．励磁電流が小さいと，トランスによるエネルギー変換効率は100％に近づく．励磁電流を小さくするには透磁率の高い材料が必要になる

性を利用して，さまざまな電力の変換を行っています．

　1次側巻き線に加えられた**電気エネルギー**…すなわち電力はいったん**磁気エネルギー**に変換され，それが2次側巻き線で再度電気エネルギーに変換されます．見かけは電気エネルギーを直接変換しているようですが，じつは絶縁を行う目的のためにこのような経路をたどっているのです．ここでは第1章で触れなかった，しかしトランスにとって重要である項目について紹介します．

　図5-2をご覧ください．トランスの2次側巻き線N_s側が開放…つまりオープン状態になっているときを考えてみます．1次側巻き線N_pには何らかの交流電圧V_1が印加されています．このときN_pは2次側巻き線とはまったく無関係にインダクタンスL_pを持っています．このインダクタンスL_pに電圧V_1が印加されているわけですから，この中をいくらかの電流I_eが流れているわけです．このI_eは，

$$I_e = \frac{V_1}{L_p} \quad \text{(5-1)}$$

になります．この電流を**励磁電流**と呼びます．

　ここで，トランス2次側には何ら電力を供給していません．つまり，この励磁電流は無効な電流ということになります．通常のトランスではこの無効な電流を減らすために，コアに透磁率μの高いものを使用してインダクタンスL_pを大きくし，励磁電流を減らそうとしています．

　なお，スイッチング電源の回路方式によってはわざわざインダクタンスを小さくして，励磁電流をたくさん流そうとすることもあります．詳細は後述します．

　1次側巻き線のインダクタンスL_pを**励磁インダクタンス**と呼んでいます．

● チョーク・コイルにも励磁電流は流れる
　励磁電流は必ずしもトランスだから流れるわけではありません．巻き線が一つの

チョーク・コイルの中を流れる電流も励磁電流なのです．第4章で紹介したチョーク・コイルの中で，たとえばフォワード・コンバータの整流・平滑回路用チョーク・コイルを思い出してください．

図5-3に示すように，スイッチング・トランジスタがONしてトランスの2次側巻き線に電圧が発生すると，チョーク・コイルに電流i_1が流れます．じつはこれが励磁電流なのです．この励磁電流によってコイルにはエネルギーが蓄えられ，トランジスタがOFFすると逆起電力が発生して電流i_2が流れるのです．

このようにあるインダクタンスをもったチョーク・コイルに，外部から電圧vが印加されたときに流れる電流を総称して励磁電流と呼んでいます．

スイッチング電源においては，このチョーク・コイルと同じように励磁電流によっていったんトランスにエネルギーを蓄え，それをトランジスタがOFFしたときにDCの出力側へ放出する動作を利用した方式があります．**フライバック・コンバータ**と呼ばれる回路方式です．図5-4にその原理を示します．

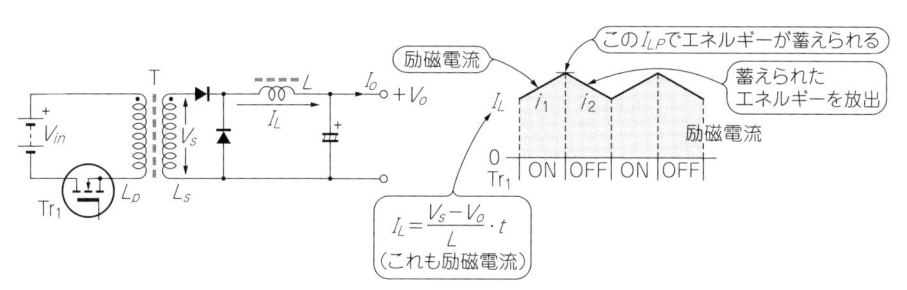

[図5-3] **チョーク・コイルにも励磁電流は流れている**
トランスと同じようにチョーク・コイルにおいても励磁電流は流れている．この図ではフォワード・コンバータにおける例を示している．チョーク・コイルを等価回路で示すと，励磁電流のルートを発見することができる

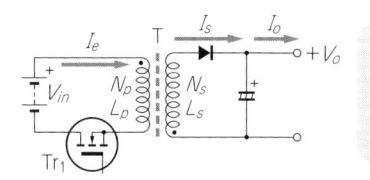

[図5-4] **フライバック・コンバータの原理**
フライバック・コンバータではトランスの巻き極性が図5-3などとは逆になっている．Tr_1がONのときエネルギーをトランスに蓄積し，OFFすると2次側に放出する．高い電圧を得るときにも利用されている

5-1 トランスの基礎知識 | 167

逆に，スイッチング・トランジスタがONしている期間にDC出力側へ電力を伝達しているのが**フォワード・コンバータ**と呼ばれる方式です（図5-3）．しかし，この基本回路形だと励磁電流によるエネルギーがトランスに蓄えられ，動作障害を起こすことがあります．フォワード・コンバータでは，蓄積されたエネルギーを外部に放出する回路を設けなければなりません．そのための回路を磁気リセット回路と呼んでいます．

● トランスの等価回路

図5-5にトランスの等価回路を示します．やや簡略化したこの回路は**T型等価回路**と呼ばれています．R_{n1}, R_{n2}は巻き線である銅線の直流抵抗を表しています．そして1次側巻き線にも2次側巻き線にもR_{n1}, R_{n2}と直列に**漏れインダクタンス**と呼ばれる$L_{\ell 1}$と$L_{\ell 2}$があります．漏れインダクタンスとは，**漏れ磁束**によって生じる等価的なインダクタンス成分のことです．

Mで表示している部分は，1次側と2次側巻き線が磁気的に結合している部分を示しています．1次側巻き線で発生した磁気的エネルギーが，この部分で2次側巻き線側へ伝達されています．磁気的な結合の度合いを結合度Mで表します．

1次側巻き線と2次側巻き線で生じる漏れインダクタンス$L_{\ell 1}$と$L_{\ell 2}$は，各巻き線間で磁気的に結合しない部分が生じるために出てしまう漏れ磁束によるものです．1次側から2次側への電力伝達には何ら効果をもっていない成分です．しかし，漏れインダクタンスにも電流は流れますから，これによる損失は**無効電力**となってしまいます．それだけではありません，動作周波数fによってインピーダンスωLが，

$$\omega L = 2\pi f_L \quad\cdots\cdots\cdots\cdots\cdots\cdots\cdots\cdots\cdots\cdots\cdots\cdots (5\text{-}2)$$

となり，ここに電流が流れるわけですから電圧降下を生じてしまいます．そして2

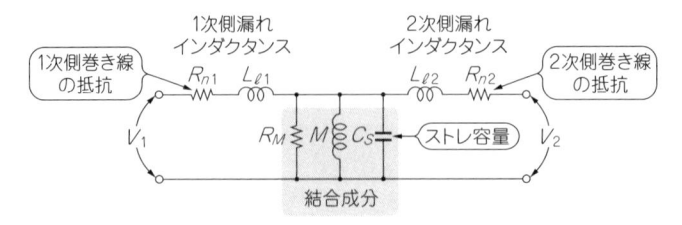

[図5-5] トランスの等価回路
いわゆる簡易型の等価回路といえる．トランスを構成するときの巻き線による抵抗分，漏れインダクタンス，ストレ容量や等価抵抗R_Mがトランスの効率を妨げることになる

次側巻き線の**電圧変動**が発生してしまうのです．スイッチング電源では，周波数が高くなるとこの電圧変動が大きく影響を与えます．

5-2　フォワード・コンバータ用トランスは磁気リセットが必要

● トランスの磁気リセットとは

先に述べたフォワード・コンバータではなぜ磁気リセット回路が必要なのか，もう少し詳しく見てみましょう．

図5-6においてトランジスタT_{r1}がONすると，トランスの1次側巻き線N_pに図示のような極性で入力電圧V_{in}が印加されます．N_pのインダクタンスをL_pとすると励磁電流i_eが，

$$i_e = \frac{V_{in}}{L_P} \cdot t_{on} \quad \cdots\cdots\cdots\cdots\cdots\cdots\cdots\cdots\cdots\cdots\cdots\cdots\cdots\cdots\cdots\cdots\cdots\cdots\cdots\cdots\cdots\cdots (5\text{-}3)$$

と流れます．そして，T_{r1}がOFFした瞬間に逆起電力v_eが発生します．ところがトランスの2次側巻き線側ではダイオードD_1があるため，この逆起電力v_eを放出することができません．すると，どこへも行けなくなったエネルギーはトランスの中に蓄えられたままになってしまいます．このときコアの磁束密度は図5-7に示すように$\varDelta B$分上昇しますが，これは励磁電流i_eが流れたためによるものです．つまり，トランスの巻き線N_pには，

$$p_{Np} = \frac{1}{2} L_P \cdot i_e^2 \quad \cdots\cdots\cdots\cdots\cdots\cdots\cdots\cdots\cdots\cdots\cdots\cdots\cdots\cdots\cdots\cdots\cdots\cdots\cdots\cdots\cdots\cdots (5\text{-}4)$$

というエネルギーが蓄えられるのです．

そしてこのまま次の周期に入ってまた励磁電流i_eが流れると，磁束はさらに$\varDelta B$ぶん上昇します．そしてついには，コアの飽和磁束密度B_sを超えて磁気飽和にい

[図5-6] フォワード・コンバータでは磁気リセットが必要
基本回路のままでは，T_{r1}がONしたとき蓄えられるトランスへのエネルギーが，T_{r1}がOFFしたときに放出されない．トランスが磁気飽和してしまう．何らかの方法でトランスの磁気飽和を防ぐ必要がある

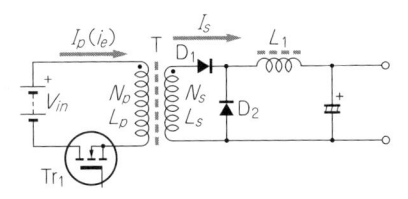

T_{r1}がONすると励磁電流 $i_e = \frac{V_{in}}{L_P} \cdot t_{on}$ が流れ，トランスに$p_{Np} = \frac{1}{2}L_P \cdot i_e^2$のエネルギーが蓄えられる．
T_{r1}がOFFすると逆起電力が発生するが，2次側N_sではダイオードD_1のために電流が流れない

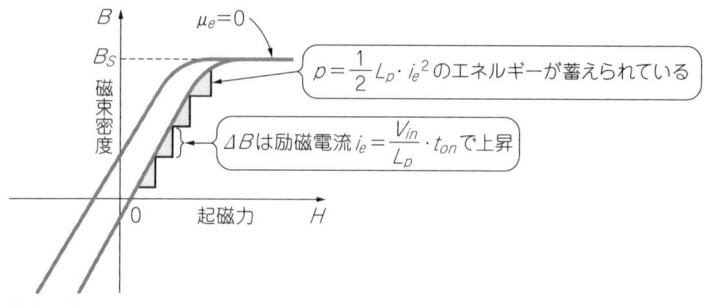

[図5-7] フォワード・コンバータにおけるコアの磁束変化

一回のスイッチング(t_{on}時間)で磁束密度がΔBぶん増加する．磁気リセットが行われないとエネルギーはどんどん蓄えられ，やがて磁束密度が飽和レベル…B_s(飽和磁束密度)に達する．コアが飽和すると透磁率μが0となり，トランスはトランスの働きをしなくなる

たってしまいます．磁気飽和を起こすと，トランスはトランスとしての機能を果たせなくなり，安定した定常動作を継続することはできません．

そこでトランスに蓄えられたエネルギーp_{Np}は，トランジスタTr_1がOFFしている間に外部に放出しなければなりません．エネルギーの放出によって磁束はΔBぶん下降し，元の磁束の位置に戻ります．この作用を**磁気リセット**，あるいはリセットと呼んでいます．

● 磁気リセット回路のしくみ

フォワード・コンバータの磁気リセット回路としては，通常二つの方法が用いられています．

図5-8に示すのは，**DCRリセット回路**と呼ばれているものです．スイッチング・トランジスタTr_1がOFFした瞬間，トランスの巻き線N_pには図のように励磁電流によって蓄えられたエネルギーで逆起電力が発生します．すると，ダイオードD_1は順方向に電圧が印加されるので導通して，トランスのエネルギーはいったんコンデンサC_1に移行します．このエネルギーはC_1と並列に接続された抵抗R_1で消費されて，結果的にトランスの磁束にリセットがかかります．

しかし，この方法ではトランスへの蓄積エネルギーがすべて抵抗によって消費されるために，結局は損失になってしまいます．そこで改善のために考案されたのが，図5-9に示すトランスにリセット巻き線を設ける方法です．現在の主流になっています．

Tr_1がOFFした瞬間に発生した逆起電力v_eは，リセット巻き線N_rにも図のよう

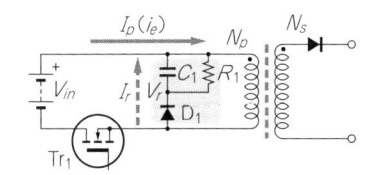

励磁電流 I_e による逆電力はダイオード D_1 を通して C_1 を充電し，R_1 によって消費される．その結果磁束は $-\Delta B$ 分減少してトランスがリセットされる

[図5-8] トランスにおけるDCRリセット回路
トランスの1次側にダイオードと CR 回路を用意することで，トランスに蓄えられたエネルギーを消費することができる．エネルギー消費により，トランスの飽和は防ぐことができる．しかし，そのぶんむだな電力消費が発生する

リセット電圧 $v_r = \dfrac{N_p}{N_r} \cdot V_{in}$

励磁電流 i_e の蓄積エネルギーは，リセット巻き線 N_r により入力側へ電力回生をして，ダイオードDを通してトランスをリセットする．無効電力にならない

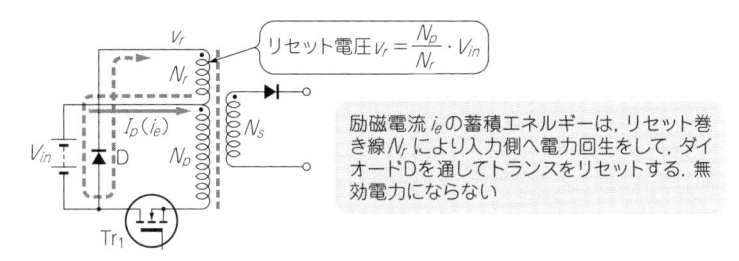

[図5-9] リセット巻き線による回路
1次側巻き線の一部にリセット巻き線を設ける方法がもっとも一般的なリセット防止回路になっている．蓄積エネルギーは入力側に回生されるので，効率低下にもならない

な極性で電圧を発生させます．N_r の一端は入力電源の+側に接続されています．ですから，逆電圧は入力側平滑コンデンサを充電する方向で流れ，ダイオードを通した循環電流が流れます．

つまり，トランスの蓄積エネルギーは損失とはならず，入力側コンデンサへエネルギーが回生されるのです．

このときトランスのリセットは，結局1次側巻き線 N_p における V_{in} とリセット電圧 v_r との関係で判断しなければなりません．つまり，トランスにリセットがかかるということは，次の二つの条件を満足する必要があります．

$$V_{in} \cdot t_{on} = v_r \cdot t_r \quad \cdots\cdots\cdots\cdots (5\text{-}5)$$

ただし，$t_r \leqq t_{off}$

リセット時間 t_r が重要なファクタになりますから，これを短くする必要があります．t_r を短くするということは，リセット電圧 v_r を高めに設定するほうがより安全・確実にリセットをかけることになります．DCRリセット回路のリセット電圧 v_r は，

$$v_r = \sqrt{\frac{V_{in} \cdot t_{on}^2 \cdot R_1}{2L_P}} \quad \cdots\cdots (5\text{-}6)$$

リセット巻き線によるリセット電圧 v_r は，

$$v_r = \frac{N_p}{N_r} \cdot V_{in} \quad \cdots\cdots (5\text{-}7)$$

となります．リセット巻き線の巻き数 N_r は，1 次側巻き線の巻き数 N_p よりわずか少なめに設定しておくほうが良いことがわかります．

5-3　トランスのギャップと漏れ磁束とシールド

● B-H曲線の直線部分を使用する

トランスの磁束密度はチョーク・コイルのときとまったく同じ考え方をします．図5-10はおなじみの *B-H* 曲線ですが，このカーブにおいて起磁力が増加し磁束 B が上昇していくと，カーブは途中からだんだん直線性を失ってきます．そしてやがて飽和磁束密度 B_s 付近に達すると，磁束密度はあまり変化しなくなります．この *B-H* 曲線がだんだんなだらかになる部分を一般には"肩"と読んでいます．このときコアの透磁率 μ は，$\mu = B/H$ ですから，肩の部分では μ の値が低下してしまいます．つまり励磁インダクタンスが低下してしまい，無効電流である励磁電流が増加してしまいます．

ですからトランスの設計に際しては，基本的にコアの *B-H* カーブの肩にかからない設計上の最大磁束密度 B_m を設定し，直線性を示す領域を使う必要があります．

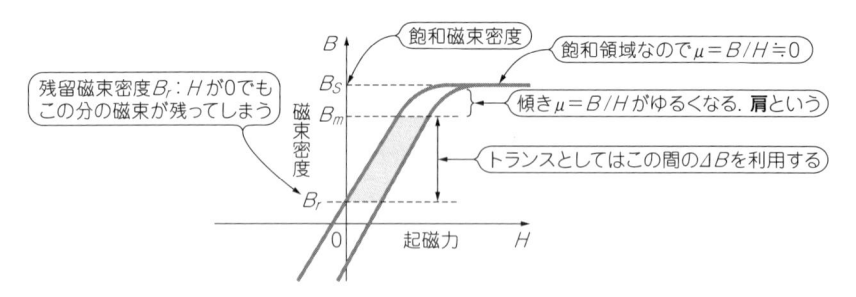

[図5-10] トランスの *B-H* 曲線
B-H 曲線のどの付近を使うかが非常に重要になる．フォワード・コンバータやフライバック・コンバータは，片方向だけの磁束変化しかない．片方向だけの磁束変化のとき残留磁束密度 B_r が大きいと，$\varDelta B \cdots$ 磁束変化幅は限られてくるので注意が必要

トランスの設計でもっとも注意を払わなければならない項目です．

最終的にB-H曲線の飽和磁束密度B_sに達すれば$\mu = 0$になってしまいます．この点が磁気飽和になります．

● **残留磁束密度B_rの大きさに注意しなければならないとき**

トランスにおける残留磁束密度とは図5-10に示したように，起磁力Hが0になっても磁束密度が0にならず，ある磁束密度B_rを維持しているということです．スイッチング電源の方式によっては，このB_rがトランスの設計に大きな影響を与えます．

トランスの場合には，チョーク・コイルと違って必ずしも直流重畳特性が問題にならないケースがあります．直流重畳特性が問題にならない使い方では，コアにギャップを設ける必要はありません．そのためB-H曲線上では，残留磁束密度B_rが問題となることがあります．B_rの大きさはコアの種類によって異なりますが，一般的なMn-Znフェライト・コアのPC40材（TDK）などでは95mT程度になります．この値は飽和磁束密度B_s（510mT）に対して20％近い値ですから，無視することはできません．

たとえば図5-10に示しているように，フォワード・コンバータなどの回路でトランスの$\varDelta B$が上下にダイナミックに変化をせず，第1象限だけで変化をするようなときです．残留磁束密度B_rの影響によって，実際の$\varDelta B$も磁束が0にまで下がることがありません．最小値でもある磁束密度を保っているのです．ということは，そのぶん$\varDelta B$の振れる領域が狭くなってしまいます．したがって実際のトランスの設計時には，この値を考慮しなければなりません．

実際のトランスにおいて磁束が振れる$\varDelta B$の領域は，B-H曲線の肩に入る直前の最大磁束密度B_mから最大残留磁束密度B_{rm}の間ということになります．

通常のコア・カタログで規定されている**最大残留磁束**B_{rm}は，常温における直流磁化特性を基にした数値になっています．つまり，B_sが500mT程度まで振ったときの値です．実際のトランスの$\varDelta B$はもっと小さな値ですから，残留磁束密度B_rもB_{rm}よりは小さな値となっています．ただし，これを計算で求めることは現実に不可能です．

大まかに次のような比率でメドにすればよいでしょう．つまり実際のB_rは，

$$B_r = \frac{\varDelta B}{B_s} \times B_{rm} \quad \cdots\cdots (5\text{-}8)$$

とします．このことから設計時の$\varDelta B$は，

$$\varDelta B \leqq B_s - B_r \quad \cdots\cdots (5\text{-}9)$$

で巻き数を決めることになります．

● フライバック・コンバータではギャップ付きトランス

　フライバック・コンバータにおける出力トランスにおいては，インダクタンス調整と直流重畳特性の改善のためにコアにギャップを設けるのが一般的です．コアにギャップを設けたときのB-H曲線は，**図5-11**に示すような特性になります．

　コアにギャップを設けると実効透磁率μ_eが低下するので，カーブが横に寝たような形に変化します．その結果，インダクタンスは低下し，直流重畳特性は改善されます．また，B-H曲線は傾きが緩くなるので，結果として残留磁束密度B_rもB_{rg}まで大幅に低下します．

　当然のことながら，コアの飽和磁束密度B_sや肩特性には変化がありません（μ_eは下がるので肩はなだらかになる）．ということは，ギャップ付きトランスでは残留磁束密度B_rの影響が軽減されて，**$\varDelta B$を振る領域が増加**することになります．ということは，トランスの巻き数を低減することが可能になることを意味します．

　一般にRCC方式を代表とするフライバック・コンバータでは，ギャップ厚はときに1mm以上のものになります．ですから，残留磁束密度B_rは20mT程度まで低下して，ほとんど無視できる状態となることも珍しくありません．

● ギャップ付きトランスでは漏れ磁束への対策が必要

　ギャップ付きチョーク・コイルでも同じでしたが，ギャップ付きトランスで注意しなければならないのが，ギャップから発生する漏れ磁束…リーケージ・フラックスへの対策です．漏れ磁束は当然ながら，回路の動作周波数成分が主体です．ところがスイッチング電源においては，波形が方形波か三角波ですから，整数倍の高調

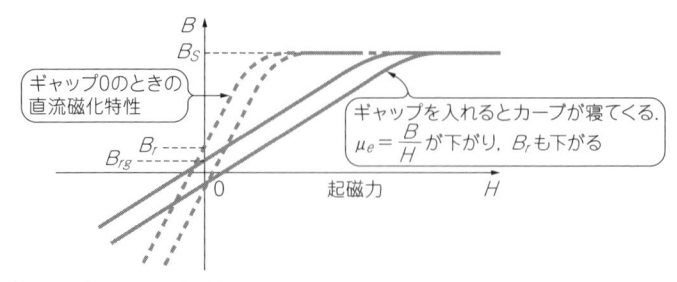

[図5-11] ギャップを挿入したときのトランス・コアのB-H曲線
コアの飽和磁束密度B_sは変わらないが，起磁力の変化がなだらかになり，カーブが横に寝た形になる．残留磁束密度B_rもB_{rg}へと大きく低下することになる

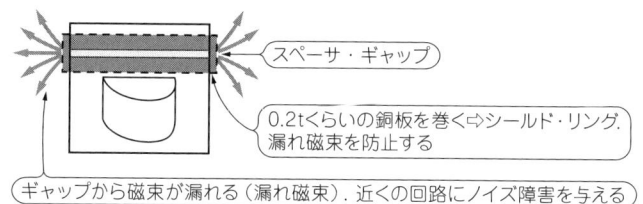

[図5-12] スペーサ・ギャップの漏れ磁束(再掲)
磁気回路におけるギャップにおいては漏れ磁束が付き物である．磁気シールドを行う必要がある

波成分を多く含んでいます．とりわけ，奇数次の高調波成分が多くなっています．

図5-12に示すスペーサ・ギャップの場合には，高調波成分をたくさん含んだ漏れ磁束が外部に出ていくことになります．この磁束が周囲にある回路に誘導されて，ノイズ障害を与えることがあります．そのための対策としては，ギャップ周辺に0.2mm程度の厚みの銅板を巻くことです．これを**シールド・リング**と呼んでいます．

最近ではコアのセンタ・ポールを削ってギャップを付ける**センタ・ギャップ方式**がよく用いられます．これも同様にギャップから漏れ磁束が発生しますが，周辺には巻き線が巻かれています．巻き線がシールド・リングの役目をして，磁束は外部にはほとんど漏れないので，ノイズ障害はほとんど起きません．

ただし，この漏れ磁束は巻き線の銅線の内部を通過するときに渦電流を発生します．渦電流はそのまま銅線の電気抵抗によって電力損失となり，電線の温度を上昇させてしまいます．コイルもトランスも，高温になると絶縁材料の絶縁性が低下してしまいます．ギャップを設ける場合には巻き線の温度上昇にも注意しなければなりません．

● シールドの問題点…渦電流による発熱

センタ・ギャップ方式やスペーサ・ギャップ方式におけるシールド・リングは，漏れ磁束への対策にはたいへん効果的です．ところが無効な損失を増加させ，効率を低下させる要因にもなってしまいます．

図5-13に示すように，ギャップ周辺から漏れた磁束のすべてが，どこかに行って戻ってこないわけではありません．多くの部分はギャップのすぐ外に出ていき，もう一つのコアに入っていきます．それであれば，実質的には外部回路などにノイズ障害を与えるようなことはありません．

ところがギャップのすぐ上にシールド・リングを巻くと，漏れた磁束がシール

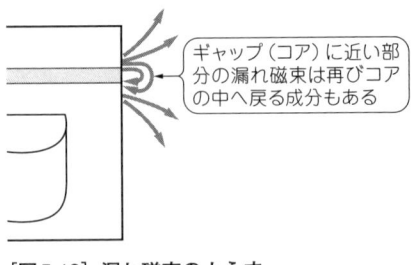

[図5-13] 漏れ磁束のようす

ド・リングの銅板の中を通過して渦電流を発生させます．渦電流は，やがて銅板の抵抗成分で電力損失になってしまうので，これが無効電力となるのです．
　センタ・ギャップ方式でも同様のことが起きます．ギャップの周辺には，巻き線が巻かれています．漏れた磁束は，銅線の中を通過するとき内部で渦電流を発生させるのです．一般にセンタ・ギャップ方式では，巻き線の渦電流による損失でスペーサ・ギャップ方式に比較して温度上昇が大きくなる原因はここにあります．

● **ノイズ発生要因となる漏れインダクタンス**
　図5-5に示したトランスの等価回路を再度ご覧ください．漏れ磁束によって生じるインダクタンスのことを漏れインダクタンスと呼んでいますが，この漏れインダクタンスによる一番大きな問題は，この中を流れた電流でエネルギーが蓄えられてしまうことです．電流値は，電源の出力電流で決まる値です．けっして漏れインダクタンスで決まる値ではありません．ですから，電源の出力電流が増加すると比例して蓄えられるエネルギー量も増加します．
　トランス2次側巻き線と磁気的な結合がされていないわけですから，電流が切れた瞬間に逆起電力が発生します．たとえば図5-14に示すように，スイッチング電源においてメインのパワー・スイッチング用トランジスタがOFFした瞬間などです．漏れインダクタンスからみると，両端インピーダンスが非常に高い状態ですから，高い逆電圧が発生します．これはトランスの**サージ電圧**と呼ばれるもので，スイッチング・トランジスタの耐圧オーバになったり，ノイズの発生要因となったりします．
　ですから，トランスの設計に際しては漏れインダクタンス成分をいかに低減するか，言い換えると，結合度をいかにして上げるかが重要なファクタになってきます．

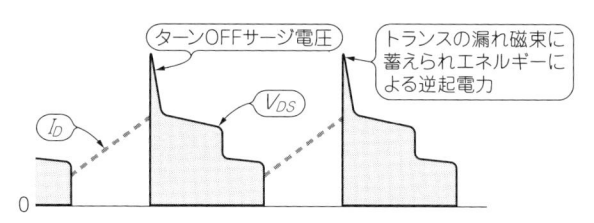

[図5-14] 漏れインダクタンスによるトランジスタ・ターンOFF時のサージ発生

● 漏れインダクタンスを利用するトランスもある

　ある種の電源トランスでは，わざわざ漏れインダクタンスを作って，これを回路動作に利用することもあります．液晶パネルのバック・ライトなどに使われる冷陰極管（CCFL）と呼ばれるものがあります．ヒータをもたない蛍光灯のようなものです．

　このCCFLでは，直流ではなくて高周波の交流で点灯をさせます．点灯を開始させるためには高電圧を発生させ，その後は一定電圧を供給するインバータと呼ばれる交流出力の高周波電源です．図5-15にCCFL駆動回路の構成を示します．

　たんに一定電圧を供給するとCCFLの管内電流が徐々に増加してしまい，決まった輝度に定まりません．管を破損させてしまうこともあります．そこで，CCFLの点灯では電流を決まった値に抑えなければなりません．このとき抵抗を直列に接続したのでは損失が出てしまいます．そこで従来は，図(a)に示すようにコンデンサを直列に接続したいわゆるコンデンサ・バラスト方式が用いられていました．つまり，コンデンサのインピーダンス成分Z_Cは，

$$Z_C = \frac{1}{\omega C} = \frac{1}{2\pi f C} \quad \cdots\cdots\cdots\cdots (5\text{-}10)$$

で電流を抑えようとするものです．

(a) コンデンサ・バラスト
(b) リーケージ・トランスによるバラスト

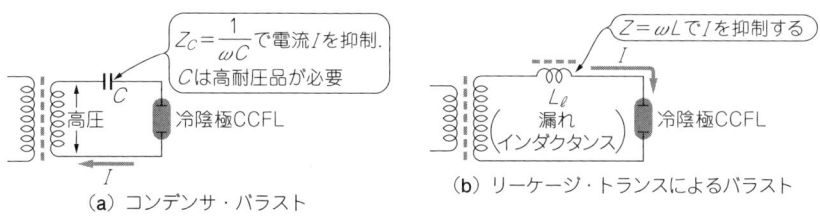

[図5-15] CCFL用点灯回路の構成

ところが，点灯開始のとき高電圧をかけなければならないので，耐圧の高いコンデンサが必要となってしまいます．その結果，形状やコスト・信頼性の面で問題がありました．そこで，コンデンサの代わりにコイルのインピーダンス成分Z_ℓで電流を制限しようとするコイル・バラスト方式に変わってきました．コイルを別個に作り，図(b)に示すように回路に接続しても構わないのですが，余分な部品を使い

Column (7)

オートトランスとその応用

　作用は通常の絶縁されたトランスとまったく変わらないのですが，図5-Aに示すように各巻き線間が電気的に絶縁をされていないトランスがあります．オートトランスと呼ばれるもので，写真5-Aに示すようなAC100V/200V入力を受けて，電子機器に任意の交流可変電圧を出力するスライダック・トランスと呼ばれるものがその代表格です．

　タップ(1)-(2)間にAC100Vを加えておけば，摺動子…スライダの位置によって出力する電圧を任意に変化させることができます．出力する電圧V_oは，

$$V_o = \frac{N_s}{N_p} \cdot V_p \quad \text{(5-A)}$$

となります．

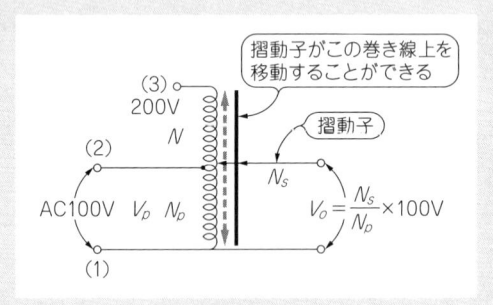

[図5-A] オートトランスのしくみ
巻き線は1つだが，複数のタップがある．巻き線の一部の絶縁被覆をはがした導電部分に摺動子を配置し，摺動子から電圧を取り出すことで，任意電圧の交流電力を取り出すことができる

たくないということからトランスの漏れインダクタンスを利用するようになって来ています．

このように，わざわざ結合を悪くして漏れインダクタンスをつけたものを，**リーケージ・トランス**と呼んでいます．ただし，トランスの結合が巻き線構造に大きく左右されるので，結合の悪い巻き線構造になっています．

これからわかるように，タップ(1)-(2)間の上にさらに巻き線を巻いておくと，入力電圧よりも高い電圧を容易に出力することができます．スライダック・トランスでは，AC100V入力から，250Vくらいの電圧を得るものが多くあります．電子機器の試験時には好んで使われています．

オートトランスの考え方は，必ずしも商用周波数におけるスライダック・トランスに限ったわけではありません．スイッチング電源においても，絶縁の必要がない場合にはこの考え方が応用されています．

図5-Bは，一つのスイッチング回路で複数の直流出力を得る，マルチ出力型電源といわれるものです．＋5Vと＋12Vの2出力を得る場合には，それぞれを個別の巻き線を設けるのではなくて，5V巻き線の上に電圧の差分つまり7V分を巻き上げます．すると，それぞれの端子では5Vと12Vを出力することが可能になるわけです．これもオートトランスの応用例です．

$N_5 : N_{12} = 5 : (12-5)$
にしておけばそれぞれ5Vと12Vを出力できる

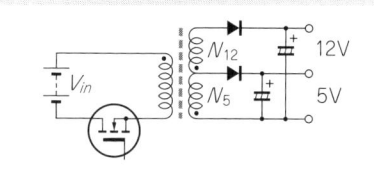

[図5-B] 巻き線にタップを用意すると
スイッチング電源でも2次側巻き線にタップを用意することでマルチ出力型電源を考えることができる．オートトランスの応用といえる

[写真5-A][36] 電子機器の電源電圧変動試験などに使用されているスライダック
簡単な電源変動試験には重宝することが多い

5-3 トランスのギャップと漏れ磁束とシールド

スイッチング電源のコイル/トランス設計

Appendix
商用周波数用電源トランスの仕様

● 小型ドロッパ電源では

　あまり大きな電力を扱わない電子機器では，スイッチング電源は使用せず，商用周波数(50/60Hz)の電源トランスと3端子レギュレータICなどを用いて，簡単に安定化電源を作ることは現在でも少なくありません．電源トランスは商用周波数…50/60Hzですからコア材には電磁鋼鈑を用いますが，巻き線数が多くなることから，自分で巻き線してトランスを製作するということはほとんどありません．専業メーカに製作を依頼するのが一般的です．

　したがって，ここでは電源トランスを設計をするというよりもトランスの仕様をどのように決定するかを紹介します．それをもとにトランス・メーカに製作を依頼するか，あるいは市販トランスの中から適切なものを選択すればよいわけです．

　とはいえ，単純に電圧幅に余裕を見たトランスを用意すると，必要以上に電圧安定化回路…レギュレータの電力損失…トランジスタやレギュレータICの損失による発熱が大きくなり，温度上昇が高くなってしまいます．逆に余裕が少なくぎりぎりに設計すると，大きめの負荷電流を取るときトランスの出力電圧が不足して，出力電圧に大きなリプルが発生したりもします．

　トランスの仕様を決めるときは，トランスの出力電圧と電流が最適な値に設定されているかどうかが非常に重要になります．

● トランスの2次側出力電圧を決める

　トランスの2次側出力電圧…端子電圧はどう決めればよいのでしょうか．

　図A-1に3端子レギュレータICを使用することを前提とする，商用トランスにおける2次側電圧の考え方を示します．これはAC100V入力で，DC5V・0.8A出力の電源を設計するときの例です．

　3端子レギュレータICを適切に使用するには，レギュレータICの入出力間にV_{dp}という電圧降下をどうしても背負わなければなりません．ドロッパ型電源と呼ばれるゆえんです．この電圧降下V_{dp}…従来の(78シリーズなどと呼ばれている)3端子レギュレータICでは3V以上が必要ですが，近年では内部回路の改良によって

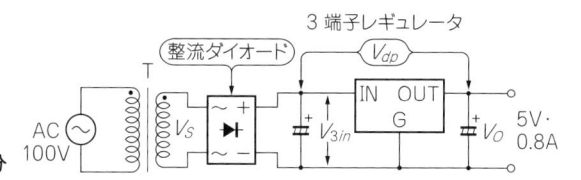

[図A-1] ドロッパ電源における電圧の配分

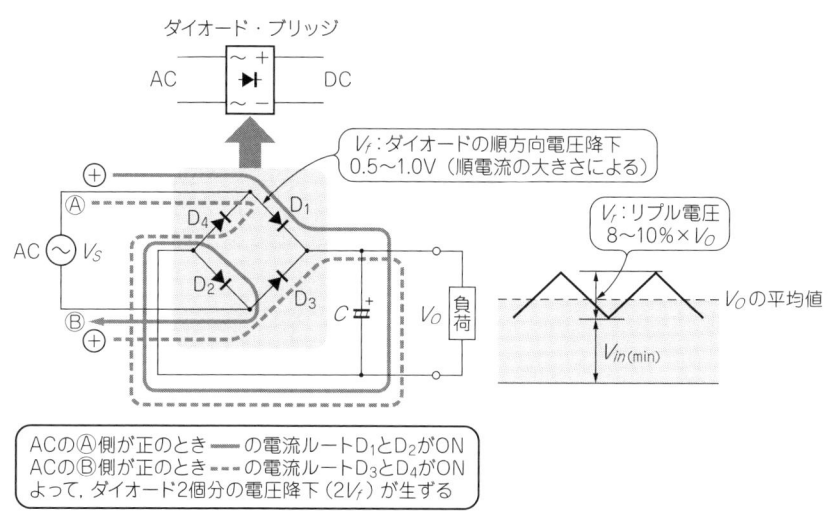

[図A-2] 整流用ダイオード・ブリッジによる電圧降下の考え方

ACの@側が正のとき ── の電流ルートD_1とD_2がON
ACの®側が正のとき --- の電流ルートD_3とD_4がON
よって，ダイオード2個分の電圧降下（$2V_f$）が生ずる

低ドロップ・アウト（低損失）といって，V_{dp}の値は最低でも0.5V程度あれば良いものが主流となってきています．

つまり，3端子レギュレータICの入力電圧最小値$V_{3in(\min)}$は，

$$V_{3in(\min)} = V_o + V_{dp} = 5.0 + 0.5 = 5.5[\text{V}] \quad\cdots\cdots (\text{A-1})$$

となります．この$V_{3in(\min)}$が，トランス2次側の整流後の直流電圧の最低値ということになります．

さて図A-2は，トランス2次側巻き線の交流電圧をV_sとし，整流するときの電流の流れを示したものです．ブリッジ・ダイオードを介してV_sを整流するとき，ダイオードの順方向電圧降下V_fが2本分発生することがわかります．さらに整流・平滑後の電圧は電池のような完全な直流にはなりません．平滑用コンデンサはありますが，負荷電流の大きさに応じて必ずリプル成分を含みます．この整流リプル電圧は一般に平均電圧の8％p-pほどになりますから，無視できるものではありません．

加えて，これはAC入力電圧の常として頭に入れておくべきですが，商用電圧

Appendix　商用周波数用電源トランスの仕様 | 181

AC100Vというのは一定ではなくて，必ず変動しています．通常は±10%程度の変動があることを前提に考えます．

これらすべての条件を加味すると，3端子レギュレータに加わる直流電圧$V_{3in(\min)}$は，

$$V_{3in(\min)} = V_{inAC} \times \sqrt{2} \times 0.9 \times 0.96 \quad\cdots\cdots\cdots\cdots\cdots\cdots\cdots\cdots\cdots\cdots\cdots\cdots\cdots\cdots (A\text{-}2)$$

となります．

● トランスの仕様を決める

図A-3に，図A-1の回路における実際の電圧配分を示します．この電圧を前提にして，必要な値からトランス2次側巻き線電圧V_sを決定します．2次側巻き線の電圧V_sは，

$$V_s = \frac{(1+\alpha) \times (V_{in(\min)} + 2V_f) \times (1+\beta)}{\sqrt{2} \times 0.9 \times 0.96} \quad\cdots\cdots\cdots\cdots\cdots\cdots\cdots\cdots (A\text{-}3)$$

でもとめます．

ここで，αは入力電圧の変動，V_fはブリッジ・ダイオードの順方向電圧降下です．また，βはトランスの設定偏差と呼ばれるもので，設計時に目標の電圧にピタリと巻き数を設定することができないことから生じる偏差のことで，製作工程のばらつきも含めて約2%ほど見込みます．

次に2次側巻き線電流についてですが，DC出力電流I_oが0.8Aなのでこれで良いかというと，そういうにはいきません．トランスに流れる電流はDCではなくACだからです．図A-3に示したブリッジ・ダイオード＋コンデンサだけによる整流・平滑回路を，一般には**コンデンサ入力型整流**といいます．この回路ではコンデンサへの充電電流は正弦波にならずパルス状で流れてしまいます．その結果，電流波形のピーク値は大きくなり，力率は0.6程度と悪い値になってしまいます．しかし，トランス巻き線に流れるAC電流I_sはこの値を使って，

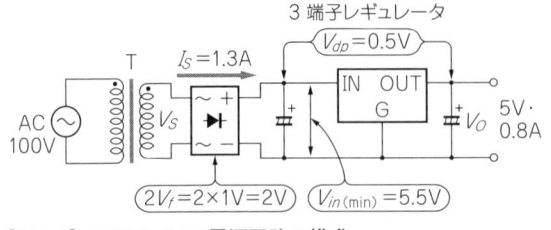

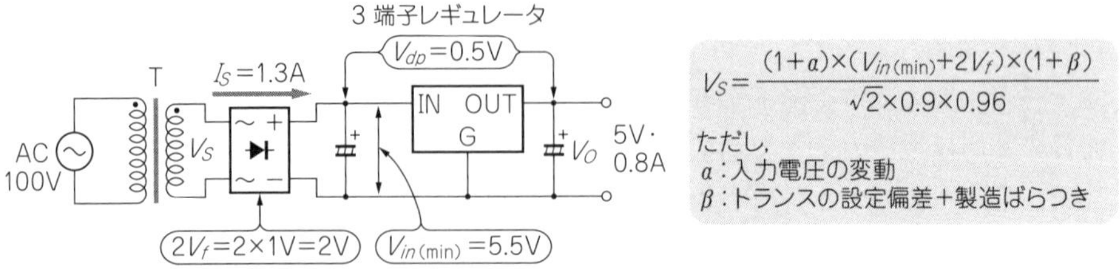

[図A-3] DC5V・0.8A電源回路の構成

$$I_s = \frac{1}{\cos\phi} \times I_o = \frac{1}{0.6} \times I_o \cdots\cdots\cdots\cdots\cdots\cdots\cdots\cdots\cdots\cdots\cdots\cdots\cdots\cdots\cdots\cdots\cdots\cdots\cdots (\text{A-4})$$

と求めます．これがトランス2次側巻き線に必要な電流容量となります．トランスに流れる電流I_sとDC出力電流I_oとを同等と勘違いすると，最終的にはトランスの端子電圧が低下して整流後の電圧が不足してしまうことになります．・

● そのほかの仕様

商用トランスを設計するとき忘れてはならない重要項目はほかにもあります．

▶入力電圧上昇によるトランスの磁気飽和

まず，1次側に印加する電圧です．通常はAC100Vで使用するとしても，商用AC電圧はときどき変動します．電圧が低下する分には2次電圧の不足という結果になりますが，AC入力電圧が上昇するときのことも考慮しておかなければなりません．

商用電源トランスの1次側巻き線の巻き数N_pは，

$$N_p = \frac{V_E}{4.44 \times BAf} \times 10^4 \cdots\cdots\cdots\cdots\cdots\cdots\cdots\cdots\cdots\cdots\cdots\cdots\cdots\cdots\cdots\cdots\cdots (\text{A-5})$$

と計算します．V_Eは入力される交流電圧の実効値です．電圧V_Eが上昇すると，コアの磁束密度Bが上昇してしまいます．

商用周波数用トランスでは，もともと周波数fが低いことから$\varDelta B$をめいっぱいに上げて巻き数ができるだけ少なくなるように設計されています．とはいえ，電圧V_Eが上昇してコアが磁気飽和を起こしてしまっては困ります．入力電圧の変動範囲を十分に考慮して設計されているトランスを採用しなければなりません．

▶2次側電圧の変動

トランス自体の問題による2次側電圧の変動にも注意が必要です．図5-5の等価回路でも示したように，トランスは巻き線の直流抵抗と漏れインダクタンスによって，2次側電流(出力電流)の変化によって電圧降下が発生します．このときの電圧降下率はεで表しますが，小型トランスになるほど電圧変動が大きくなってしまいます．というのは，小型にするため細い電線を使うケースが多く，しかし巻き数N_pが多くなると巻き線による直流抵抗値が高くなることと，巻き数を多く巻くことによって漏れインダクタンスも大きくなるからです．

このことから，直流の出力電流が少なくなると2次端子電圧が上昇し，整流電圧も上昇します．結果，平滑コンデンサの耐圧やレギュレータの最大定格電圧にも注意をしなければなりません．無負荷時の整流出力電圧$V_{in(\max)}$は，

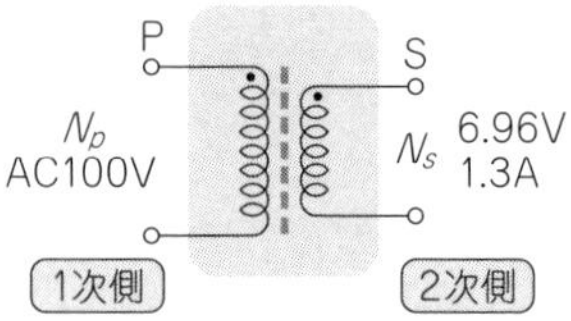

[図A-4]
図A-3における電源トランスの仕様

(1) 入力電圧範囲：AC90～110V
(2) 周波数：50/60Hz
(3) 出力電圧：6.96V $^{+3\%}_{-0\%}$
(4) 出力電流：1.3A
(5) 使用温度：0℃～45℃
(6) 変動率：25%以下
(7) 絶縁耐圧
　P-S間　　：AC1.5kV 1分間
　P-コア間：AC1.5kV 1分間
　S-コア間：DC500V 1分間

AC100V　N_p　N_s　6.96V 1.3A
1次側　　2次側

$$V_{in(\max)} = V_{AC} \times (1+\alpha) \times \sqrt{2} \quad \cdots\cdots\cdots\cdots\cdots\cdots\cdots\cdots (\text{A-6})$$

となります．電流が少なく，ブリッジ・ダイオードの順方向電圧降下V_fも低くなるので，これらのことも考慮しておく必要があるわけです．

▶トランスの温度上昇

　最後は温度の問題です．商用周波数のトランスに限った話ではありませんが，どのようなコイルでもトランスでも温度は最重要項目の一つです．とりわけ，トランスは1次側-2次側間を絶縁するのが目的の一つです．

　絶縁をするために，巻き線間には絶縁紙と呼ばれるものを挿入します．それのみならず，電線の表面も絶縁されています．これらの絶縁物には温度的に使用できる限界が決められています．これを絶縁種と呼んでいます．

　通常のトランスでは，B種という130℃を上限とする絶縁材料を用いています．この温度を絶対に超えて使用することはできません．

　当然トランスは，巻き線の抵抗分による損失と磁性材料そのものが生じる損失とで温度上昇を生じます．トランスを使用する環境温度とトランス自身の温度上昇を加算した値が，この絶縁種で規定されて温度以下でなければなりません．ですから，トランスの仕様を決定するときには最高使用温度をきちんと決めておかなければなりません．

　図A-4に商用周波数用電源トランスの仕様例を掲げておきます．

第6章
スイッチング電源用トランスの設計

スイッチング電源回路は各種方式が考案され，実用されています．第4章でチョーク・コイルを設計しましたが，そこに登場したチョッパ方式(DC-DC)コンバータもスイッチング電源の仲間です．本章では，AC電源入力を基本とするスイッチング電源で使用される出力トランスの設計を主に紹介します．

6-1　スイッチング電源のあらましとトランス

● 自励型と他励型

　AC入力によるスイッチング電源の基本的な構成例を図6-1に示します．AC電源を直接入力源とするので，ライン・オペレート型あるいはオフライン・コンバータと呼ばれることもあります．

　(a)の自励型というのは，スイッチング・トランジスタと出力トランスとの組み合わせによって発振を持続するように構成されたもので，現在はRCC(Ringing Choke Convertor)方式だけが使用されています．ACアダプタなど小容量電源への利用が多いようです．スイッチング時のトランスの逆起電力…フライバックを利用しています．

　(b)の他励型は主に制御用ICを使い，スイッチング用発振回路をもった方式です．電圧安定化のためのPWM(パルス幅変調)制御回路や安全のための各種保護回路機能などを収納した制御用ICの使用により，容易に高性能電源を実現できるようになっています．RCC方式以外はほどんど他励型スイッチング電源と考えてよいでしょう．

● 出力容量で回路方式が異なる

　AC入力スイッチング電源のおもな回路方式を表6-1に示します．本書は，スイッチング電源の設計法を主に紹介するものではないので細かい動作説明は省きますが，基本的に出力容量の大きさはパワー・スイッチング素子…実際にはパワー

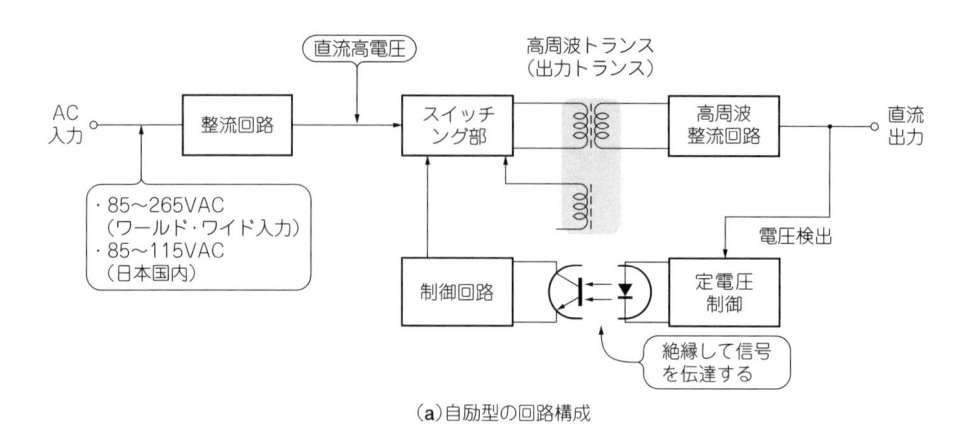

[図6-1] AC入力スイッチング電源の構成例

スイッチング電源回路にはいろいろな分類がある．ここではAC入力型を自励型と他励型とに分けてみた．自励型は実際はRCC方式しか存在しないが，数量的にはスイッチング電源の大半を占めている

[表6-1] 各種あるAC入力スイッチング電源の方式と出力容量
一般的に使用されているスイッチング電源における回路方式とおよその出力容量について整理した

回路方式	出力容量	パワー・スイッチング素子数	電圧の安定化制御	共振型への対応
RCC方式	～50W	1	（自励），t_{on}制御	疑似共振方式
フライバック・コンバータ方式	～100W	1	（他励），PWM制御	疑似共振方式
フォワード・コンバータ	～500W	1	（他励），PWM制御	アクティブ・クランプ方式
ダブル・フォワード・コンバータ	～1kW	2	（他励），PWM制御	アクティブ・クランプ方式
多石式ハーフ・ブリッジ	～1kW	2	（他励），PWM制御	LLC方式
多石式フル・ブリッジ	～数kW	4	（他励），フェーズ・シフトPWM制御	ZVS方式

MOSFETの数と，出力容量の大きさは比例しています．大容量化するときの複数スイッチング素子をいかに効率良くドライブするかによって，いくつかの回路方式が選択されています．

　電源の出力容量は，じつは電源装置の物理的な大きさ…放熱容量によって制約されます．放熱は，トランスや電子部品などを含めた物理的な大きさによって支えなければならないからです．たとえば，出力100W・効率90％の電源装置であれば，電源装置自身が10Wぶんの**放熱を背負う**必要があります．電源装置を構成する各種部品…スイッチング素子やトランスなどが10Wぶんの放熱を分担して背負うことになりますが，放熱には一定の物理スペースが必要になります．

　しかも，一方で電源装置の小型化への圧力には大きなものがあります．これが電源回路の変換効率向上へのモチベーションになっています．結果，パワーMOSFETや出力トランス，チョーク・コイル，電解コンデンサなどの高性能化と，回路技術の向上につながっているわけです．

● 出力トランスの大きさはどのようにして決まるか

　出力トランスの形状・大きさの決定に関わる部分の設計は，じつは非常にやっかいです．出力容量が大きくなるほど巻き線も太くなりかさんでくるので，大きなコア・サイズが要求されますが，大きすぎるコア・サイズは誰も喜ばないからです．

　次節以降に代表的なスイッチング電源回路における出力トランスの設計例を紹介しますが，どの事例においても「何故この大きさのトランス（形状・大きさ）を選んだのか？」の説明は明確でありません．トップ・ダウン的に選択したコアが登場します．「これまでの多くの経験から総合的に判断して…」という談合的？判断になっているからです．

　形状・大きさを決める手法の一つとして，シミュレータ(注6-1)などを使用し，モンテカルロ法的に出力トランスを選ぶ方法を否定するつもりはありません．しかし，データ（ライブラリ）整備の手間などを考えると，**設計者の経験値を上げる**ことのほうが最終的には合理的な判断につながると筆者は考えます．トランス設計には，それだけ表記しづらいパラメータが多いということかもしれません．

　とはいえ，一応の参考になる例を**表6-2**に示しておきます．コア・メーカの技術資料ですが，コアの形状・サイズと設計するコンバータの出力容量との関係が示さ

（注6-1）インダクタやトランスを設計・解析する代表的なPCシミュレーション・ソフトとしては，米国Intusoft社の「Magnetics Designer」がある．CQ出版社からも同ソフト評価版CD-ROMを同梱した書籍「Magnetics Designer入門」が発売されている．

[表6-2] (19) **出力トランス設計におけるコアの形状と大きさの一例**

NECトーキン社のデータブックから転載．使用しているコア材はNECトーキンのMn-ZnフェライトBH2材．同社のコアは型名のはじめにイニシャル[F]が入っている．Fをとると他社と同じになる．たとえばFEI-12.5→EI-12.5

材 質	記 号	温 度	BH1	BH2	BH3	BH5	BH7
交流初透磁率	μ_i	―	2300±20%	2300±20%	1800±20%	2300±20%	1600±20%
相対損失係数	$\tan\delta/\mu_i$	―	<5	<6	<5	<5	<8
コア損失	100kHz 200mT [kW/m³]	23℃	550	600	600	600	1250
		60℃	400	450	430	430	1100
		80℃	320	430	380	400	
		100℃	300	410	370	450	1350
	300kHz 100mT [kW/m³]	23℃	680	730		500	
		60℃	500	520		330	
		80℃	430	470		300	
		100℃	400	450		340	
実効飽和磁束密度	B_{ms} [mT]	23℃	520	510	540	520	600
		100℃	410	400	440	410	490
残留磁束密度	B_{rms} [mT]	23℃	100	100	200	120	185
		100℃	55	55	80	70	220
飽和保磁力	H_c [A/m]	23℃	13	14.3	15	19	17
キュリー温度	T_c	[℃]	220	220	260	220	350
密度	d	[kg/m³]	4.8×10³	4.8×10³	4.8×10³	4.8×10³	4.9×10³

（a）Mn-Znフェライト材の特性

[図6-2] **フォワード・コンバータのトランス設計**

フォワード・コンバータはTr1 ONのときエネルギーを出力側に伝えるが，Tr1 OFFのときはダイオードD_2がONして，チョーク・コイルLには連続電流が流れる

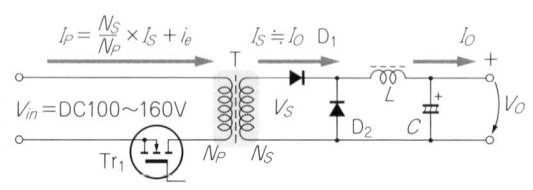

$I_P = \frac{N_S}{N_P} \times I_S + i_e$　　$I_S \fallingdotseq I_O$　D_1　　I_O

V_{in}=DC100～160V　　V_S　D_2　L　　V_O

Tr_1　N_P　N_S

れているので参考になると思います．

6-2　フォワード・コンバータ用トランスの設計

　各種あるスイッチング電源の中でも，フォワード・コンバータ用トランスの設計は比較的単純です．ただし，しっかり基本を踏まえておかないと十分な特性や安全性が確保できなくなってしまいます．
　図6-2に基本的なフォワード・コンバータの構成を示しますが，この回路例によってどのようにトランスを具体的に設計していくかを説明します．

コア形状	周波数	フォワード方式[W] 50kHz	フォワード方式[W] 100kHz	フライバック方式[W] 50kHz	フライバック方式[W] 100kHz
FEI-12.5		3～8	4～10	2～5	3～6
FEI-16		10～15	13～19	3～8	4～10
FEE-16					
FEI-19		12～18	15～23	5～10	6～13
FEE-19					
FEI-22		15～20	19～26	8～15	10～19
FEE-22					
FEI-22S		15～20	19～26	8～15	10～19
FEI-25		20～30	26～39	10～20	13～26
FEI-28		30～50	40～65	20～30	25～40
FEI-30		50～70	65～90	30～40	40～50
FEE-30					
FEI-33		80～130	100～165	35～50	45～65
FEE-33					
FEI-35S		80～130	100～165	35～50	45～65
FEI-40		100～150	130～195	45～75	60～95
FEE-40		90～140	115～180	40～70	50～90
FEER-25.5		20～30	26～39	10～20	13～26
FEER-28		35～45	45～55	20～30	26～39
FEER-28L		40～60	50～80	30～40	40～50
FEER-30		30～50	40～65	25～35	33～45
FEER-35		70～100	90～130	40～50	50～65
FEER-35L		100～150	130～195	50～65	65～80
FEER-39L		130～200	170～260	70～90	90～115
FEER-40		140～220	180～285	75～95	100～120
FPQ-2016-T-22		20～30	26～39	10～20	13～26
FPQ-2020-T-22		25～35	32～45	15～25	19～32
FPQ-2620-T-22		45～60	60～75	25～35	32～45
FPQ-2625-T-22		50～70	65～90	30～40	40～50
FPQ-3220-T-22		50～70	65～90	30～40	40～50
FPQ-3230-T-22		100～150	130～195	45～60	60～75
FPQ-3535-T-22		130～180	170～230	70～80	90～100

NECトーキンのトランスカタログから
（b）トランスの大きさと出力の目安

● コア材の選択…原則としてHigh μ材 低損失タイプから選ぶ

　現実のスイッチング電源における動作周波数は，可聴周波数を超える数十kHz以上からですから，トランスのコア材としては一般にMn-Znフェライト・コアを採用します．

6-2 フォワード・コンバータ用トランスの設計

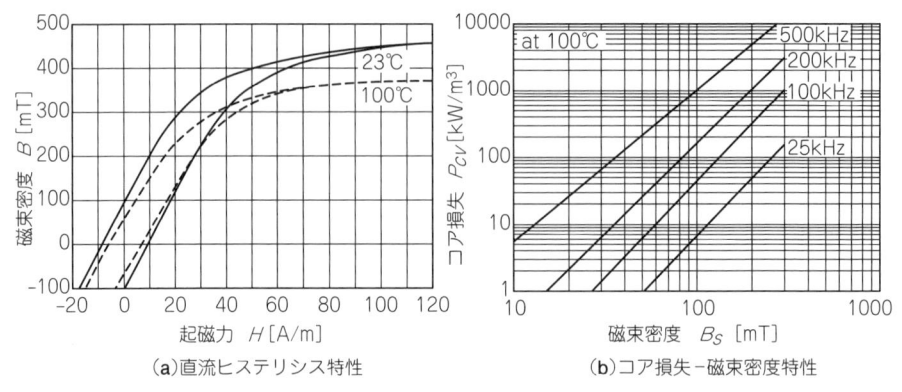

[図6-3] (5) High μ材 MBT1（JFEフェライト）の特性
（a）直流ヒステリシス特性
（b）コア損失－磁束密度特性

　中でもフォワード・コンバータは，動作周波数100kHz以上の高周波動作に適しています．また，**5-2節**で説明した励磁電流によるトランスの磁気リセットの関係から，巻き線インダクタンスはできるだけ高くしたほうが有利です．このような観点から，Mn-ZnフェライトのHigh μ材で低損失特性のコア材を選択します．高周波で動作させるということはトランスの巻き線数が少なくて済むので，飽和磁束密度B_sにもあまり神経を使う必要がありません．

　図6-3に示すのはHigh μ材 MBT1（JFEフェライト）の特性です．表2-9にも示したように初透磁率$μ_i$が3400と高く，高インダクタンスを得るには好都合です．損失係数も60℃・100kHz・200mTの条件で325kW/m^3（＝325mW/cm^3）と，かなり低い値です．100kHz以上で動作をさせるフォワード・コンバータでは，この程度の特性をもったコアを選択します．

● 1次側巻き線の計算は
　図6-2において入力電圧V_{in}がDC100～160Vということは，AC100V入力に±10%の電圧変動があって，それを整流したときの直流電圧を示しています．
　フォワード・コンバータにおけるトランス1次側巻き線の励磁電流は，図6-2の➡（矢印）に示すように一方向にしか流れません．また，インダクタンスを大きくとるため，コアにギャップを挿入することもありません．よってコアのB-H曲線は図6-4に示すように，磁束は第1象限だけで変化します．なお，残留磁束密度B_rも大きく影響し，MBT1材でも実際に振れるΔBは220mT程度にしておかなければなりません．

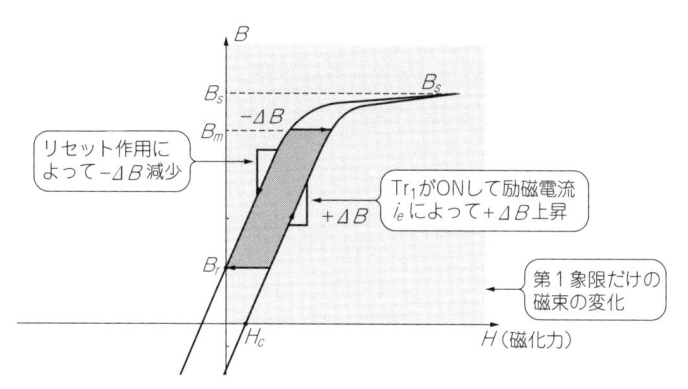

[図6-4] フォワード・コンバータにおけるトランス・コアの*B-H*曲線
フォワード・コンバータでは第1象限だけでの磁束変化になる

これをもとにすると1次側巻き線の巻き数N_pは，

$$N_p = \frac{V_{in} \times t_{on}}{\Delta B \times A_e} \times 10^4 \quad \cdots\cdots\cdots\cdots\cdots\cdots\cdots\cdots\cdots\cdots\cdots\cdots\cdots\cdots\cdots\cdots (6\text{-}1)$$

となります．トランジスタのスイッチング時間t_{on}は，スイッチングの最大デューティ比$D_{(max)} = 0.5$を前提として，

$$t_{on} = T \times D \quad \cdots\cdots\cdots\cdots\cdots\cdots\cdots\cdots\cdots\cdots\cdots\cdots\cdots\cdots\cdots\cdots\cdots\cdots\cdots\cdots\cdots (6\text{-}2)$$

となります．Tは周波数fの1周期です．

動作上の安全をみた設計とするには，定電圧化のためにデューティ比を制御しているので矛盾するように感じるかもしれませんが，$V_{in(max)}$かつ$t_{on(max)}$という条件のほうが間違いありません．

ところが出力電流が小さいとき負荷の急変などによってデューティ比が急激に増えたりすると，出力電圧が一瞬低下します．そして，入力電圧と無関係に最大デューティ比で動作する状態がありえます．このようなときでもトランスが磁気飽和を起こさないような配慮が必要です．とりわけフォワード・コンバータのようにギャップを挿入しないトランスでは，一瞬でも磁気飽和にいたると急激にインダクタンスが減少し，過大な無効電流が流れてしまいます．したがって実際の巻き数N_pは，

$$N_p = \frac{V_{in(max)} \times t_{on(max)}}{\Delta B \times A_e} \times 10^4 \quad \cdots\cdots\cdots\cdots\cdots\cdots\cdots\cdots\cdots\cdots\cdots\cdots (6\text{-}3)$$

で求めます．

● **2次側巻き線の計算**

　トランスの2次側巻き線は，入力電圧の最小値$V_{in(\min)}$を前提に計算します．この入力電圧はAC入力をダイオードで整流した直流ですが，整流リプルが重畳されています．これを考慮すると若干のマージンが必要なので，さらに5%程度低いDC95Vを最低入力電圧として考えます．

　このような条件で2次側巻き線として最低必要な電圧$V_{s(\min)}$を，

$$V_{s(\min)} = (V_o + V_f + V_{dr}) \times \frac{1}{D_{(\max)}} \quad \cdots\cdots(6\text{-}4)$$

と求めておきます．

　ここでV_oは出力電圧，$D_{(\max)}$はデューティ比の最大値…0.5を採用します．V_fは2次側ダイオードD_1の順方向電圧降下で，V_{dr}はライン・ドロップ…配線などによる電圧降下分です．ライン・ドロップを正確に求めるのは容易ではないので，一般には出力電圧の5%程度を見込んで計算します．

　以上から2次側巻き線の巻き数N_sは，

$$N_s = \frac{V_{s(\min)}}{V_{in(\min)}} \times N_p \quad \cdots\cdots(6\text{-}5)$$

と求めます．実際の例では，

$$N_s = \frac{(V_o + V_f + V_{dr}) \times 2}{95} \times N \quad \cdots\cdots(6\text{-}6)$$

となります．

● **複数（マルチ）出力を得るとき**

　図6-5に示すのは，一つのスイッチング回路とトランスで同時に複数の出力を得る，いわゆるマルチ出力型電源回路の例です．1次側巻き線は単出力電源のときと同じですが，2次側巻き線のそれぞれをどのように決めるかを説明します．

　基本は各出力間の電圧に比例した巻き数にすればよいのですが，単純に電圧比だけで決定すると大きな誤差が生じる可能性があります．ほかの要素を組み込んでおかなければなりません．とくに整流ダイオードの順方向電圧降下V_fは大きな要素です．

　まず最低入力電圧のとき，5V出力用巻き線電圧V_{s5}は，

$$V_{s5} = (V_{o5} + V_f + V_{dr}) \times \frac{1}{D} \quad \cdots\cdots(6\text{-}7)$$

と求めます．

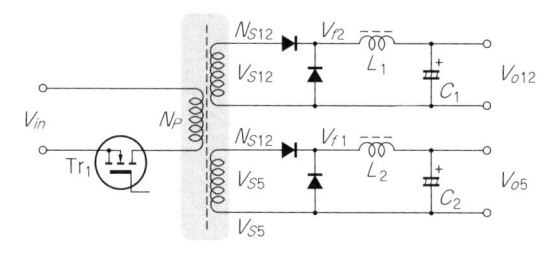

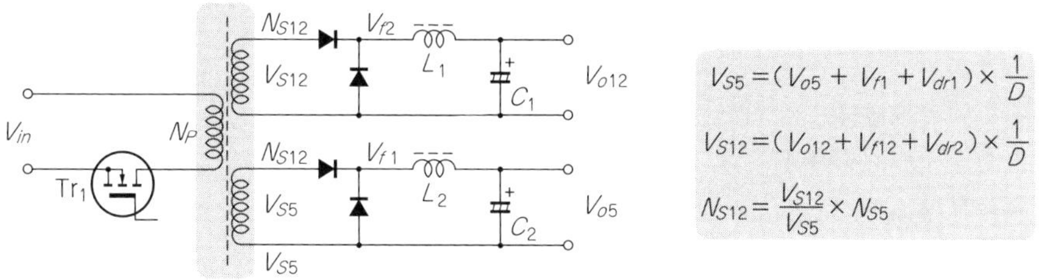

[図6-5] マルチ出力におけるトランス

$$V_{S5} = (V_{o5} + V_{f1} + V_{dr1}) \times \frac{1}{D}$$

$$V_{S12} = (V_{o12} + V_{f12} + V_{dr2}) \times \frac{1}{D}$$

$$N_{S12} = \frac{V_{S12}}{V_{S5}} \times N_{S5}$$

同じ条件で12V出力電圧V_{s12}も同様に，

$$V_{s12} = (V_{o12} + V_f + V_{dr}) \times \frac{1}{D} \quad \cdots\cdots\cdots\cdots\cdots\cdots\cdots\cdots\cdots\cdots\cdots\cdots (6\text{-}8)$$

と求めます．

これらは同じ条件での出力電圧ですから，12V出力用巻き線の巻き数N_{s12}は，

$$N_{s12} = \frac{V_{s12}}{V_{s5}} \times N_{s5} \quad \cdots\cdots\cdots\cdots\cdots\cdots\cdots\cdots\cdots\cdots\cdots\cdots\cdots\cdots (6\text{-}9)$$

と求めることができます．

異なった電圧のときや，3出力以上の構成のときでも同様の手順で巻き数を決定することができます．

● 5V・30A＝150Wコンバータのトランス設計

フォワード・コンバータの実例として，図6-6に示す例において実際の数値計算を行ってみましょう．

- 入力電圧はAC100V ± 15%
- 出力は5V・30A

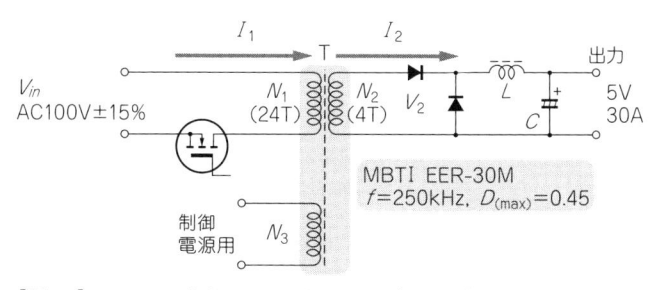

[図6-6] 5V・30A出力フォワード・コンバータの例

6-2 フォワード・コンバータ用トランスの設計

- 周波数は250kHz

とします.

▶ 各電圧と巻き数

入力電圧の最低値 $V_{in(\min)}$ をリプル電圧を考慮しながら,

$$V_{in(\min)} = V_{in(AC)} \times (1-\alpha) \times 0.9 \times 0.96 \times \sqrt{2} \quad \cdots\cdots\cdots (6\text{-}10)$$
$$= 100 \times 0.85 \times 0.9 \times 0.96 \times \sqrt{2} = 101 \rightarrow 100\,[\mathrm{V}]$$

と求めます.

使用するコアはMBT1（JFEフェライト）とし, $\varDelta B$ は余裕をみて180mT（1800ガウス）とします. コア・サイズにEER-30Mを選択すると, 有効断面積が $A_e = 76.4\mathrm{mm}$ です(**表**2-12(b)参照). 最初に1次側巻き線の巻き数 N_1 を求めます.

$$N_1 = \frac{V_{in(\max)} \times t_{on(\max)}}{\varDelta B \times A_e} \times 10^4 \quad \cdots\cdots\cdots (6\text{-}11)$$

$$= \frac{160 \times 2 \times 10^{-6}}{180 \times 10^{-3} \times 0.764} \times 10^4 \fallingdotseq 23.3 \rightarrow 24\,[\mathrm{T}]$$

次に2次側巻き線 N_2 の巻き数を計算しますが, 2次端子電圧の最低値 $V_{2(\min)}$ を,

$$V_{2(\min)} = (V_o + V_f + V_{dr}) \times \frac{1}{D} \quad \cdots\cdots\cdots (6\text{-}12)$$
$$= (5 + 0.4 + 0.8) \times 2 = 12.4\,[\mathrm{V}]$$

と求めておきます. このときのデューティ比 D は多少マージンをみて, $D = 0.45$ で設計することにします.

すると N_2 は,

$$N_2 = \frac{V_{2(\min)}}{V_{in(\min)}} \times N_p \quad \cdots\cdots\cdots (6\text{-}13)$$

$$= \frac{12.4}{100} \times 24 = 2.98 \rightarrow 3\,[\mathrm{T}]$$

と求まります.

さらに1次側制御回路用の補助巻き線ですが, 最低入力電圧時に15Vの電圧を出すことにすれば, N_1 との比率で巻き数 N_3 を,

$$N_3 = \frac{V_{3(\min)}}{V_{in(\min)}} \times N_p \quad \cdots\cdots\cdots (6\text{-}14)$$

$$= \frac{15}{100} \times 24 = 3.6 \rightarrow 4\,[\mathrm{T}]$$

と求めることができます.

▶巻き線の線径：電流密度は6A/sqくらい

つぎに使用する電線の径を決めます．1次側も2次側も，電線の断面積1mmあたり流せる電流値，すなわち電流密度 ρ は6A/sqとします．

まず2次側巻き線に必要な断面積 S_1 は，

$$S_1 = \frac{I_o}{\rho} = \frac{30}{6} = 5[\text{sq}] \quad \cdots\cdots\cdots\cdots\cdots\cdots\cdots\cdots\cdots\cdots\cdots\cdots\cdots\cdots\cdots\cdots\cdots (6\text{-}15)$$

となりますが，これを電線1本で賄うにはあまりにも太すぎます．1.1 ϕ のUEW線を6本並列にすることにします．

1次側巻き線の電流は巻き数に逆比例しますから，流れる電流 I_1 は，

$$I_1 = \frac{N_2}{N_1} = \frac{3}{24} \times 30 = 3.75[\text{A}] \quad \cdots\cdots\cdots\cdots\cdots\cdots\cdots\cdots\cdots\cdots\cdots\cdots (6\text{-}16)$$

となります．同様にして電線径を求めると0.65 ϕ ×2パラとなりますが，ここを2層でサンドイッチ巻きとすることにして，このまま0.65 ϕ の電線を使うこととします．

6-3　フル・ブリッジ・コンバータ用トランスの設計

● 数kWに対応する出力回路

数kWオーダの大出力容量スイッチング電源としては，スイッチング素子4個のフル・ブリッジ型コンバータが使われています．最近では太陽光発電システムやハイブリット車，電気自動車などに数kWクラスの電源が不可欠です．そこまでの大出力にならなくても，数百W程度でも大型の薄型テレビなどに採用される例が見受けられます．

フル・ブリッジ型コンバータの基本形は**図6-7**のような構成になっていて，トランスの1次側巻き線には正・逆両方向の励磁電流が流れます．ということは，トランスにおける磁束変化は**図6-8**に示すように，第1象限から第3象限まで $\varDelta B$ が非常に大きく変化する B-H 曲線となります．フル・ブリッジ・コンバータでは単純に考えると，フォワード・コンバータに比べて2倍の $\varDelta B$ を振ることができるわけです．そのぶんトランスの巻き数も少なくてすむことになります．

コア・サイズも当然大型のものを採用することになるので，トランスの巻き数は多くのケースできわめて少なくなり，ときには1次側巻き線が数ターンということになってしまいます．ということは巻き線間の結合が上がらず，漏れインダクタンスが増えてしまう傾向になります．ですから，巻き線構造においては結合に配慮することが重要になります．

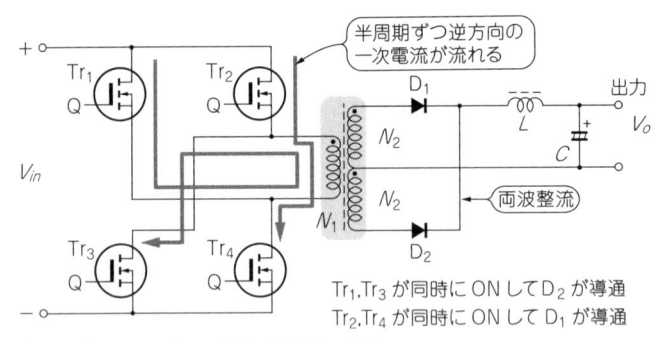

[図6-7] フル・ブリッジ出力回路の構成

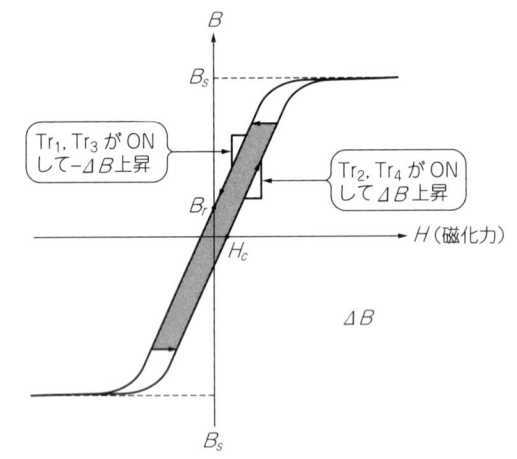

[図6-8] フル・ブリッジ出力トランスの*B-H*曲線

● 低損失コアを選ぶ

　動作周波数は通常100kHz止まりですから，必ずしも高周波用材質を選択する必要はありません．ただし大きな電力を扱うのでトランス自体の損失は大きくなり，温度上昇が高くなってしまいます．よってコア材には低損失のものを選択します．

　図6-9に示すのはMBT2（JFEフェライト）というコア材の特性です．高温でもコア損失が少ない材料で，このような大出力用途に適しています．飽和磁束密度B_sは100℃で400mTですが，フル・ブリッジ方式ではΔBに注意をしなければなりません．

　一般にフル・ブリッジ回路に対してPWM制御を行うと，半周期ずつのスイッチング・トランジスタのON時間にアンバランスを発生する可能性があります．すると，図6-10に示すようにトランスの正方向と逆方向の励磁電流の流れている時間

(a)直流ヒステリシス特性

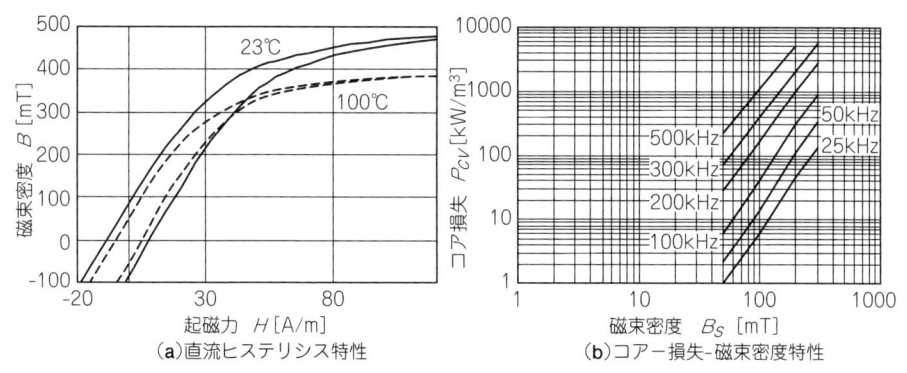

(b)コアー損失-磁束密度特性

[図6-9][5] 低パワー損失 MBT2 の特性

デューティ比 = $\dfrac{T_{on}}{T}$

すべてのスイッチが OFF していると，このラインのインピーダンスが高くなっている

$V_{S(av)} = \dfrac{T_{on}}{T} \times V_S$

デューティ比が大きく変動するとトランスの設計が難しい

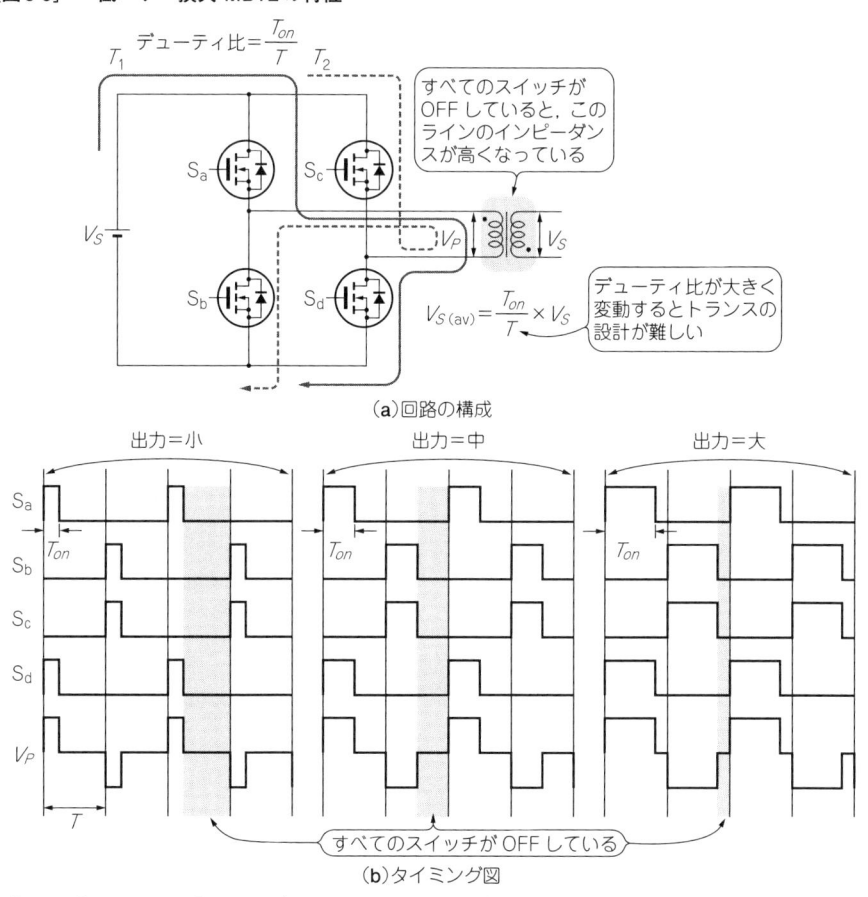

(a)回路の構成

出力＝小　　　出力＝中　　　出力＝大

すべてのスイッチが OFF している

(b)タイミング図

[図6-10] ON/OFF 時間比…デューティ比が 50% がづれると偏励磁になる

6-3 フル・ブリッジ・コンバータ用トランスの設計

が異なることになります．その結果，$\varDelta B$がB-H曲線の原点に対して点対象ではなくて，どちらか片方向に偏っていってしまいます．これを**偏励磁現象**といいます．

こうなると，交互にON/OFFを繰り返す2個ずつのトランジスタのドレイン電流にもアンバランスが生じてしまいます．損失や温度上昇にも同様にアンバランスが生じてしまいます．このような事象を回避するための回路的な対策[注6-2]もありますが，トランスの設計においても$\varDelta B$をあまり目一杯に振らせずに，十分な余裕を見ておいたほうが無難です．

● **1次側巻き線の決定**

前述のことをふまえて1次側巻き線の巻き数N_pは，

$$N_p = \frac{V_{in} \times t_{on}}{2 \times \varDelta B \times A_e} \times 10^4 \quad \cdots\cdots\cdots\cdots\cdots\cdots\cdots\cdots\cdots\cdots\cdots\cdots\cdots\cdots\cdots\cdots\cdots\cdots\cdots\cdots (6\text{-}17)$$

と計算します．

$\varDelta B$が大きく振れることから，フォワード・コンバータのときと違って分母に係数2が入っています．つまり，基本的には巻き数が半分になることを意味しています．そのぶん大きな$\varDelta B$ですから，コアの損失…鉄損が大きくなっています．このことも加味して，高周波での動作には注意をしなければなりません．

● **2次側巻き線の決定**

2次側は**両波整流回路**になります．2次側巻き線一つだけのブリッジ整流方式にすることも可能です．

しかし，ブリッジ整流にすると図6-11に示すように出力電流が毎周期2個のダイオードを直列に流れるために，ダイオードの順方向電圧降下による損失がダイオード2個分に増加します．そのため通常の大電力出力におけるトランス2次側巻き線は，**センタ・タップ方式**としています．二つの巻き線は同数を巻きますが，電流は各巻き線にスイッチングの半周期ごとに流れます．

巻き数の計算はフォワード・コンバータのときと同様に，出力電圧V_o，デューティ比D，ダイオードの電圧降下V_fとライン・ドロップV_{dr}を考慮します．つまりN_sは，

[注6-2] フル・ブリッジによる大出力回路が増えてきている．フル・ブリッジにおける偏励磁を防ぐために，各スイッチング素子のデューティ比が常に50％になるようにしたPWM制御に代わる「フェーズ・シフト位相制御」と呼ぶ方式が増えてきた．専用制御ICも販売されている．

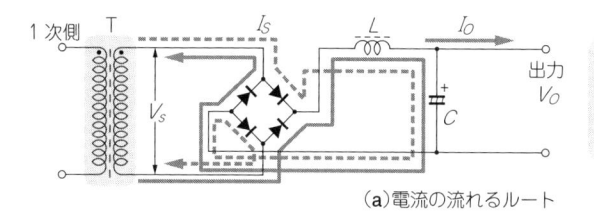

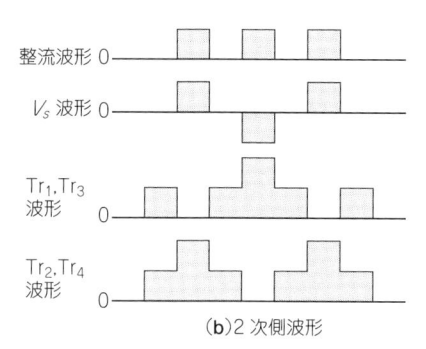

[図6-11] フル・ブリッジ・コンバータの2次側

(a)電流の流れるルート

2次側は1巻き線でブリッジ整流にしてもよい．しかし2次側出力電流 I_S は2本のダイオードを直列に流れるので損失が大きくなる

(b)2次側波形

$$N_s = \frac{(V_o + V_f + V_{dr}) \times \frac{1}{D} \times N_p}{V_{in(\min)}} \quad \cdots\cdots (6\text{-}18)$$

と計算します．2次側の整流波形は図6-11(b)に示すように両波整流となりますから，結果的にはデューティ比Dを広くしたことと等しく，巻き数は約半分となります．

半周期ずつの電流および電圧は極力バランスを良くしなければなりません．ですから二つの2次側巻き線は，それぞれが同じように1次側巻き線と結合度を保てるようなバランスの取れた巻き線構造…**バイファイラ巻き**とする必要があります．

● 12V・50A＝600W出力トランスの設計

図6-12の例をもとにしてトランスを設計してみます．元の入力電圧はAC200Vで，出力は12V・50A，総合出力600Wです．周波数は50kHzで計算を進めます．

まず最低入力電圧 $V_{in(\min)}$ は，

$$V_{in(\min)} = V_{AC(\min)} \times \sqrt{2} \times 0.9 \times 0.96 \fallingdotseq 220 [\text{V}] \quad \cdots\cdots (6\text{-}19)$$

です．

1次側巻き線N_1を計算します．採用するコアは，低損失材のMBT2(JFEフェラ

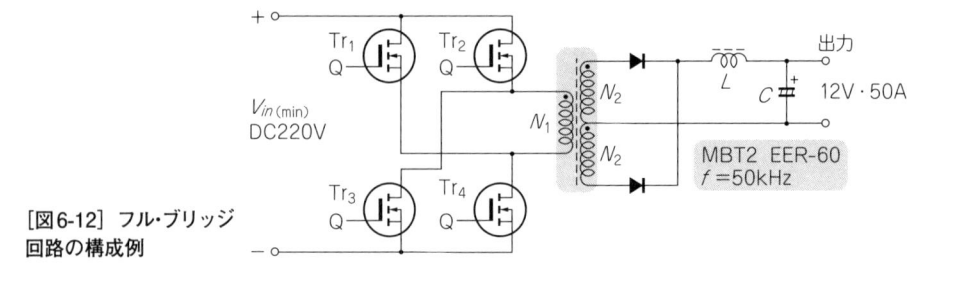

[図6-12] フル・ブリッジ回路の構成例

イト)で，形状はEE-60を選択します．N_1は，

$$N_1 = \frac{V_{in(min)} \times t_{on}}{2 \times \Delta B \times A_e} \times 10^4 \quad \cdots\cdots\cdots\cdots\cdots\cdots\cdots\cdots\cdots\cdots\cdots\cdots\cdots\cdots (6\text{-}20)$$

$$= \frac{220 \times 9 \times 10^{-6}}{2 \times 180 \times 10^{-3} \times 2.48} \times 10^4 = 22[\text{T}]$$

となります．

この方式では磁束が第1から第3象限まで変化するので，係数2が適応されています．実際のΔBは余裕をみて180mTとしてあります．また，最低入力電圧時のデューティ比は$D = 0.45$としてあります．

2次側巻き線では，最低入力電圧時に必要な2次側巻き線電圧V_2は，

$$V_2 = (V_o + V_f + V_{dr}) \times \frac{1}{D} \quad \cdots\cdots\cdots\cdots\cdots\cdots\cdots\cdots\cdots\cdots\cdots\cdots (6\text{-}21)$$

$$= (12 + 0.5 + 0.5) \times \frac{1}{0.9} = 14.4[\text{V}]$$

と求めておきます．2次側は両波整流ですから，端子電圧はフォワード・コンバータなどに比較して約半分程度に低い値になってきます．

以上のことから2次側巻き数N_2は，

$$N_2 = \frac{V_2}{V_{in(min)}} \times N_1 \fallingdotseq 2[\text{T}] \quad \cdots\cdots\cdots\cdots\cdots\cdots\cdots\cdots\cdots\cdots\cdots (6\text{-}22)$$

と求めます．両波整流ですから2巻き線(センタ・タップ)が必要です．

ところで2次側出力は50Aと大きな値になっています．電線にどのようなものを採用するかを決めます．一般の電線では明らかに無理なので，銅板を板金加工したものとします．電流密度ρを6A/sqとすると，断面積S_2としては，

$$S_2 = \frac{50}{\rho} = \frac{50}{6} = 8.4[\text{sq}] \quad \cdots\cdots\cdots\cdots\cdots\cdots\cdots\cdots\cdots\cdots\cdots\cdots (6\text{-}23)$$

第6章 スイッチング電源用トランスの設計

[図6-13] フル・ブリッジ回路用トランスの巻き線仕様

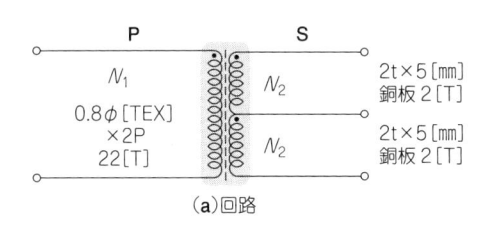

(a)回路

(b)仕様
(1) 使用コア
　　MBT2 EE-60（JFEフェライト）
(2) 使用温度
　　－10～50℃
(3) 絶縁種
　　B種
(4) 絶縁耐圧
　　P-S間　　AC 2kV/1分間
　　P-コア間　AC 2kV/1分間
　　S-コア間　DC 500V/1分間

が必要となります．厚さ2tで5mm幅の銅板を加工します．これだと10sqを確保することができます．

1次側電流I_1は巻き数比の逆数から，

$$I_1 = \frac{N_1}{N_2} \times I_2 = \frac{2}{27} \times 50 = 3.7[\text{A}] \quad \cdots\cdots (6\text{-}24)$$

となります．

こちらの巻き線は，デューティ比が広く電流が流れるので電流密度は4A/sqで線径を求めます．断面積S_1は，

$$S_1 = \frac{I_1}{\rho} = \frac{3.7}{4} = 0.925[\text{sq}] \quad \cdots\cdots (6\text{-}25)$$

となります．ですから，0.8φの電線を2本並列に巻き線することにします．

以上計算した仕様書の例を図6-13に示しておきます．

6-4　RCC方式出力トランスの設計

● 小出力容量では現在も主流

　数十Wクラスの小容量電源には，フライバック・コンバータの一種であるRCC（Ringing Choke Convertor）方式と呼ばれる回路が広く使用されています．フライバック・コンバータ方式トランスの設計は前述のフォワード・コンバータなどと異なり，かなり複雑な経過をたどります．また，同じフライバック・コンバータでも，自励型RCC方式と他励型つまりPWM制御型フライバック・コンバータでは設計の手順が異なります．

　RCC方式ではいきなり1次側も2次側も巻き数を決めるわけにはいきません．1次側巻き線の決定→1次側巻き線インダクタンス→2次側巻き線インダクタンス→2

次側巻き線の巻き数という手順でないと，各巻き線を決定することができません．
　さらに，以下の動作を前提として計算を進めて行きます．動作条件としては，
　①入力電圧の最小値 $V_{in\,(min)}$
　②出力電力の最大値 $P_{o\,(max)}$
　③動作周波数 f_{min}（この条件だと周波数は最低値になる）
　④この条件での最大デューティ比 $D_{(max)}$
となります．
　フォワード・コンバータと同様に，トランスの1次側巻き線には一方向の励磁電流しか流れません．ですから，B-H曲線は第1象限だけの狭い領域の ΔB で振ることになります．

● コア材質の選択…B_s の高いコアが良い
　RCC方式をふくむフライバック・コンバータにおいては，コア材の選択がきわめて重要です．RCC方式におけるスイッチング周波数はせいぜい70～80kHz程度です．あまり周波数を上げると損失が増加して，電力の変換効率が高くできないからです．
　したがって採用するコアの特性としては，コア損失を重要視するよりも，飽和磁束密度 B_s の高いものが適しています．B_s が高ければそのぶん巻き数を少なくできるからです．もちろんMn-Znフェライト・コアの中からの選択です．
　図6-14はRCC方式だけでなく，フライバック・コンバータ全般に適したMB1H（JFEフェライト）というコア材の特性を示しています．常温23℃での B_s はほかの材料と大きく異なるところはないのですが，高温100℃での B_s の下がり方が少なく，高い磁束密度を維持していることがわかります．
　一般材のPC40やMB3などでは，高温になると B_s が400mT以下に下がってしまいます．対して，MB1Hは高温でも450mT以上を確保できています．ただし，透磁率 μ はあまり大きくありません．
　しかし，フライバック・コンバータでは後述するように必ずコアにギャップを挿入します．ということは，もともとコアの透磁率 μ は大きい必要がないのです．ギャップを入れることによって実効透磁率 μ_e を小さくしてインダクタンスの調整をしなければならないからです．

● 1次側巻き線の決定とインダクタンス
　最大デューティ比 $D_{(max)}$ は，設定された設計条件では一般に0.5とします．これ

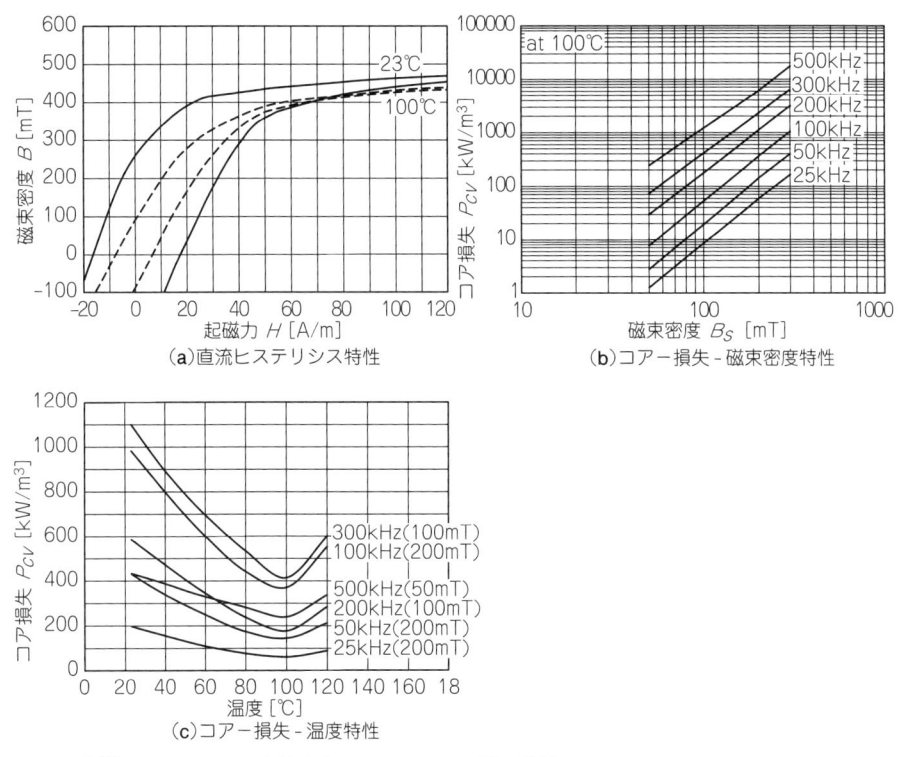

[図6-14]⁽⁵⁾ 高温でもB_sが比較的高いコア…MB1H材の特性

(a)直流ヒステリシス特性
(b)コアー損失 - 磁束密度特性
(c)コアー損失 - 温度特性

よりトランジスタのON時間t_{on}をはじめに求めます.

$$t_{on} = \frac{1}{f} \times D \cdots\cdots\cdots\cdots\cdots\cdots\cdots\cdots\cdots\cdots\cdots\cdots\cdots\cdots (6\text{-}26)$$

これらの条件から1次側巻き線N_pを,

$$N_p = \frac{V_{in} \times t_{on}}{\Delta B \times A_e} \times 10^4 \cdots\cdots\cdots\cdots\cdots\cdots\cdots\cdots\cdots\cdots\cdots (6\text{-}27)$$

と決定します.

続いて1次側巻き線のインダクタンスを決定します. **図6-15**に示すように,まず入力電流の平均値$I_{in(\text{ave})}$を求めます. 出力電力$P_{o(\max)}$は,

$$P_{o(\max)} = V_o \times I_{o(\max)} \cdots\cdots\cdots\cdots\cdots\cdots\cdots\cdots\cdots\cdots\cdots\cdots (6\text{-}28)$$

ですから,入力電流の平均値$I_{in(\text{ave})}$は電力の変換効率ηを考慮して,

$$I_{in(\text{ave})} = \frac{P_{in}}{V_{in}} = \frac{\frac{P_o}{\eta}}{V_{in}} \quad \cdots\cdots\cdots\cdots\cdots\cdots\cdots\cdots\cdots\cdots\cdots\cdots\cdots\cdots\cdots\cdots\cdots\cdots\cdots\cdots\cdots\cdots\cdots \quad (6\text{-}29)$$

と求めることができます．この$I_{in(\text{ave})}$は，入力の直流電流を意味しています．デューティ比$D_{(\max)}$を0.5とすると，RCC方式では電流は必ず三角波状で流れます．このことから，1次側スイッチング電流の最大値I_{inp}は，

$$I_{inp} = 4 \times I_{in(\text{ave})} \quad \cdots\cdots\cdots\cdots\cdots\cdots\cdots\cdots\cdots\cdots\cdots\cdots\cdots\cdots\cdots\cdots\cdots\cdots\cdots\cdots\cdots\cdots \quad (6\text{-}30)$$

となります．

つまり，$V_{in(\min)}$でt_{on}の期間にI_{inp}の電流が流れるので，トランス1次側巻き線のインダクタンスL_pは，

$$L_p = \frac{V_{in}}{I_{inp}} \times t_{on} \quad \cdots\cdots\cdots\cdots\cdots\cdots\cdots\cdots\cdots\cdots\cdots\cdots\cdots\cdots\cdots\cdots\cdots\cdots\cdots\cdots\cdots\cdots \quad (6\text{-}31)$$

と決定することができます．

● **2次側巻き線のインダクタンスと巻き線数**

1次側と同じような考え方で2次側巻き線のインダクタンスを求めます．

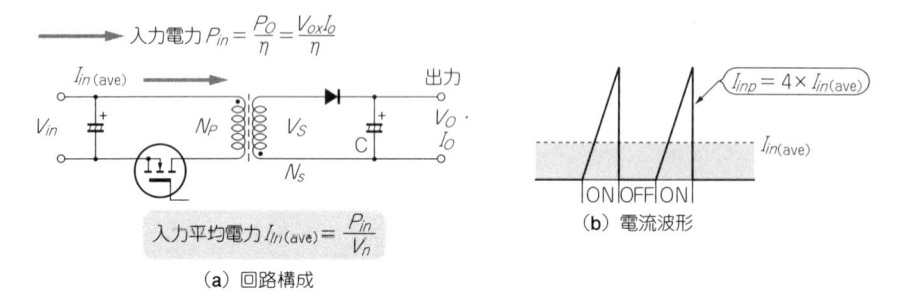

[図6-15] 入力電流の求め方

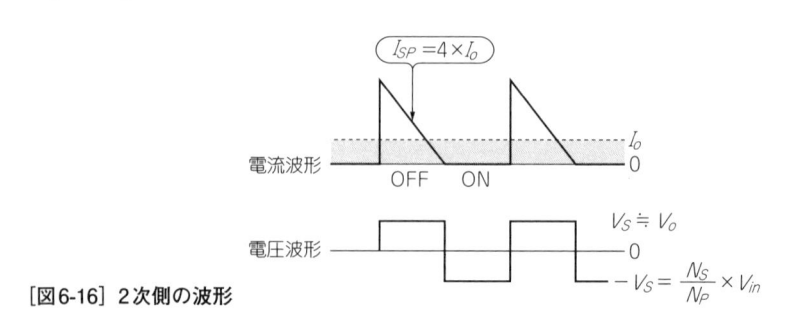

[図6-16] 2次側の波形

トランス2次側巻き線に流れる電流の平均値は**図6-16**に示すように，出力電流I_oに等しくなります．また，電流波形は逆三角波形状で，やはりデューティ比0.5の期間に流れます．つまりトランジスタのOFF時間はON時間と等しくなり，$t_{on} = t_{off}$ですから，やはり2次側巻き線電流の最大値I_{sp}は，

$$I_{sp} = 4 \times I_o \quad \cdots\cdots\cdots (6\text{-}32)$$

と求めることができます．

またトランスの2次側巻き線に発生する電圧V_sは，**図6-16**に示したように基本的には出力電圧V_oと同じで，さらにダイオードの順方向電圧降下V_fとライン・ドロップV_{dr}が加算された値です．よって，

$$V_s = V_o + V_f + V_{dr} \quad \cdots\cdots\cdots (6\text{-}33)$$

となります．

このV_sでt_{off}期間に電流がI_{sp}だけ変化するので，2次側巻き線の必要なインダクタンスL_sは，

$$L_s = \frac{V_s}{I_{sp}} \cdot t_{off} = \frac{V_o + V_f + V_{dr}}{4 \times I_o} \times t_{off} \quad \cdots\cdots\cdots (6\text{-}34)$$

と求めることができます．

以上の計算から，最終的に2次側巻き線の巻き数N_sを求めることができます．巻き数とインダクタンスの関係は$L \propto N^2$ですから，これより2次側巻き線の巻き数を計算します．

$$N_s = \sqrt{\frac{L_s}{L_p}} \times N_p \quad \cdots\cdots\cdots (6\text{-}35)$$

となります．

もちろんこの計算結果が必ず整数となることはありません．端数が出た場合，単純に四捨五入で良いわけではありません．とりわけ，出力電圧が3.3Vとか5.0Vなどのように低いときは，巻き数の絶対値が数ターンにしかならないことが多くあります．このようなときは，0.5Tでも全体の巻き数に対する比率が大きくなってきます．基本的には二捨三入程度と考えて，端数を極力切り上げるようにしておいたほうが良いでしょう．

● ギャップによってインダクタンスを調整する

上の手順で決めたコアと巻き数で，必ずしもインダクタンスがうまく合致することはまずありえません．初透磁率がいくら低い材料だからといっても，上で決めた巻き数を巻くと所定のインダクタンスよりはるかに大きな値になってしまいます．

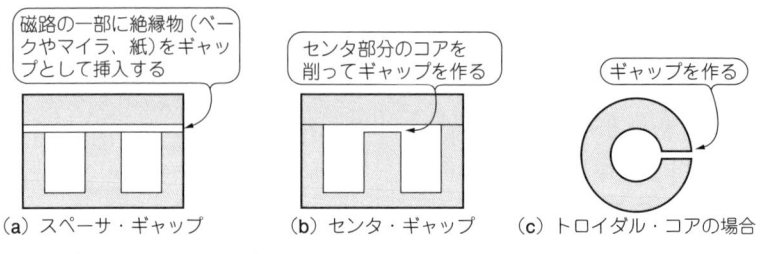

[図6-17] EIコアにギャップを入れるには（図2-21を再掲）

(a) スペーサ・ギャップ — 磁路の一部に絶縁物（ベークやマイラ，紙）をギャップとして挿入する
(b) センタ・ギャップ — センタ部分のコアを削ってギャップを作る
(c) トロイダル・コアの場合 — ギャップを作る

かといってインダクタンスを合わせるために巻き数を減らすことは，$\varDelta B$が上昇して磁気飽和を起こすという決定的な問題を発生します．ですから，計算した巻き数に加えてインダクタンスの調整をギャップによって行わなければならないのです．

どの程度のギャップℓ_gを入れるかは以下の式で，

$$\ell_g = 4\pi \frac{A_e \cdot N_p^2}{L_p} \times 10^{-8} [\text{mm}] \quad \cdots\cdots\cdots\cdots\cdots\cdots\cdots\cdots\cdots\cdots\cdots\cdots (6\text{-}36)$$

と求めます．

この中でL_pは1次側巻き線のインダクタンス，N_pは巻き数，A_eはコアの有効断面積を示しています．ℓ_gは図6-17に示すように，センタ・ギャップ方式のコア磁路に1箇所のギャップを設けたときの数字です．スペーサ・ギャップなどでは2箇所のギャップができるので，半分の厚みとなります．

経験則では，この計算結果と実測値とはかなりのずれを生じます．というのは，計算上の有効断面積A_eについては，コアのカタログに記載された数値を適用せざるを得ません．ところが実際のコアでは，メーカ・サイドでこの値に対して余裕を見て作られているのです．そのために計算値との間でずれを生じます．

上の式(6-36)による計算結果に1.3倍程度かけると，計算値と実測値とがよく相関が取れてくることを記憶にとどめておいてください．

● 24V・1.5A＝36W用出力トランスの計算

図6-18の例を基に実際の数値計算をしてみます．

入力電圧はワールド・ワイド対応AC100V系から200V系までの連続制御で，入力電圧範囲としてはAC85～265Vとします．出力は24V・1.5Aで　出力電力P_o＝36Wです．

使用するコアは，high B材であるMB1H（JFEフェライト）のEER-28.5Bを採用することにします．高温時でも高い磁束密度Bが確保でき，以下の設計では磁束密

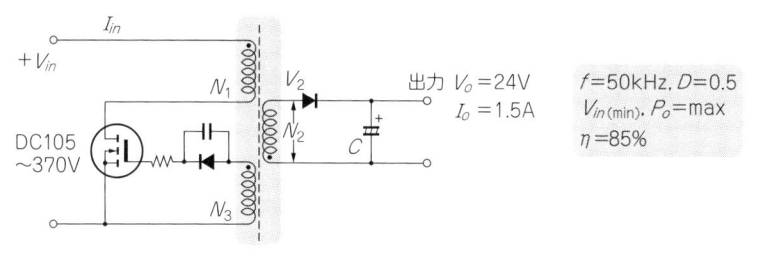

[図6-18] 24V・1.5A RCCコンバータ

度 ΔB = 330mT として計算を進めることにします．

はじめに設計条件を決めておきます．

　　電力変換効率： η = 85%
　　直流換算入力電圧範囲：DC105～370V
　　最低動作周波数：40kHz
　　最大デューティ比： $D_{(max)}$ = 0.5

これを前提条件として入力電流の平均値 $I_{in(ave)}$ をはじめに求めておきます．P_o = 36W で η = 85%ですから入力電力 P_{in} は，

$$P_{in} = \frac{P_o}{\eta} = \frac{V_o \times I_o}{\eta} \quad \cdots\cdots\cdots (6\text{-}37)$$

$$= \frac{24 \times 1.5}{0.85} = 42.4 [\text{W}]$$

です．$I_{in(ave)}$ は，

$$I_{in(ave)} = \frac{P_{in}}{V_{in(min)}} \quad \cdots\cdots\cdots (6\text{-}38)$$

$$= \frac{42.4}{90 \times \sqrt{2} \times 0.9 \times 0.96} \fallingdotseq 0.39 [\text{A}]$$

となります．

したがって，1次側の電流の最大値 $I_{in(p)}$ は，

$$I_{in(p)} = 4 \times I_{in(ave)} \quad \cdots\cdots\cdots (6\text{-}39)$$
$$= 4 \times 0.39 = 1.56 [\text{A}]$$

となります．

手順どおり，はじめに1次側巻き線 N_1 を求めます．

$$N_1 = \frac{V_{in(min)} \times t_{on(max)}}{\Delta B \times A_e} \times 10^4 \quad \cdots\cdots\cdots (6\text{-}40)$$

6-4 RCC方式出力トランスの設計　207

$$= \frac{110 \times 12.5 \times 10^{-6}}{330 \times 10^{-3} \times 0.845} \times 10^4 ≒ 49.3 \rightarrow 50[\text{T}]$$

となります．

続いて1次側巻き線のインダクタンスL_1を，

$$L_1 = \frac{V_{in(\min)}}{I_{in(p)}} \times t_{on} \quad\cdots\cdots\cdots\cdots\cdots\cdots\cdots\cdots\cdots\cdots\cdots\cdots\cdots\cdots\cdots\cdots (6\text{-}41)$$

$$= \frac{110}{1.56} \times 12.5 \times 10^{-6} ≒ 880[\mu\text{H}]$$

と求めます．

次に2次側巻き線のインダクタンスL_2を求めますが，出力電流I_o = 1.5Aですから，2次側巻き線の電流の最大値I_{2p}は，

$$I_{2p} = 4 \times I_o = 4 \times 1.5 = 6[\text{A}] \quad\cdots\cdots\cdots\cdots\cdots\cdots\cdots\cdots\cdots\cdots\cdots (6\text{-}42)$$

となるので，

$$L_2 = \frac{V_s}{I_{2p}} \times t_{off} \quad\cdots\cdots\cdots\cdots\cdots\cdots\cdots\cdots\cdots\cdots\cdots\cdots\cdots\cdots\cdots\cdots (6\text{-}43)$$

$$= \frac{25}{6} \times 12.5 \times 10^{-6} = 52[\mu\text{H}]$$

と求めることができます．

以上の結果から2次側巻き線の巻き数N_2は，

$$N_2 = \sqrt{\frac{52 \times 10^{-6}}{880 \times 10^{-6}}} \times 50 = 12[\text{T}] \quad\cdots\cdots\cdots\cdots\cdots\cdots\cdots\cdots\cdots (6\text{-}44)$$

と巻き数が決まります．

この計算結果から，必要なコアのギャップℓ_gの厚みを求めておきます．ギャップはセンタ・ギャップ方式として，

$$\ell_g = 4\pi \frac{N_p{}^2 \times A_e}{L_p} \times 10^{-8} \times 1.3$$

$$= 4\pi \times \frac{50^2 \times 0.845}{880 \times 10^{-6}} \times 10^{-8} \times 1.3 ≒ 0.4[\text{mm}] \quad\cdots\cdots\cdots\cdots\cdots (6\text{-}45)$$

となります．ただし，計算値と実測値がうまく合いません．というのも，カタログ上の実効断面積よりも実際の断面積が大きくできていることが主な理由です．そこで，上の計算式のように経験的な係数として×1.3をしておくと，かなり合致してきます．

補助巻き線には10Vの電圧を発生させることとして，巻き数N_3は入力電圧との

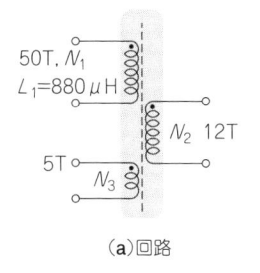

```
    50T, N₁
    L₁=880μH

              N₂ 12T
    5T
         N₃
```

(a)回路

(1) 使用コア
　　MB1H EE-28.5B（JFE フェライト）
(2) インダクタンス
　　$L_1 = 880\mu H \pm 15\%$
(3) ギャップ
　　目算値として 0.4 [mm]
(3) 絶縁種
　　B種（電線 UEW）
(2) 使用温度
　　−10〜50℃
(4) 絶縁耐圧
　　P-S 間　　　AC 20kV／1 分間
　　P-コア間　　AC 2kV／1 分間
　　S-コア間　　DC 500V／1 分間

(b)仕様

[図6-19] トランスの仕様書

電圧比で計算し，

$$N_3 = \frac{V_s}{V_{in(\min)}} \times N_p = \frac{10}{110} \times 50 \quad\cdots\cdots\cdots\cdots\cdots\cdots\cdots\cdots\cdots\cdots\cdots\cdots\cdots (6\text{-}46)$$
$$= 4.5 \rightarrow 5[\mathrm{T}]$$

と求めます．

　以上の計算結果を基にした仕様書を**図6-19**に示します．

　なおコア・サイズを決定する定量的な方法はありません．**表6-2**などを参考にして，時間はかかりますがカット＆トライで詰めていくのが最良と思われます．

6-5　PWM制御フライバック・コンバータ用トランスの設計

● 電流波形によるトランスの動作モードをどうするか

　PWM制御によるフライバック・コンバータ用トランスも，その設計手順はRCC方式と変わりません．ただフライバック・トランスの動作モードをどのようにするかは決めておかなければなりません．この選択によってトランス設計方法が異なってきます．

　図6-20は，動作モードの違いによるトランスの電流波形を示しています．RCC方式は基本的に(b)の**電流臨界モード**で常に動作をします．しかし，PWM制御による場合はトランスの設計如何でどのモードにも設定することが可能です．

　単純にいえば，トランスのインダクタンスを大きくすれば(c)の**電流連続モード**

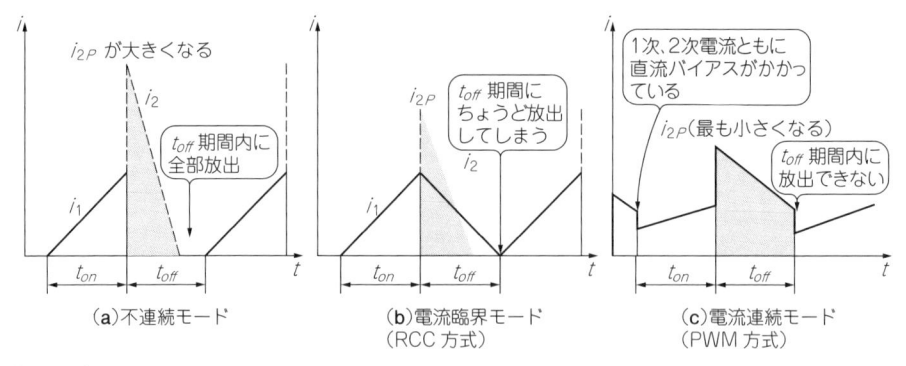

[図6-20] フライバック・コンバータにおけるトランスの動作モード

(a)不連続モード — i_{2P} が大きくなる，t_{off} 期間内に全部放出
(b)電流臨界モード（RCC方式） — t_{off} 期間にちょうど放出してしまう
(c)電流連続モード（PWM方式） — 1次，2次電流ともに直流バイアスがかかっている，i_{2P}（最も小さくなる），t_{off} 期間内に放出できない

になるし，インダクタンスを小さくすれば(a)の**電流不連続モード**になります．どのモードを選択するかは種々の条件を加味して決定しなければなりませんが，一言で言えば70W程度以下の小電力のときは電流不連続モードで，それ以上になったら電流連続モードと考えてもいいかもしれません．

大きな電力になると，スイッチング電流の最大値も大きな値になるので，電流連続モードのほうが全体に電流の最大値を少なくすることができるからです．ただし，電流連続モードの場合は巻き線インダクタンスを大きくするということで，ギャップを狭くするということを意味しています．

● **直流重畳電流に注意する**

巻き数の計算は先のRCC方式と同様な条件で行います．しかし，PWM制御では挿入するギャップによって，直流重畳電流特性が十分かどうかを検証しておく必要があります．

図6-21は電流連続モードで動作しているときの1次側巻き線の電流波形を示しています．この条件からインダクタンスつまりギャップを決めていきます．連続モードということは，電流波形にDC分のバイアスがかかっています．その上にトランスの1次側巻き線インダクタンスで決まる三角波状の電流が重畳されています．

少しでもスイッチング電流を小さくするためには，DCバイアス分を大きくすれば良いことになります．ということは，トランスのインダクタンスを大きくすることにほかなりません．これはコアに入れるギャップを小さくするということですから，今度は逆に直流重畳特性が問題になるのです．

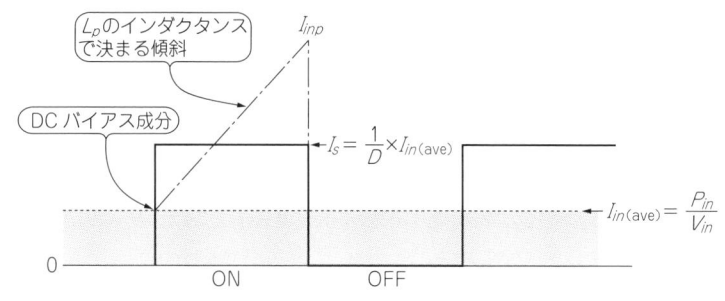

[図6-21] 電流連続モードで動作しているときの電流波形

● トランスのインダクタンス決定

図6-22を参考にして計算を進めます．入力電圧をV_{in}，出力電力をP_o，電力変換効率をηとします．すると入力電力P_{in}は，

$$P_{in} = \frac{P_o}{\eta} = \frac{V_o \times I_o}{\eta} \quad \cdots\cdots (6\text{-}47)$$

ですから，入力電流の平均値$I_{in(\text{ave})}$は，

$$I_{in(\text{ave})} = \frac{P_{in}}{V_{in(\min)}} \quad \cdots\cdots (6\text{-}48)$$

となります．このときのスイッチングのデューティ比をDとし，ON期間t_{on}時に方形波で電流が流れたと仮定するとこの値…I_aは，

$$I_a = I_{in(\text{ave})} \times \frac{1}{D} \quad \cdots\cdots (6\text{-}49)$$

となります．これをDC分とAC成分でどのくらいの比率にするかが問題です．

これも経験則ですが，DC成分とAC成分の半々程度に分けておけば通常のMn-Znフェライト・コアで直流重畳特性がもつことがわかっています．つまり，$I_a/2$をDCバイアス分とし，残りを$\varDelta I_p$にします．電流の変化は三角波になるわけですから$\varDelta I_p$はI_aと等しくなるわけです．つまり電流の最大値I_pは$1.5 \times I_a$ということに

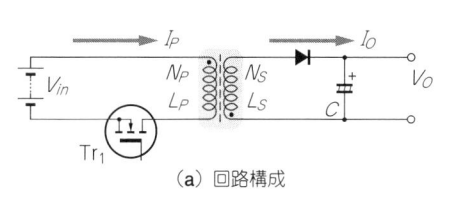

[図6-22] PWM制御フライバック・コンバータの構成例
（a）回路構成
（b）電流波形

なります．

これよりインダクタンスL_pは，

$$L_p = \frac{V_{in}}{\Delta I_p} \times t_{on} = \frac{V_{in}}{I_a} \times t_{on} \quad \cdots\cdots\cdots\cdots\cdots\cdots\cdots\cdots\cdots\cdots\cdots\cdots\cdots\cdots\cdots\cdots\cdots\cdots (6\text{-}50)$$

と求めることができます．

巻き数の計算は，1次側，2次側ともにRCC方式と同様に決定することができます．

● **直流重畳特性を確認する**

上で求めたインダクタンスを得るにはコアのA_L値から，

$$A_L = \frac{L_p}{N^2} \quad \cdots\cdots\cdots\cdots\cdots\cdots\cdots\cdots\cdots\cdots\cdots\cdots\cdots\cdots\cdots\cdots\cdots\cdots\cdots\cdots\cdots\cdots\cdots\cdots (6\text{-}51)$$

と求まります．

先のRCC方式でも述べたように，**図6-23**のA_L対ギャップのグラフから，ギャップℓ_gの厚みを求めます．このギャップℓ_gに相当するフェライト・コアの直流重畳特性を確認します．

電流・巻き数の積，すなわちNI積は，

$$NI = N_p \times I_{in(p)} = N_p \times 1.5 \times I_a \quad \cdots\cdots\cdots\cdots\cdots\cdots\cdots\cdots\cdots\cdots\cdots\cdots\cdots (6\text{-}52)$$

となります．

このNI積が**図6-24**の直流重畳特性の直線部分にあるか，あるいはA_Lが低下する領域に入っているかの確認をするわけです．A_Lが低下してしまうようなら，直流重畳特性が不足して磁気飽和を起こしてしまいます．

このようなときはコア・サイズを上げるか，あるいは周波数を上げるなどをして，再度はじめから計算をしなおして確認をしなければなりません．

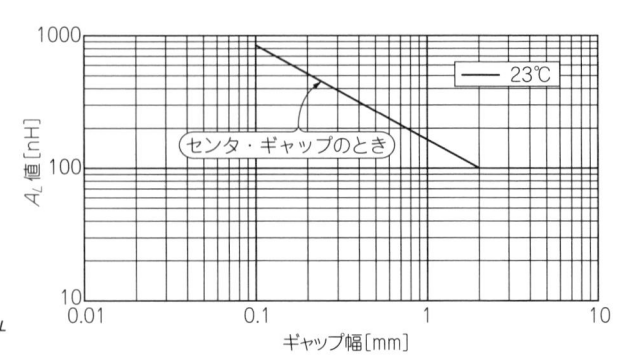

[図6-23] MB1H EER-35のA_L値対ギャップの関係

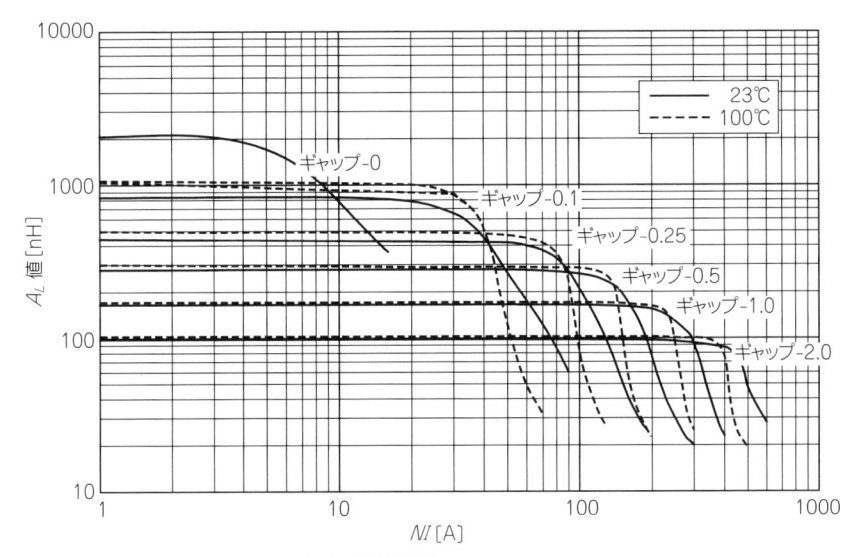

[図6-24] MB1H EER-35の直流重畳電流特性

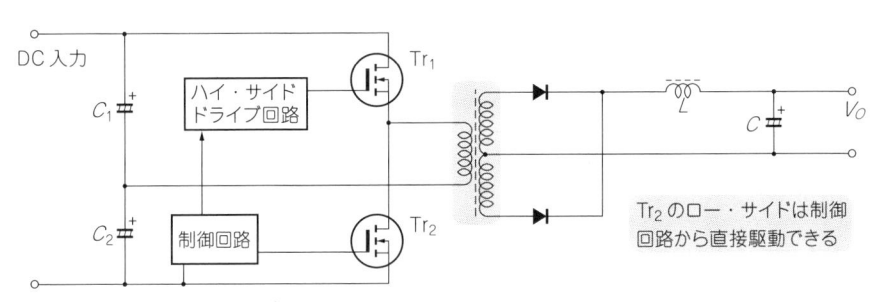

[図6-25] パワーMOSFETを直接駆動タイプの電源制御ICも増えてきているが

6-6 ハイ・サイド駆動に効果…ドライブ・トランスの設計

● ドライブ・トランスとは…パルス・トランス

　図6-25はハーフ・ブリッジ回路におけるスイッチング用パワーMOSFETの駆動回路例です．近年のスイッチング電源用制御ICでは，この例のようにIC内部にパワーMOSFETのゲートを直接駆動する，いわゆるドライブ回路が内蔵されているものが主流です．しかし，AC入力スイッチング電源などにおけるハーフ・ブリッ

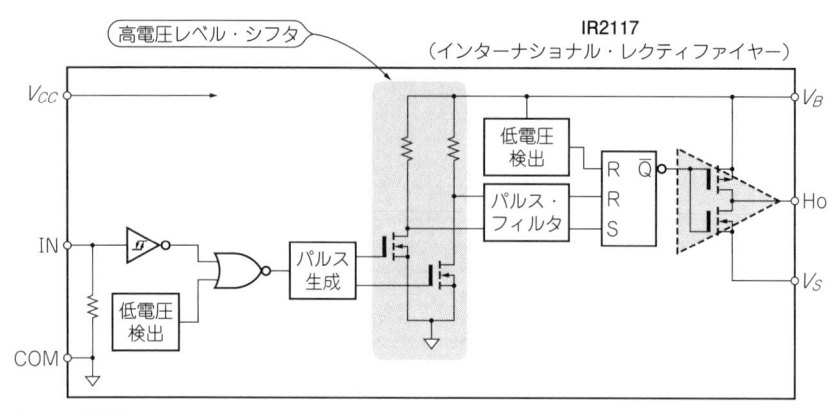

[図6-26]⁽³¹⁾ 高電圧側…ハイ・サイド・スイッチを駆動するための専用ICの例

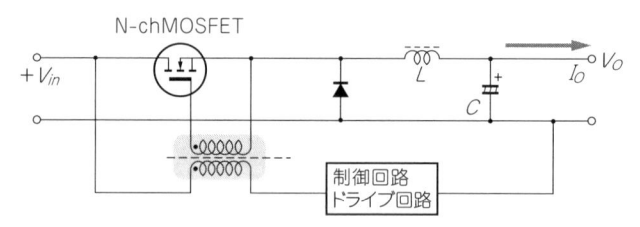

[図6-27] DC-DCコンバータにおけるドライブ・トランスの使用例

ジやフル・ブリッジ方式において，高電圧側…いわゆるハイ・サイド・スイッチの MOSFET ゲートを直接駆動する回路が内蔵されたものはありません．ハイ・サイド・スイッチの MOSFET ゲートを駆動するには，ソース電極がグラウンドから数百Vも浮き上がった点を基準にしなければなりません．耐電圧の関係から低圧側…ロー・サイドと同様な駆動回路にするわけにはいかないのです．

したがってこのような用途向けではスイッチング電源制御ICとは別に，図6-26に示すような高耐圧プロセスを採用したハイ・サイド・スイッチ・ドライバと呼ばれる専用ICがいくつか登場しているのですが，応答速度の関係から用途は限られてしまいます．パワー MOSFET はゲート入力容量が大きいため，高速に駆動する回路を構成するのが案外難しいのです．このようなとき，いわゆるパルス・トランスを利用すると簡単にドライブ回路を構成することができます．ドライブ・トランスと呼んでいます．

ハーフ・ブリッジ回路などだけではなくて，低電圧DC-DCコンバータにおいても，図6-27に示す降圧型コンバータなどの例ではスイッチングMOSFETが＋側，

すなわちハイ・サイドに挿入されます．このような構成では本来はPch MOSFETを採用するのが回路的に有利なのですが，MOSFETの特性や品種（価格）などから選択するとNch MOSFETのほうが利便性が良くなります．このようなときにも，ドライブ・トランスを利用すると簡単に特性の良い駆動が可能となります．

● ONドライブ方式のしくみ

図6-28はドライブ・トランスを使用するONドライブ方式と呼ばれる回路です．パワー・スイッチ…MOSFETのゲート-ソース端子は絶縁トランスを介して駆動されるので，どのような電位であってもドライブの問題はありません．名前の由来は，ドライブ・トランジスタTr_2がONすると，メインのスイッチング・トランジスタTr_1をONさせるように働くところからきています．ドライブのPWM信号が"L"レベル（0V）になるとTr_2はONします．

図においてコンデンサC_1は，Tr_1…MOSFETのゲート容量を急速に充電するためのスピード・アップ・コンデンサです．ドライブ・トランスの巻き線N_dにはTr_2がONしているt_{on}時間に励磁電流が流れて，トランス内に励磁エネルギーが蓄えられます．

つぎにPWM信号が"H"レベルになってTr_2がOFFすると，ドライブ・トランスの励磁エネルギーによって逆起電力が発生し，ドライブ・トランスの各巻き線の電圧は反転します．するとMOSFET Tr_1のゲート-ソース間にも負の逆バイアスが印加されます．そしてこの逆バイアスでMOSFETのゲート容量に蓄えられていた

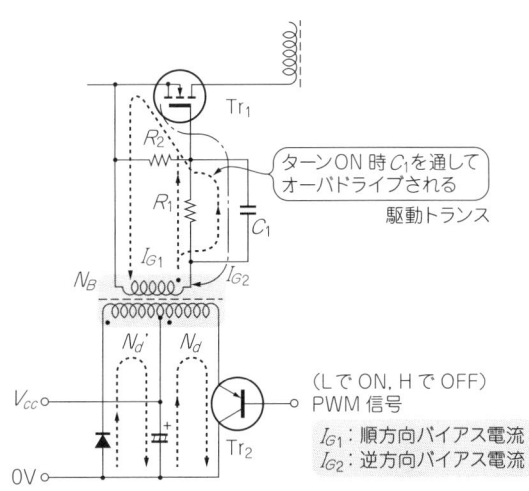

[図6-28] パワーMOSFETを高速ドライブできるONドライブ回路
トランスで絶縁して駆動しているので，パワーMOSFETの電圧レベルは考えなくてもよい．ハイ・サイド駆動ができる

ターンON時C_1を通してオーバドライブされる
駆動トランス

（LでON, HでOFF）
PWM信号
I_{G1}：順方向バイアス電流
I_{G2}：逆方向バイアス電流

6-6 ハイ・サイド駆動に効果…ドライブ・トランスの設計

電荷が急激に放電され，Tr_1は高速にOFF状態に移行します．こうした動作によりMOSFET Tr_1は立ち上がり時間t_r，立ち下がり時間t_fとも数十ns程度の高速スイッチングを実現することができます．

● ONドライブ用トランスの設計

　ONドライブ用トランスは，じつはフォワード・コンバータとほとんど同様な動作です．ですから，設計も同様の手順で行います．ドライブ側にN_d巻き線とN_d'巻き線がありますが，N_dがメイン巻き線で，N_d'がリセット巻き線と考えれば理解がしやすいのではないでしょうか．

　通常，スイッチング電源の制御回路用電源V_{cc}としては12～15V程度を供給します．これを基にドライブ・トランスの巻き数を決めます．

　本来，MOSFETのゲートに大きな電流が流れることはありません．したがってドライブ・トランスが扱う電力は小さくてすみ，せいぜい数百mW程度になります．コア材はMB3などの汎用タイプで構いません．巻き線する電線も細く，コア形状は小型のEI/EEの19や22が用いられます．あるいは，**写真2-15**に示したようなUU形コアも使われています．UU-19程度の形状でも十分です．UU形コアはトロイダル・コアを2分割したようなイメージで使用できます．電力が小さく電流も小さいことから，巻き線間結合などにもあまり神経を使う必要もありません．

　巻き線の設計は以下のようになります．

　はじめに1次側巻き線N_dの巻き数を決めます．今までの出力トランスの1次側巻き線を決める計算式と同様に，N_dは，

$$N_d = \frac{V_{cc} \times t_{on(\max)}}{\Delta B \times A_e} \times 10^4 \quad \cdots\cdots\cdots\cdots\cdots\cdots\cdots\cdots\cdots\cdots\cdots\cdots\cdots\cdots\cdots\cdots\cdots (6\text{-}53)$$

と求めます．V_{cc}は制御回路の電源電圧，A_eはコアの有効断面積，t_{on}は最大デューティ比のときのON時間を表しています．

　スイッチングする最大デューティ比によって異なるのですが，通常はリセット巻き線N_d'もN_dと同じ巻き数にします．デューティ比が最大で$D = 0.5$という条件です．DC-DCコンバータなどへの応用で，デューティ比が最大0.7程度まで広がる可能性があるときは，それに準じたt_{on}時間となるために巻き数は増加します．

　ただし，このような場合にリセット用巻き線N_d'の巻き数をN_dと同じにするわけにはいきません．最大デューティ比が0.5以上に広がると，**図6-29**に示すようにOFF時間が短くなって，トランスのリセットがかからない状態が生じ最終的には磁気飽和を起こす可能性があるからです．

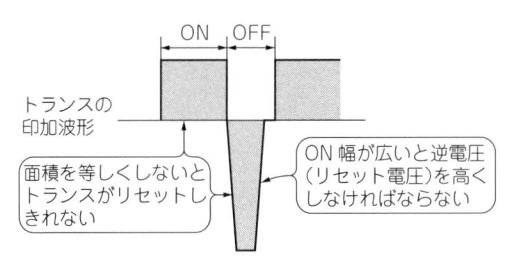

[図6-29] ドライブ・トランスでもリセットが重要

そこで，リセット用N_d'巻き線の巻き数は，

$$N_d' \lesssim N_d \quad \text{..} \quad (6\text{-}54)$$

という計算式で，巻き数を少なくしておかなければなりません．

● 2次側の巻き数

駆動するトランジスタの種類によってドライブ・レベル…つまり巻き数は異なります．現在はMOSFETが主に使われていますが，MOSFETのV_{GS}…ゲート-ソース間電圧は十分に高くしないと，$V_{DS(on)}$が低くならず損失が増える可能性があります．使用するMOSFETの選択にもよりますが，通常10V程度は出力したほうが良いでしょう．

よって2次側巻き数N_Bは，

$$N_B = \frac{V_{GS}}{V_{cc}} \times N_d \quad \text{..} \quad (6\text{-}55)$$

と，V_{cc}との電圧比率で決定します．

Tr_1がバイポーラ・トランジスタのときは，MOSFETにくらべて大きなベース電流を流さなければなりませんが，高い電圧の必要はありません．ベース-エミッタ間電圧V_{be}はせいぜい1V程度で良いからです．かといって，さまざまな部品のばらつきを考えると，ギリギリの電圧にするわけにはいきません．最低でも3～5Vくらいを出力しておいたほうが間違いはありません．巻き数の決定は定式を採用します．

● UUコアへのギャップ設定

パワーMOSFETで大電流・高電圧をスイッチングするとき，スイッチング速度をできるだけ速くすることが損失を減らすことにつながります．パワーMOSFETのスイッチング速度は，ゲートの駆動条件に大きく左右されます．これは，ドライ

ブ・トランスの設計でも十分に認識して進めなければなりません．

　MOSFETでもバイポーラ・トランジスタでも同じですが，トランジスタがOFFするときのスイッチング速度をt_f(フォール・タイム)といいますが，これがとても重要です(図6-30)．t_f時間を速くするには，ゲート-ソース間あるいはベース-エミッタ間に逆バイアスをかけると速度が上がります．このONドライブ回路では，トランスに蓄えられた蓄積エネルギーを利用して逆バイアスをかけるようにしています．

　ドライブ・トランジスタTr_1がONしている間に，1次側巻き線N_dに励磁電流が流れています．N_dのインダクタンスをL_1とすると励磁電流i_eは，

$$i_e = \frac{V_{in}}{L_1} \cdot t \quad \cdots\cdots\cdots\cdots\cdots\cdots\cdots\cdots\cdots\cdots\cdots\cdots\cdots\cdots\cdots\cdots (6\text{-}56)$$

と流れます．これによるトランスへの蓄積エネルギーp_tは，

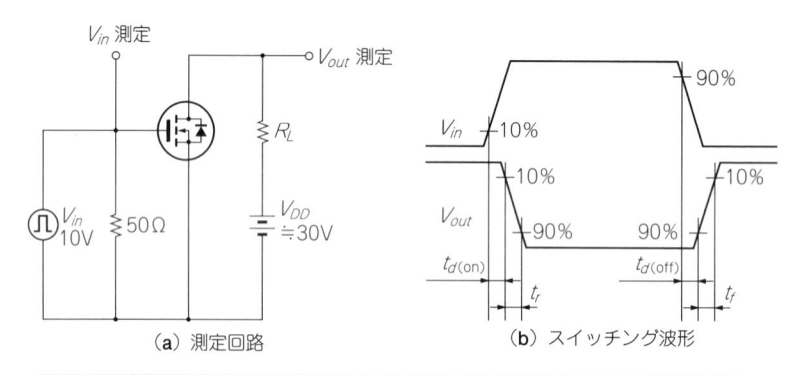

(a) 測定回路

(b) スイッチング波形

▶ $t_{d(on)}$：turn-on delay time……**オン遅延時間**
　ゲート・ソース間電圧V_{GS}の立ち上がり10%から，ドレイン電流I_dが10%に達するまでの時間．$V_{GS(th)}$電圧に達するとドレイン電流が流れ始める
▶ t_r：rise time……**立ち上がり時間**
　ドレイン電流が立ち上がって10%から90%に達するまでの時間．オン時間t_{on}は$t_{on} = t_{d(on)} + t_r$で表せる
▶ $t_{d(off)}$：turn-off delay time……**オフ遅延時間**
　ゲート電圧V_{GS}の立ち下がり90%からドレイン電流が90%(10%降下)に降下するまでの時間
▶ t_f：fall time……**立ち下がり時間**
　ドレイン電流の立ち下がり90%から10%まで降下する時間．オフ時間t_{off}は$t_{off} = t_{d(off)} + t_f$で表せる

(c) スイッチング時間の定義

[図6-30][33] パワーMOSFETのスイッチング特性

$$p_t = \frac{1}{2} L_1 \cdot i_e^2 \quad \cdots\cdots\cdots\cdots\cdots\cdots\cdots\cdots\cdots\cdots\cdots\cdots\cdots\cdots\cdots\cdots\cdots\cdots\cdots (6\text{-}57)$$

となります．

Tr_1がOFFすると同時に逆起電力が発生して，今までとは逆極性の電圧を発生させます．これがパワー・トランジスタのゲートやベースへの逆バイアスとなって，スイッチング速度を速め，t_fを短くすることができるわけです．

ということは，1次側巻き線N_dにはある程度の励磁電流を流してやる必要があります．そのため，コアには0.2mm程度のギャップを挿入します．ギャップによってインダクタンスを下げて励磁電流を流しておけば，Tr_1がOFFしたときの逆起電力が多く発生するからです．UUコアを使用するのであればスペース・ギャップ方式になります．

また，そのときの発生電圧は2次側巻き線N_Bが制御電源V_{cc}とダイオードを通して接続された回路となります．ですから，N_B巻き線側に発生する逆電圧V_{E3}は，

$$V_{E3} = \frac{N_B}{N_d} \times (V_{cc} - V_f) \quad \cdots\cdots\cdots\cdots\cdots\cdots\cdots\cdots\cdots\cdots\cdots\cdots\cdots\cdots\cdots (6\text{-}58)$$

となります．

● ONドライブ回路の設計

図6-31に示すのは，ONドライブ回路の設計例です．電源電圧V_{cc} = 15Vで1個のパワーMOSFETをドライブするときの例です．スイッチング周波数を100kHzとし，最大デューティ比$D_{(\max)}$ = 0.5とすると最大のON時間$t_{on(\max)}$ = 5μsとなります．MOSFETのゲート-ソース間にはV_{gs} = 10Vを印加することを考えてみます．

大きなドライブ電力を扱うわけではないので，損失や温度上昇のことはあまり問題にはなりません．よって使用するコア材は汎用のMB3（JFEフェライト），コアはEI-19とします（**表2-12**参照）．EI-19の有効断面積A_e = 23mm^{2}から1次側巻き線数N_pを求めます．

$$N_p = \frac{V_{cc} \cdot t_{on(\max)}}{\Delta B \times A_e} \times 10^8 = \frac{15 \times 5 \times 10^{-6}}{2000 \times 0.23} \times 10^8 \fallingdotseq 16[\text{T}] \quad \cdots\cdots\cdots\cdots (6\text{-}59)$$

MOSFETのゲート-ソース間逆バイアス電圧もV_{gs}と同じ10Vとすると，1次側巻き線は2巻き線とも同じ巻き数になります．また2次側巻き線は，以下の式から求めることができます．

$$N_s = \frac{V_{gs}}{V_{cc}} \times N_p = \frac{10}{15} \times 16 \fallingdotseq 11[\text{T}] \quad \cdots\cdots\cdots\cdots\cdots\cdots\cdots\cdots\cdots\cdots\cdots (6\text{-}60)$$

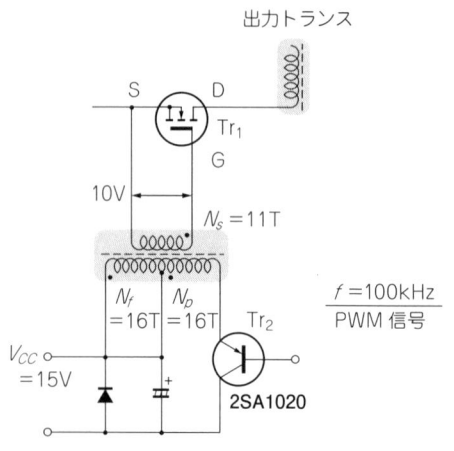

[図6-31] 100kHzに対応するONドライブ回路例

[図6-32] ドライブ・トランスの巻き線仕様

　MOSFETのゲートに流れる電流は大きくありませんから，電線径も細いもので十分です．なお，1次-2次間に高電圧が加わることはないし結合は良くしておきたいので，巻き線はN_pとN_fに同じ線径の電線を並列に巻くいわゆるバイファイラ巻きにするほうが良いでしょう．図6-32にドライブ・トランスの仕様を示しておきます．

● OFFドライブ回路の構成
　ドライブ・トランスの考え方にはもう一つ，OFFドライブと呼ぶ回路があります．図6-33がその構成です．ONドライブとはまったく正反対の動作をします．
　ドライブ側トランジスタTr_2がONしているとき，パワーMOSFET Tr_1のゲートを逆バイアスしてOFF状態を維持させます．この間に，1次側巻き線N_dに流れた励磁電流でエネルギーが蓄えられます．
　Tr_2がOFFすると2次側には逆起電力が発生して，これによってパワー・トランジスタTr_1がONするものです．むやみに励磁電流を多く流さないようにするために，V_{cc}からドライブ・トランスのN_d巻き線へは抵抗を通して電流を供給するようにしています．
　これによって，励磁電流は常に最大値$i_{e(\max)}$が，

$$i_{e(\max)} = \frac{V_{cc}}{R} \quad \cdots\cdots\cdots\cdots (6\text{-}61)$$

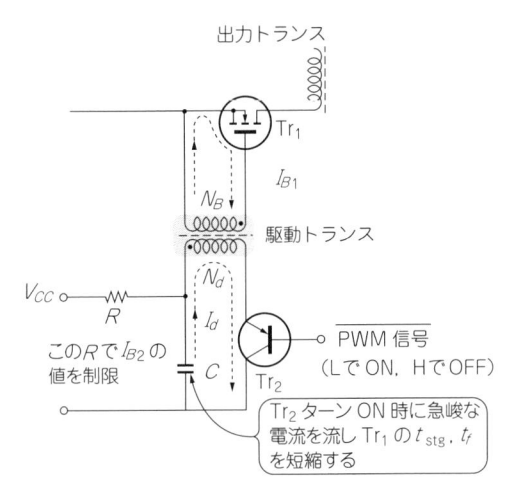

[図6-33] OFFドライブ回路の構成例

と制限されることになります.

　したがって，1次側巻き線N_dのインダクタンスはある程度低い値に設定しますから，ONドライブに比較すると大きなギャップを挿入することになります.

スイッチング電源のコイル/トランス設計

第7章
ノイズ・フィルタのコイル設計

電子機器の多くのAC入力ラインには，何らかのノイズ・フィルタが挿入されています．とりわけスイッチング電源を採用している機器では，電源部がノイズ発生源になってしまいます．
ノイズ・フィルタは，ノイズが外部へ漏れて周辺機器へ障害を加えることを防止するために不可欠です．

7-1　スイッチング・ノイズ発生 二つのモード

● 電子機器のノイズとは

　ノイズとは，電子機器において本来必要となる成分の電気信号ではなく，止むなく生じる不要な電圧・電流成分のことです．ノイズが大きいと，

- ラジオ・オーディオ機器から，本来の信号以外の雑音…ノイズが聞こえる
- テレビ映像などで，本来の映像以外の雑音が現れる
- ディジタル機器が誤動作したり，正常動作をしなかったりする
- 通信機器などにおいて本来の通信が行えなくなる

などの現象が生じます．そのため通常の電子機器においては，国や地域単位などで電子機器の発生するノイズの大きさの限度値が，規格によって決められています．電子機器メーカにおいては，発生ノイズがその規格値に準じた値以内に収まるような電子機器を，設計・製造しなければならないわけです．

　近年の電子機器はほとんど**ディジタル技術**…**スイッチング技術**によって構成されています．電子機器がスイッチング技術に依っている以上，ノイズを発生させないようにすることは不可能に近いとも言えます．

　そこで重要な働きをしているのが，止むなく発生したノイズを（規格値）レベル以下に抑えるための**ノイズ・フィルタ**というわけです．写真7-1に産業用電子機器などで外付け使用されるライン用ノイズ・フィルタと，スイッチング電源回路内部に実装されているノイズ・フィルタの例を示します．

(a)[34] 産業用電子機器に外付けで使用されているノイズ・フィルタの例

(b)[10] スイッチング電源内部に配置されているノイズ・フィルタ(コモン・モード・コイル)の例

[写真7-1] 電子機器に実装されている電源ライン用ノイズ・フィルタの例
ノイズ規制の規格は地域，国によって異なっている．規格によってノイズ・フィルタの特性も異なる．EMIフィルタ，ライン・フィルタとも呼ばれている

● ノイズ発生の主因はスイッチング

スイッチング電源では図7-1に示すように，スイッチング・トランジスタや高周波整流ダイオード，さらにはトランスなどから大きなレベルのノイズが発生しています．スイッチング電源ではもとの動作波形が方形波とか三角波ですから，その波形の中に動作周波数の整数倍の**高調波成分**…高周波を含んでいます．この高周波が電子機器の外部に漏れれば，当然ノイズ…**不要輻射**になってしまいます．しかも，トランジスタのON/OFFするスピードはきわめて高速で，たとえば5Aもの電流を，あるいは350Vもの電圧を100ns程度の時間でスイッチしているのです．

ですから図7-2に示すようにスイッチングの過渡状態で，たとえば電流波形で見れば，電流の時間変化率di/dtが非常に大きいことになります．電流の流れる経路

(a) 等価回路

(b) ノイズ波形の例

$$V_n = -L\frac{di}{dt}$$
逆起電力によるサージ電圧

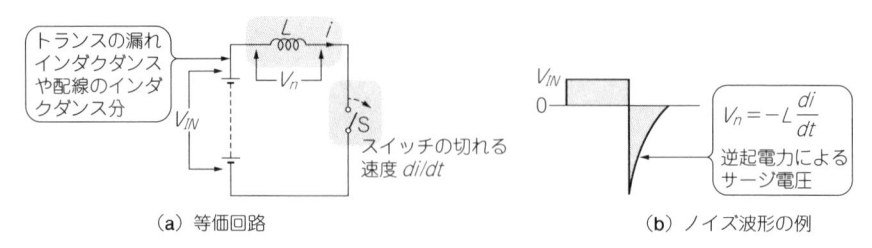

[図7-1] スイッチング素子によるノイズの発生
スイッチング電源におけるノイズ発生例．スイッチは半導体なので，有接点(機械接点)にくらべるとノイズは大きくない．それでも，周囲にかなりのレベルのノイズをばらまいている

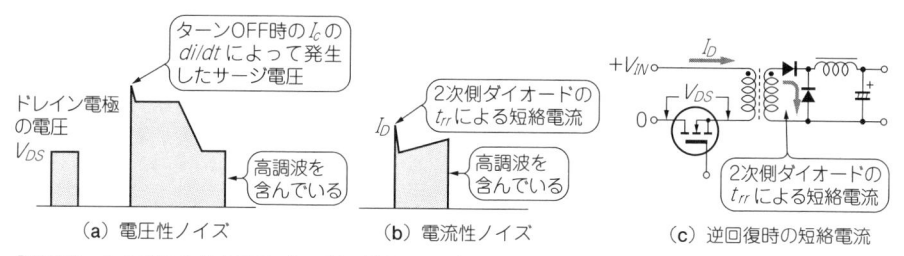

[図7-2] ノイズの大きさはスイッチングのdi/dtとdv/dtによる

(a) 電圧性ノイズ　　(b) 電流性ノイズ　　(c) 逆回復時の短絡電流

ノイズとは電圧・電流の急激な変化によるものである．スイッチング周波数が100kHzであってもノイズは100kHzの高調波…高周波となって広がる可能性がある

には必ずなにかしらのインダクティブな成分が存在します．回路上のコイルとは限らず，プリント基板のパターンでさえ，インダクタンス成分をもっています．そこに大電流が流れると電圧V_nが，

$$V_n = -L \frac{di}{dt} \quad \cdots\cdots\cdots (7\text{-}1)$$

を発生して，これが周囲に対するノイズになってしまうのです．しかも，これらノイズはプリント基板上での**伝導**だけでなく，ストレ容量や電線のアンテナ作用によって**空中**へも飛んでいくのです．スイッチングするスピードも一定ではありません．スイッチングの1周期内で多くのdi/dt成分をもつこともあるので，発生するノイズ電圧も広い周波数帯域に分布してしまうのです．

● ノイズの発生箇所を表す二つのモード

スイッチング電源に限らず，電子機器に生じるノイズがどこで生じているかを，電圧/電流の経路から大別すると，**図7-3**に示すように**ノーマル・モード**（**正相モード**）で発生するノイズと，**コモン・モード**（**同相モード**）で発生するノイズに分けられます．それぞれノーマル・モード・ノイズおよびコモン・モード・ノイズと呼ばれています．

ACラインの間…AC100Vラインでは2本線の間，あるいは直流出力のプラスとマイナスの間に現れるノイズが**ノーマル・モード・ノイズ**です．リプル成分と考えれば理解がしやすいでしょう．対して，**コモン・モード・ノイズ**は回路上のどこかのラインとアース間，すなわち**大地との間**に発生するノイズ成分のことをいいます．

電源回路で発生する本来のノイズは，大元ではほとんどノーマル・モードです．しかし，ノーマル・モード分がほかの回路に伝播していく過程で，電磁的あるいは

[図7-3] ノイズはノーマル・モード分とコモン・モード分に分けられる

コモン・モード・ノイズはケース(シャーシや筐体)や大地を経由して広がるので，発生源も見つけにくい．発生源が見つけにくいので対策も難しい．スイッチング電源はノイズ源として疑われやすい

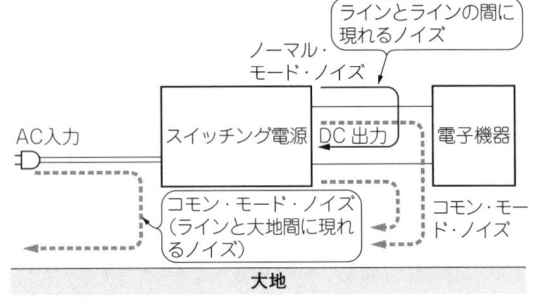

静電的な結合もふくめて，大地あるいはグラウンド・ラインとの**インピーダンス・バランス**が崩れることによって，コモン・モード分に変換されてしまうのです．結果的には，多くのノイズがコモン・モード・ノイズになってしまうのです．

また機器に進入してくる外来ノイズは，自然界で発生するものはもともとコモン・モード・ノイズ成分が大半です．雷や，静電気放電の際に発生するノイズを考えれば理解しやすいでしょう．ノイズ発生源そのものが，大地との間で生じているわけですから．

そして，コモン・モード・ノイズはどこかの回路に侵入すると，今度はさまざまな条件からノーマル・モード・ノイズに変換されてしまうのです．ノーマル・モードは信号と同じモードです．結果，回路の動作へ直接的な悪影響を及ぼしてしまうわけです．

したがって電子機器あるいは電源回路においてはつねに，まったく性格の異なるノーマル・モード・ノイズとコモン・モード・ノイズとの対策を考えなければなりません．そのときフィルタとして使用されるのが，ノイズ・フィルタというわけです．**EMI**(Electro Magnetic Interference…**電磁障害**)フィルタと呼ばれることもあります．

7-2 ノーマル・モード・フィルタの役割

● ノーマル・モード・フィルタの使用は限定的になっている

図7-4に従来からのスイッチング電源における，ノイズ・フィルタの配置を示します．スイッチング電源側にノーマル・モード・フィルタを置き，AC入力側にコモン・モード・フィルタを配置しています．このとき，ノーマル・モード・フィルタには数百kHz帯域に効果のあるダスト・コア，コモン・モード・フィルタには

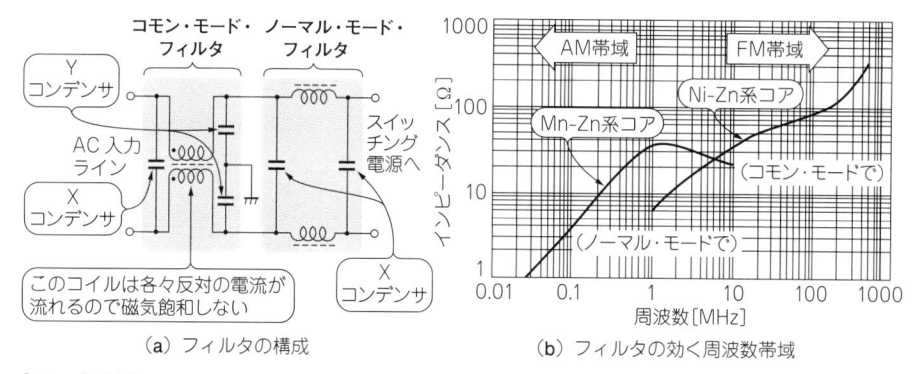

[図7-4] 従来のスイッチング電源におけるフィルタの構成
スイッチング電源は以前からノイズが大きいとされてきた．結果，ACライン・フィルタとしてはコモン・モード・フィルタとノーマル・モード・フィルタを共に使用する例が多かった．とくにAMラジオ（数百k〜数MHz）はノイズの影響を受けやすく，ノーマル・モード・フィルタはその帯域をカバーする必要があった

Mn-Znフェライトや数十MHz帯域以上に効果のあるNi-Znフェライトを使用することが一般的でした．前者がAMラジオの周波数帯域，後者がFMラジオの周波数帯域を意識していることを考えると，働きが理解しやすいと思います．

しかし，近年のスイッチング電源においては，ノーマル・モード・フィルタを配置するケースは少なくなってきています．スイッチング・ノイズの発生自体を小さくできる**共振型**と呼ばれるスイッチング電源回路技術が普及し，さらにノイズが飛び散らないようにするための実装技術，加えてコモン・モード・フィルタの帯域が低域まで伸びてきているからです．

ただし，数百W以上の力率改善…**PFC**(Power Factor Correction)**回路**を採用しているときには，現在でも**図7-5**に示すようにノーマル・モード・フィルタを挿入したほうが，ノイズ除去面では効果的です．PFC回路では，図にも示しているようにブリッジ整流器が整流した脈流をコンデンサで平滑しないで，直接高速スイッチングをします．言い換えると，入力のACを直接スイッチングしていることと等しいといえるからです．

ノーマル・モード・フィルタは，**図7-4**に示しているようにAC片側ラインに1個でも，両ラインに各1個ずつでもどちらでも構いませんが，経験的には両ラインに挿入したほうが，広帯域にわたってノイズの減衰効果が期待できます．使用するチョーク・コイルのインダクタンスは，2個使用時には当然ながら1個使用時の半分のインダクタンスで，同様なノイズの減衰特性を得ることができます．

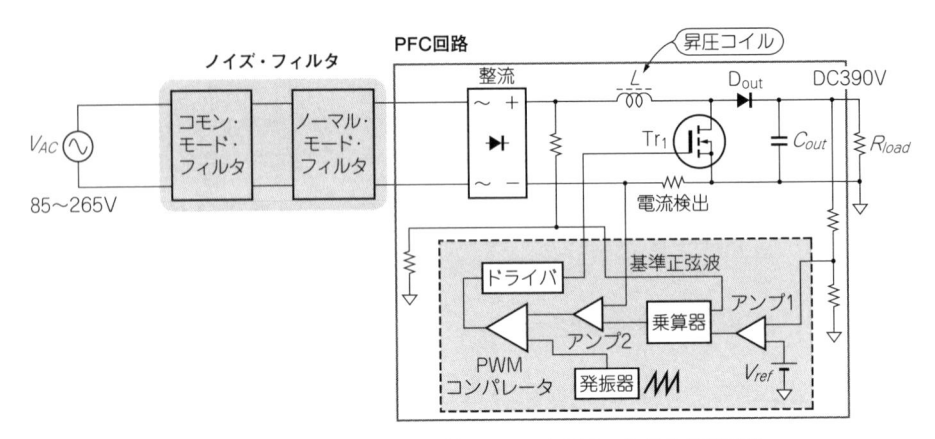

[図7-5] 大容量PFC回路にはノーマル・モード・フィルタがあったほうが効果的
力率改善回路は整流後の直流高電圧を，昇圧を兼ねて高周波スイッチングしている．よって，どうしてもノーマル・モード・ノイズは大きくなる傾向がある．とくに大容量PFCになるとノイズは大きくなり，コモン・モード・フィルタだけではノイズ対策が間に合わない

● ノーマル・モード・ノイズはXコンデンサで抑える

　スイッチング電源におけるスイッチング波形は方形波状ですから，動作周波数の整数倍の高調波成分を含んでいます．したがってPFC回路などではノーマル・モード・フィルタがないと，スイッチングによる高調波成分がACラインに直接出て行き，周辺機器に障害を与えてしまいます(図7-6)．この高調波成分をACラインに出ていく前に，フィルタで減衰させなければなりません．

　なお，ACライン間に接続されるコンデンサのことを一般にXコンデンサ(アクロス・ザ・ライン・コンデンサ)と呼んでいます．ACライン間のノーマル・モード・ノイズをXコンデンサで吸収して，高調波成分を減衰させるわけです．Xコンデンサの容量は，大きくすればそれだけノイズの減衰を大きくすることができます．

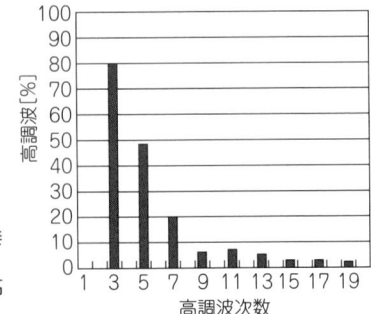

[図7-6] AC100Vラインに生じる高調波成分
AC入力ラインにPFC回路なしの単純なスイッチング電源を接続したとき，AC入力ラインの高調波成分を測定した．整流・平滑回路によってコンデンサへの充電電流が大きくなり，高調波成分が大きくなっている

しかし，このラインにはAC100Vあるいは200Vが接続されているわけですから，コンデンサの中を電流i_xが流れます．

$$i_x = \frac{V_{in}}{Z_{CX}} = \frac{V_{in}}{\frac{1}{\omega C_X}} = V_{in} \cdot \omega C_X \quad \cdots\cdots\cdots\cdots\cdots\cdots\cdots\cdots\cdots\cdots\cdots\cdots\cdots\cdots\cdots\cdots\cdots\cdots\cdots (7\text{-}2)$$

Xコンデンサをあまり大きな容量にすると，コンデンサを流れる電流…無効電流がそれに応じて増加してしまいます．チョーク・コイルを組み合わせることでさほど大容量のコンデンサを使用しなくても，同様の減衰特性を持たせるようにするわけです．現実には$0.047\mu \sim 1\mu$F以内のコンデンサが使用されることが多いようです．低い周波数のノーマル・モード成分を除去するには，大きなCやLを使用しなければならないわけです．

なお，XコンデンサはACライン間に挿入するわけですから，安全規格にパスしたフィルム・コンデンサから選ぶ必要があります．

● 実際のノーマル・モード・コイル…数十kHz以下では鉄ダスト・コア

ノーマル・モード・コイルに流れる電流の大半は，商用ACラインの50/60Hz成分です．高周波スイッチング成分は，フィルタによってほとんど除去されるのであまり考慮する必要がないからです．ということは，高周波成分によるコア損失はあまり考えなくてよいことになります．

しかし，注意しなければならないのは**直流重畳特性**です．ノーマル・モード・コイルには，AC入力の交流電流がそのまま流れます．電流は正弦波ですから，ピーク近辺で最大電流が流れます．力率改善（PFC）回路が使用されることを考えれば，力率はW/VA＝1で考えて良いので，入力電流の実効値I_{ac}に対して$\sqrt{2}$倍のピーク電流が流れることになります．このときの最大電流でも**磁気飽和**を起こさないものでなければなりません．

スイッチング電源の周波数が数十kHzオーダであれば，ノーマル・モード・コイルは価格面から考えると，鉄粉を使ったダスト・コアを採用する例が大半です．インダクタンスを計算で求めることは，現実的には不可能です．1個使いなら100〜200μHで，2個使いならその半分程度を目安にしてコイルを選択します．

表7-1にこのようなノーマル・モード・フィルタに適した鉄粉ダスト・コアの例を示しておきます．

[表7-1] [(10)] ノーマル・モード・コイルに適した鉄粉ダスト・コアの一例
直流重畳特性，周波数特性，価格などから考えると，ノーマル・モード・フィルタには鉄粉ダスト・コアが適している．東邦亜鉛(株)タクロンSKコイルの例

(a) 外観

品　名	線径 [mm]	定格電流 [A]	直流抵抗 max.[mΩ]	寸法[mm] D	W	リード長	インダクタンス[(注)] min.[μH]
SK-03M-2W	0.40	1	42	9	6	20	10
SK-05M-3W	0.55	2	42	13	8	20	25
SK-05M-4W	0.55	2	58	13	8	20	48
SK-08MS-3Y	0.60	2	45	17	9	20	26
SK-08MS-4Y	0.60	2	70	17	9	46	46
SK-08MS-5Y	0.60	2	90	17	9	20	72
SK-08MD-3Y	0.60	2	55	17	12	20	45
SK-08MD-4Y	0.60	2	80	17	12	20	80
SK-08MD-5Y	0.60	2	95	17	12	20	125
SK-08ML-52W	0.60	2	150	20	15	20	200
SK-08ML-73WRPS(055)	0.55	1	210	19	14	10	400
SK-10M-3Y	0.80	3	35	22	12	20	40
SK-10M-4Y	0.80	3	45	22	12	20	72
SK-10M-5Y	0.80	3	55	22	12	20	110
SK-12M-3Y	1.00	5	30	26	13	20	36
SK-12M-4Y	1.00	5	35	26	13	20	64
SK-12M-5Y	1.00	5	40	26	13	20	100

(注)測定条件：1kHz 1mA

(b) 標準コイルの仕様

7-3　　コモン・モード・フィルタの役割

● コモン・モード・コイルでライン・インピーダンスをそろえる

　コモン・モード・ノイズはライン間に発生するものではなくて，**各ラインと大地の間に発生するものです**．なぜ，大地との間にノイズが現れるかというと，図7-7

に示すように，二つのライン(LとN)と大地との間のインピーダンスZ_LとZ_Nが等しくないからです．これをラインの不平衡性と呼んでいます．ノイズ発生源から何らかの経路を通ってきたノイズ成分が，それぞれのインピーダンスZ_LとZ_Nによって，対大地間に電圧の成分として現れます．しかし$Z_L = Z_N$になっていないので，V_LとV_Nは異なった値になってしまいます．その差がライン間に現れて回路の障害を与えてしまいます．

コモン・モード・コイルを挿入するのは，大地に対するライン両側のインピーダンスZ_L，Z_Nが同じになるよう合わせることが目的です．「インピーダンスの平衡性…バランスを保つ」といいます．

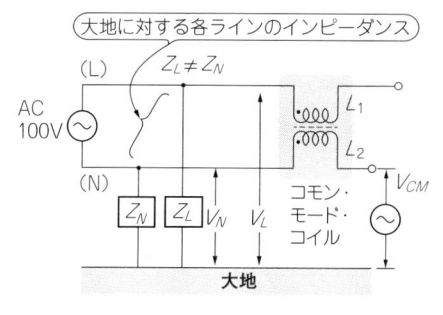

しかし，もともとAC電源の入力ラインL(ライブ)側とN(ニュートラル)側では，バランスの取りようがありません．というのも，片側(通常はL側)にスイッチが接続されたり，ヒューズが接続されたりしています．また，配線もプリント基板のパ

(a) コモン・モード・コイルを入れると

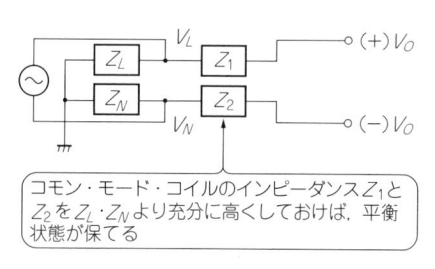

(b) コモン・モード・コイルの効果

[図7-7] コモン・モード・ノイズ
コモン・モード・インピーダンスの平衡性を保つようにするため，大地に対するインピーダンスより十分大きなインピーダンスのコモン・モード・コイルを挿入している

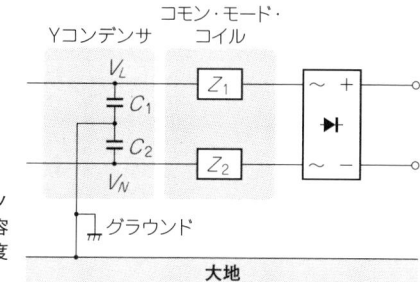

[図7-8] Yコンデンサの役割
Yコンデンサはコモン・モード・ラインに生じているノイズをバイパスさせることができる．ただし，大きな容量にするとACラインからの漏れ電流が増えるので，限度がある

7-3 コモン・モード・フィルタの役割 | 231

ターンも大地に対して平衡に配線されることはありえません．

そこで**図7-7**に示すようにコモン・モード・コイルを接続することによって，まずはラインの平衡性を保つようにするわけです．そして，**図7-8**のようにそれぞれのラインから，接地レベルに対してコンデンサを挿入します．この二つのコンデンサC_1，C_2を一般にYコンデンサ(ライン・バイパス・コンデンサ)と呼んでいます．同じ容量のコンデンサをそれぞれのラインとアース間に接続します．コンデンサC_1・C_2のインピーダンスZ_{C1}・Z_{C2}は，

$$Z_{C1} = Z_{C2} = \frac{1}{\omega C_1} = \frac{1}{\omega C_2} \quad\cdots\cdots\cdots\cdots\cdots\cdots\cdots\cdots\cdots\cdots\cdots\cdots (7\text{-}3)$$

と表されます．発生ノイズの周波数帯域は一般に高いので，対大地間のインピーダンスに対して，このZ_{C1}・Z_{C2}のインピーダンスのほうが十分に低い値になります．結果，両ラインと大地間の最終的なインピーダンスはC_1とC_2によってほぼ等しい値となり，平衡性が保てることになるわけです．

なお，YコンデンサもXコンデンサ同様に慎重な選択が必要です．**表7-2**にXコンデンサとYコンデンサの備えるべき特性について整理しておきます．

[表7-2] Xコンデンサ/Yコンデンサの特性
いずれもACラインに接続するものなので，各種安全規格に準拠したものを使用することが重要

	Xコンデンサ	Yコンデンサ
配置場所	AC入力ライン間	AC入力ライン-グラウンド間(1次-2次間)
安全規格の分類	クラスX コンデンサの破壊が感電の危険に至らない個所に使われるもの	クラスY コンデンサの破壊が感電の危険を招く恐れのある個所に使われるもの
目的	ノーマル・モード・ノイズの除去(バイパス)	コモン・モード・ノイズの除去(バイパス)
主に効果のある周波数	500k〜2MHz	1M〜20MHz
主に使用する種類	フィルム・コンデンサ	セラミック・コンデンサ
容量範囲	0.047μ〜数μF程度	(合計容量で)500p〜5000pF程度
注意点	● 0.1μF以上の容量をもつXコンデンサを使用する場合は，放電抵抗が必要 ● 設置される環境により要求される耐電圧性能が変わるため，適切なクラスのもの(X1, X2, X3)を選択する必要がある ● うなり音を生じることがある	● 合成容量が大きくなると接触電流(漏洩電流)が増え，感電の危険が生じるので定められた容量以下にする必要がある ● 安全規格が要求する絶縁クラス(クラスⅠ，クラスⅡなど)に適合したコンデンサを選択しなければならない ● 端子間距離だけでなく，外装と周辺部品との安全距離にも注意

● コモン・モード・コイルはノイズを打ち消す

　Yコンデンサがそうであったように，コモン・モード・コイルもラインと大地に対しての平衡性を保たせるのが目的です．

　もともと回路のラインと大地の間にはインピーダンスZ_LとZ_Nが存在しますが，これらが等しい値であることはありません．ですから，外部から伝播してくるノイズの成分V_LとV_Nが等しくはなりません．その結果，V_LとV_Nの差分がノーマル・モード・ノイズとして現れてしまいます．そこで両ラインに，もとのZ_L・Z_Nにくらべて十分に高いインピーダンス成分，すなわち大きなインダクタンスをもったコイルを挿入します．これが，コモン・モード・コイルです．

　結果，図7-7(b)に示したように合成したインピーダンスの平衡が保たれて，$V_L = V_N$となり，ノイズ成分を打ち消してしまうわけです．

　コモン・モード・コイルは，すべての電子機器において，内部で発生したノイズがACラインに戻るときのレベルを抑制してくれます．このときのノイズ成分を**伝導性エミッション**とか**雑音端子電圧**と呼んでいます．周波数帯域としては，150k～30MHzが規制の対象となっています．

　機器内部で発生したノイズが，どのようにしてACラインに戻るかを示したものが図7-9です．電子機器の内部には，ACラインに接続されるまでに何らかの内部インピーダンスZ_iがあります．加えてACラインには，ライン・インピーダンスZ_ℓがあります．

　機器とラインとの接続点（たとえばACコンセントなど）に現れるノイズのことですから，ここに発生するノイズはこの二つのインピーダンス成分によって分圧をされたと考えればよいわけです．つまり，雑音端子電圧V_nは，

$$V_n = \frac{Z_\ell}{Z_i + Z_\ell} V_g \quad \cdots\cdots\cdots\cdots\cdots\cdots\cdots\cdots\cdots\cdots\cdots\cdots\cdots\cdots\cdots\cdots\cdots (7\text{-}4)$$

となるわけです．

　これからわかるように，V_nを低い値に抑えるためには内部インピーダンスZ_iを

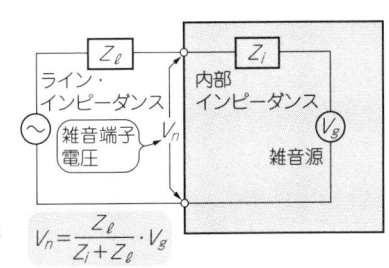

[図7-9] コモン・モード・コイルの役割(1)
内部回路に等価的に加わるコモン・モード・ノイズを小さくすることがコイルの役割

7-3 コモン・モード・フィルタの役割

高くすればよいことがわかります．というのは，ライン・インピーダンスを機器側でコントロールすることはできないわけですから．そのためのものがコモン・モード・コイルで，インダクタンスによってインピーダンスを高くしてやればV_nを低減することが可能となります．

● ノイズ打消しのしくみ

ではコモン・モード・コイルによって，内部で発生したノイズがどのように低減するのかを考えてみましょう．図7-10をご覧ください．

機器内部で発生したノイズがV_gで，L_1とL_2がコモン・モード・コイルのインダクタンスを表しています．R_Lは等価的な機器入力側の内部抵抗です．雑音端子電圧として，接続点に現れるノイズ成分V_nがどのように減衰するか計算してみます．

$$V_g = j\omega L_1 \cdot I_1 + j\omega M I_2 + L_1 R_L \quad\cdots\cdots\cdots\cdots\cdots\cdots\cdots\cdots\cdots\cdots\cdots\cdots (7\text{-}5)$$
$$V_g = j\omega L_2 \cdot I_2 + j\omega M I_1 + L_2 R \quad\cdots\cdots\cdots\cdots\cdots\cdots\cdots\cdots\cdots\cdots\cdots\cdots (7\text{-}6)$$

となります．ここで$L_1 = L_2$と等しく，さらに結合度Mが1であるとすると，$L_1 = L_2 = M = L$となります．このことから，

$$I_1 = \frac{V_g \cdot R}{j\omega L(R + R_L) + R \cdot R_L}$$

$$I_2 = \frac{V_g \cdot R_L}{j\omega L(R + R_L) + R \cdot R_L}$$

となります．

したがって負荷抵抗(機器の等価的な入力抵抗)R_Lに発生するノイズ電圧，すなわち雑音端子電圧V_nは，

$$V_n = I_1 \cdot R_L = \frac{V_g \cdot R}{j\omega L \dfrac{R}{R_L} + j\omega L + R} \quad\cdots\cdots\cdots\cdots\cdots\cdots\cdots\cdots\cdots\cdots (7\text{-}7)$$

となります．

ライン・インピーダンスを意味するRとR_Lとの関係では，$R < R_L$ですから上式

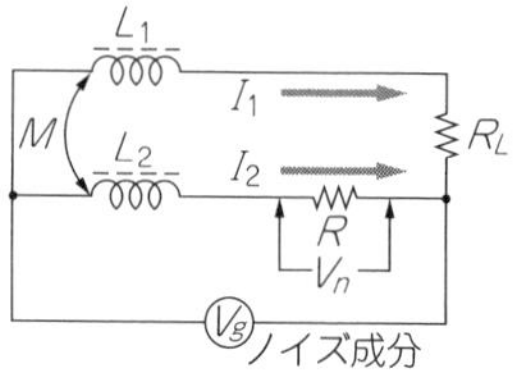

[図7-10] コモン・モード・コイルの役割(2)
コイルはωL…高い周波数に対して高インピーダンスになる性質がある．
高い周波数のノイズ成分に対してインピーダンスを上げる役割がある

を整理すると,

$$V_n = \frac{V_g \cdot R}{j\omega L + R} \quad \cdots\cdots\cdots\cdots\cdots\cdots\cdots\cdots\cdots\cdots\cdots\cdots\cdots\cdots\cdots\cdots\cdots\cdots (7\text{-}8)$$

となり,ノイズの減衰率は,

$$\frac{V_n}{V_g} = \frac{V_g \cdot R}{j\omega L + \dfrac{R}{V_g}} = \frac{R}{j\omega L + R} \quad \cdots\cdots\cdots\cdots\cdots\cdots\cdots\cdots\cdots\cdots (7\text{-}9)$$

と表すことができます.

この結果から,コモン・モード・コイルのインダクタンスが大きければ大きいほど,ノイズの減衰率が大きくなることがわかります.

7-4　コモン・モード・コイルの実際

● トロイダル・コアが定番

コモン・モード・コイルを実際に構成するには図7-11に示すように,一つのコアに二つの巻き線を巻き上げます.二つの巻き線は,同じ巻き数を巻かなければなりません.

それぞれの巻き線には,極性に対して相反する方向での電流が流れます.電流は $I_1 = I_2$ で,巻き数も同じということは発生する磁束の量は等しいことになります.しかし,それぞれの巻き線で発生する磁束の向きが逆になっているので,同一コアの中で同じ量の磁束が反対向きで発生していることになります.よって,相互に磁束を打ち消し合ってしまいます.その結果,どんなに大きな電流を流してもコアに直流重畳はなく,磁気飽和を越すことがありません.

それでも,それぞれの巻き線はインダクタンス L_1 と L_2 をもっているわけですから,大地に対してはこの成分が有効に作用します.それぞれの巻き線が大地に対して電流が流れるわけではありませんから,インダクタンスを保持できるわけです.

[図7-11] コモン・モード・コイルのしくみ
普通のコイルを2個組み合わせたものと考えて良いが,二つのコイルを同一にするために,一つのコアに2本線を一緒に巻いている.二つのコイルの磁束は互いに打ち消され,直流による磁気飽和の心配はない

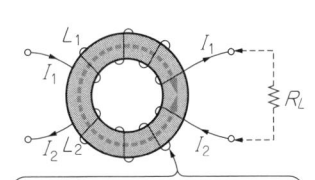

L_1 と L_2 には逆極性で同じ電流が流れ,それぞれ逆向きの磁束が相互に打ち消し合う

だとすると，小さな形状のコアにたくさん巻き線をして大きなインダクタンスを得れば，効果的なフィルタができるかといえばそうはいきません．スイッチング電源が発生するノイズの周波数は非常に広帯域におよびます．スイッチング周波数の基本波成分から，ときには数百MHzにまでなります．そして，ノイズ・フィルタはこの広い帯域に対して効果的にノイズを減衰させなければなりません．

小型コアで大きなインダクタンスを得ようとすると，巻き数Nをたくさん巻くことになります．すると，図7-12に示すように各コイルの線間ストレ容量が大きくなってしまいます．もちろんストレ容量C_sは分布定数的に存在しますが，最終的には各コイルの端子間に集中定数として接続されたのと等価になってしまいます．コイルLとキャパシタンスC_sが並列に接続されたのと等しいことになるわけです．したがって合成インピーダンスZ_0は，

$$Z_0 = \frac{\omega L + \dfrac{1}{\omega C_s}}{\omega L \cdot \dfrac{1}{\omega C_s}} \quad \cdots\cdots\cdots\cdots\cdots\cdots\cdots\cdots\cdots\cdots\cdots\cdots\cdots\cdots\cdots\cdots (7\text{-}10)$$

となります．

その結果，ノイズである高周波成分に対してはインダクタンスLよりも，ストレ容量C_sのほうが効いてしまい，インピーダンスが低下してしまいます．つまり，高周波領域では減衰特性の悪いフィルタになってしまうわけです．

● 広帯域特性のコイルを作るには

では，広い周波数帯域に対して効果的なコモン・モード・コイルを作るにはどうすればよいのでしょうか．結論から言えば，ストレ容量が小さく，しかも大きなイ

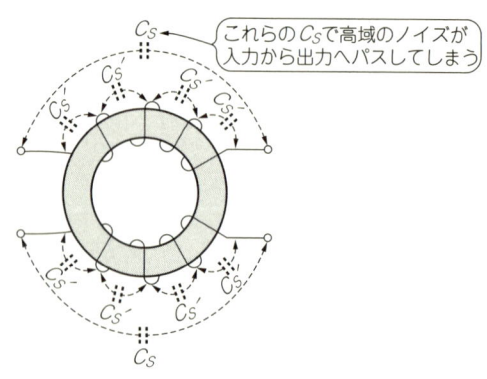

[図7-12]
コモン・モード・コイルのストレ容量

ンダクタンスを得なければなりません．重要なポイントは二つになります．一つはコアの特性選択，もう一つはコア形状の選択です．

まず，コアの特性です．通常はMn-Znフェライトを採用しますが，とくにライン・フィルタ用としてはHigh μ 材が適切です．というのはコアの透磁率 μ が高ければ，少ない巻き数でより大きなインダクタンスが得られるからです．図7-13にHigh μ 材コアの特性を示しておきます．

この中でも，コモン・モード・コイルには初透磁率 μ_i が5500あるMA055が主に使われていますし，さらには倍の μ をもつMA100という材料も多く使われています．一般のトランス用Mn-Znフェライト・コアの μ はせいぜい3000程度ですから，それに比較していかに大きな数値かがわかると思います．

しかし，注意をしなければならない点があります．High μ 材は全般にキュリー温度が低いことです．MA055は140℃で，MA100は115℃とかなり低い温度となっています．ということは，高温環境下で温度を上げすぎるとキュリー温度に達してしまう懸念があるということです．

もともと，コモン・モード・コイルは高周波で大きな $\varDelta B$ を振らせるような使い方ではないので，コア損失は問題にはなりません．それよりも，細い電線を巻いて巻き線の銅損…ジュール損の大きなコイルとすると，温度上昇が大きくなる点に十分な注意をしなければなりません．

さらに，HIgh μ 材は周波数特性があまりよくない点にも注意をしてください．初透磁率を保持できる周波数がせいぜい500kHz止まりになってしまいます．それ以上の周波数では，μ_i が低下してくるので思ったほどのインダクタンスを確保できないことになります．

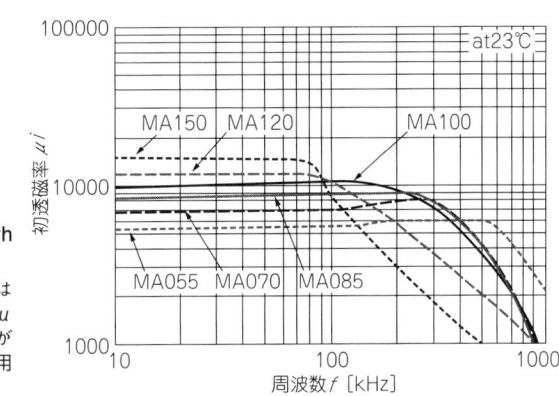

[図7-13][5] **JFEフェライトのHigh μ 材コアの周波数特性**
一般のMn-Znフェライトの透磁率 μ は3000ほど．High μ 材は非常に大きな μ をもっている．ただし，キュリー温度がいくぶん低くなっているので，高温使用においては注意が必要

● フィルタのポイントはインピーダンス-周波数特性

なぜ，図7-13に示すような特性のコアでノイズ・フィルタを作るのかを考えてみましょう．

もともと電子機器の外部に漏れていくノイズに対しては，各種（各国）の規格によってその量が法的に決められています．ACラインに戻る雑音端子電圧は，日本の電気用品安全法だけでなく各国ともに150k～30MHzまでの帯域で規制されています．参考までに，図7-14に国内のノイズ自主規制規格であるVCCI(Voluntary Control Council for Information Technology Equipment 情報処理装置等電波障害自主規制協議会）による雑音端子電圧の限度値レベルを示しておきます．スイッチング電源が発生するノイズは，スイッチングの基本周波数から数百MHzにまで達します．

もし，ノイズ・フィルタの減衰特性がHigh μ 材の500kHz程度までしか減衰効果がないとすると，規格に対応することは到底不可能になってしまいます．しかし，ノイズ・フィルタは先に説明したように，機器内部でのインピーダンスをある値以上に保つのが目的です．たんにコイルのインダクタンスが必要なわけではありません．図7-13からわかるように，たしかにHigh μ 材の周波数特性からコイルのインダクタンスは，500kHzあたりから低下傾向を示しています．しかし一方，インピーダンスという観点からは，

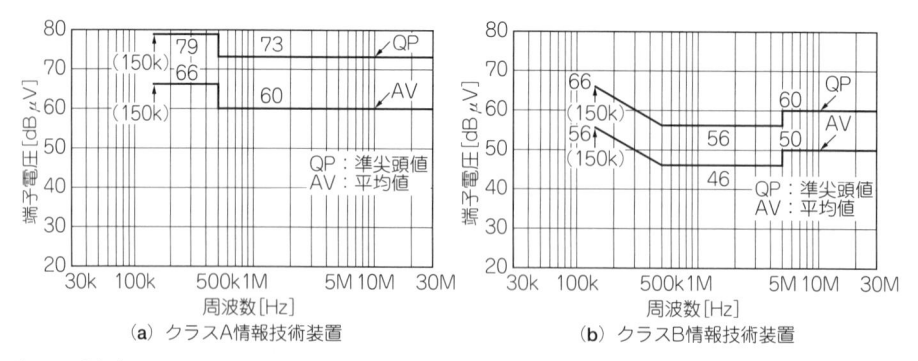

$$Z = \omega L = 2\pi f L \quad \cdots\cdots\cdots\cdots\cdots\cdots\cdots\cdots\cdots\cdots\cdots\cdots\cdots\cdots\cdots\cdots (7\text{-}11)$$

ですから高周波になっても周波数 f が効いてきて，インピーダンスはそれほど低下せず，逆に増加するのです．

(a) クラスA情報技術装置

(b) クラスB情報技術装置

[図7-14] [35] VCCIのEMI雑音端子電圧限度値
VCCI規格は日本の情報処理装置機器メーカの自主規制規格．クラスAは主にバッテリ駆動で動作する機器に対応．クラスBは主にACコンセントに接続して使用する機器の規格

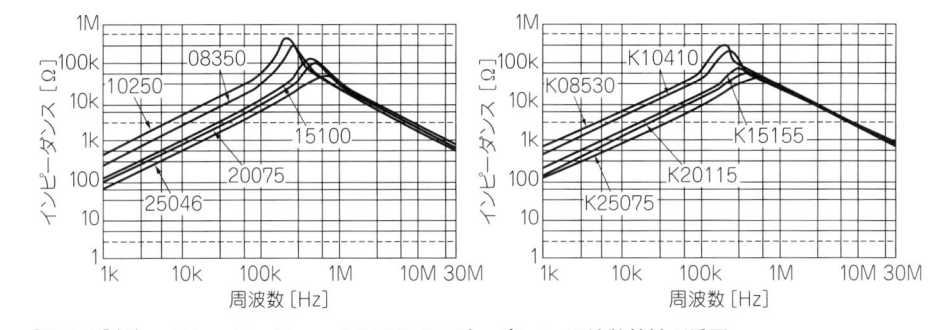

[図7-15] [17] コモン・モード・コイルではインピーダンス-周波数特性が重要
後に出てくる表7-4で紹介するコモン・モード・チョーク(SSコイル)のインピーダンス-周波数特性の一部

周波数がどんどん高くなって，最終的にコアのμがほとんど0に近づいたときには空芯コイルのようになってしまうのですが，同様に周波数fの効果で一定以上のインピーダンスを保っています．その結果，ある程度は広帯域の減衰特性をもったノイズ・フィルタを構成できるのです．ただし，最終的には先に述べたコイルに寄生するストレ容量の影響によって減衰効果も消滅します．

一般に市販されているコモン・モード・コイルは，インダクタンスと電流だけで仕様が規定されているケースがほとんどです．これはきわめてナンセンスといわざるを得ません．もともとコイルのインダクタンスは，測定周波数1kHz/1Vという実際に使われる条件とはかけ離れたものとなっているのです．ですから図7-15に示すように，インピーダンス特性で規定されたものの中から必要な特性を選択しないと，本来の目的を達成できなくなってしまいます．

● コア形状による特性の影響は

じつは案外多くの人が無頓着なのですが，コイルもトランスもコア形状の選択が特性に大きな影響を与えるものなのです．ノイズ・フィルタも例外ではありません．

HIgh μ 材のコアが5000以上の初透磁率をもっていると述べましたが，じつはこの数値にも注意をしなければなりません．コア・メーカのμの表記は，基準となるトロイダル・コアにおいて，$\varDelta B$を数十mT程度にした小さな振幅時の値なのです．このような状態での値の透磁率のことを初透磁率μ_iと呼んでいます．しかし，どのような形状/状態のコアでもこの数値が出るとは限りません．

トロイダル・コアには基本的に磁路にギャップがありません．完全にギャップなしの閉磁路で，コア定数$C_1 = \ell_e/A_e$も小さく，もっともインダクタンスが稼ぎや

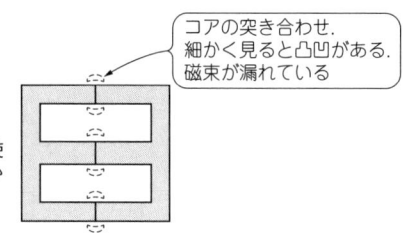

[図7-16] EEコアの突き合わせ
フェライト・コアの多くは二つのコアを突き合わせて使用することが多い．突き合わせ面を見ると，見た目はかなりきれいになっているが，ミクロ的には隙間があって，漏れ磁束が発生している

> コアの突き合わせ．細かく見ると凸凹がある．磁束が漏れている

すい状態での値なのです．

ところが実際にコイルを巻くコアの状態で，たとえばEE形コアを考えてみると，図7-16に示すように，2個のコアを突き合わせています．この突き合わせ部分は研磨といって表面を磨いてはいるのですが，この部分の面の精度は思ったほど良くありません．つまり，表面にわずかな凹凸があるのです．

ですから，これを突き合わせても実質は数ミクロン程度のギャップができてしまうのです．ということは，そのぶん実効透磁率μ_eは約15～20%程度低下してしまいます．これを最小にするためには，表面を鏡面研磨といって非常に精度の高い仕上げをすることも可能ですが，加工の費用がかさんでしまいます．

そこで，もともとコア同士を突き合わせしなくても良い形状のコアを選択することが重要となってくるわけです．

● トロイダル・コアによるコモン・モード・コイルの課題

特性的にもっとも良好なコモン・モード・コイルを作るには，トロイダル・コアが適しています．実効透磁率が出せて，インダクタンスを大きく稼げることが第一の理由です．それだけではなく，コイルの巻き線が上下・左右ともに整列に巻ける必要はありません．ですから線間ストレ容量を小さくすることができます．結果，広帯域で良好なノイズの減衰効果を期待できるノイズ・フィルタを構成することが可能になります．

反面，コアの中側の巻き線のための窓面積が狭いためと整列巻きができない（これをガラ巻きという）ために，あまり多くの巻き線をすることはできません．

さらに注意をしなければならないこともあります．High μ 材のMn-Znフェライトは，比抵抗といってコアそのものの電気的な抵抗値が低いのです．ACラインのノイズ・フィルタですから，巻き線と巻き線との間にはAC100V/200Vという高い電圧が直接印加されます．

電線をコアに直接巻くと，コアの成型時にできたバリなどで電線の被膜が破損し

[図7-17] コアをテープで絶縁する
Mn-Znフェライト素材は比抵抗が低い．絶縁塗料をコーティングしたものを入手するか，そうでないときは絶縁テープを巻いてから巻き線する必要がある

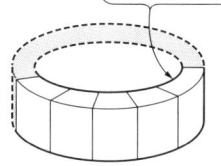

> 絶縁テープの幅の狭いものを
> コアの全周に隙間なく巻いて
> 絶縁する

て，コアによって短絡状態が発生し，大きな事故を起こしかねません．ですから，コア表面は何らかの方法で電気的に絶縁をしなければなりませんし，二つの巻き線間も十分に間隔を取って巻かなければなりません．

　コア表面を樹脂製塗料で絶縁する…コーティングという手法もありますが，一般には2個の樹脂製のキャップで挟み込んでカバーをしてしまう方法が用いられています．こうして絶縁して巻き線をしたHigh μ材による例が**表7-3**に示すコモン・モード・コイルの一例です．

　コアだけを入手して，手巻きでコイルを作る方法もあります．トロイダル・コアは基本的には自動巻き線機などでコイルを巻くことが非常に難しい形状です．専門の巻き線メーカでも，多くは手巻きをしているのが実情です．

　専用の絶縁用キャップが入手できないときには，**図7-17**に示すように，幅の比較的狭い絶縁性の良いテープをコア表面に巻いていきます．また二つの巻き線間絶縁のためには，しっかりした樹脂製の板などをコアの内径に合わせて切っておき，中心部に固定をします．この絶縁板の両側にそれぞれの巻き線を同数ずつ巻いていけば，比較的簡単にコモン・モード・チョークを自作することは可能です．

● 分割巻きを可能にした「日」の字形コア

　トロイダル・コアによるコモン・モード・コイルの欠点は，あまり多くのターン数の巻き線ができないことです．また，トロイダル・コアの本質的な欠点として，巻き線の自動化が難しいことがあげられています．

　近年，俗称[日の字]コアと呼ばれるコモン・モード・コイルが多く採用されています．[日の字]コアとは**図7-18**に示すように，見た目はEEコアを二個合わせたような形ですが，じつは一体成型で作られており，コアに突き合わせ部分がありません．正式には**ETコア**という名称がついています．形状が漢字の[日]になっているのでこう呼ばれています．磁路にギャップがないわけですから，実効透磁率 μ_e を大きく保つことができるわけです．

[表7-3] (10) コモン・モード・コイルの一例
High μ 材を使用した市販のコモン・モード・コイル TAKRON FK シリーズ [東邦亜鉛㈱]

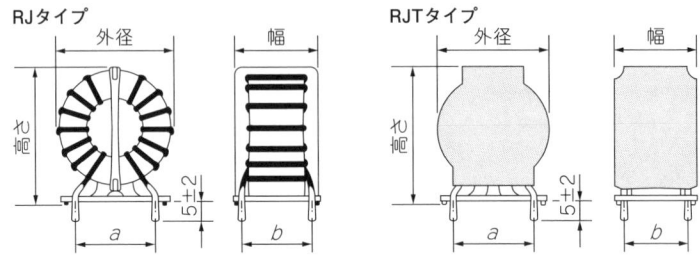

(a) 外形図 [単位：mm]

(b) 外観

	品　名	線径 [mmφ]	定格電流 Idc[A]	インダクタンス min. [mH]	直流抵抗 片側ライン max. [mΩ]	外径 max. [mm]	高さ max. [mm]	幅 max. [mm]	リード長さ [mm]	取り付けピッチ (a) [mm]	(b) [mm]
RJタイプ	FK-060GW-3030RJ	0.6	2	30	230	33	36	24	5±2	18	16
	FK-080GW-2030RJ	0.8	4	20	110	34	36	25	5±2	18	16
	FK-100GW-1030RJ	1.0	5	10	45	34	36	25	5±2	18	16
RJTタイプ	FK-060GW-3030RJT	0.6	2	30	230	34	39	25	5±2	18	16
	FK-080GW-2030RJT	0.8	4	20	110	35	39	26	5±2	18	16
	FK-100GW-1030RJT	1.0	5	10	45	35	39	26	5±2	18	16

使用電線：1UEW または 1PEW

(c) 標準コイル仕様

(a) コア形状　　　　　　　　　　　　**(b) 巻き線のイメージ**

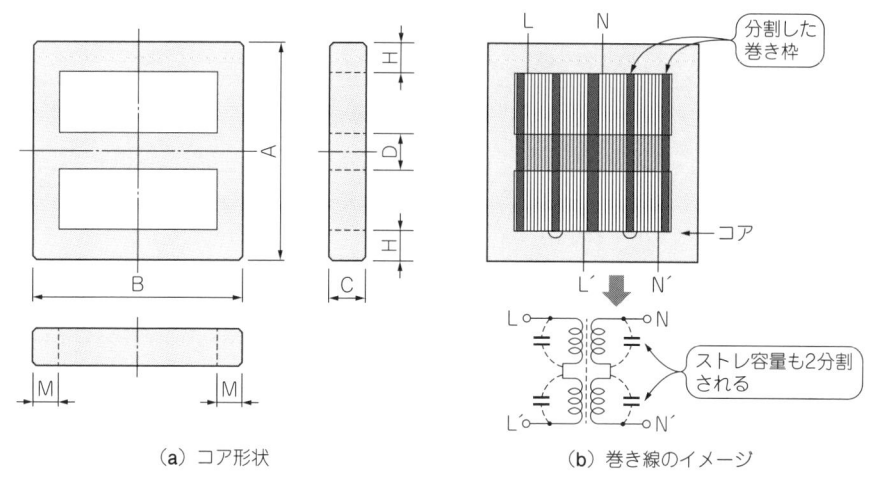

[図7-18] 日の字形コア
閉磁路になっており，正式にはETコアと呼ばれている．ボビン…巻き枠が自動化に適した形状になっている点もポイント．多く巻き線できるので，インダクタンスも稼ぐことができる

　また，ボビン形状が巻き線の自動化に適するよう工夫されていることもポイントです．巻き線が2分割できるので，浮遊容量も1/2になります．分割巻きが可能ということです．相間の距離も確保できます．トロイダル・コアにくらべて巻き線を多くできるので，大きなインダクタンスを得ることが可能です．低域の周波数特性も向上します．
　［日］の字形コアを使ったコモン・モード・コイルの一例を表7-4に示しておきます．

● 低域にノイズが集中するときのコモン・モード・コイル
　スイッチング電源は回路方式によって，発生するノイズの性格や周波数の分布（スペクトラム）が大きく異なります．ですから，どのような電源にでも万能というフィルタはありえません．発生するノイズに合わせた最適なフィルタを構成しないと十分な特性が得られなかったり，むだに大きなものを使用することになってしまいます．
　たんにノイズ・フィルタだけの話ではないのですが，機器の小型化とりわけ薄型化の要求は日増しに強まっています．そのうえ，価格面でもたいへん厳しい条件が要求されています．ですから，過不足ない最適フィルタを実装することが重要になっています．

[表7-4] (17) 日の字形コアを使用したコモン・モード・コイルの一例

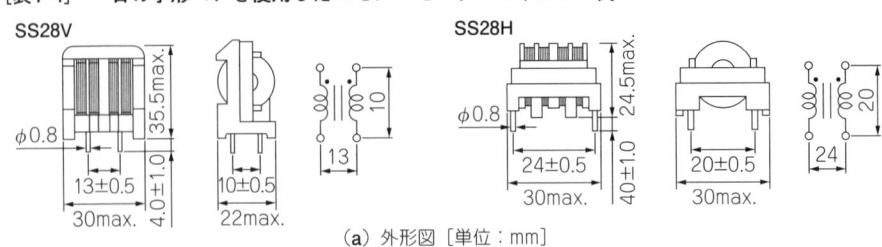

（a）外形図 ［単位：mm］

（b）外観

品　名	定格電流 AC[A]	インダクタンス min. [mH]	直流抵抗 max. [Ω/line]	温度上昇 max. [K]
SS28V/H-08350-CH	0.8	35	0.95	45
SS28V/H-10250-CH	1.0	25	0.65	45
SS28V/H-15100-CH	1.5	10	0.35	50
SS28V/H-20075-CH	2.0	7.5	0.22	45
SS28V/H-25045-CH	2.5	4.5	0.16	45
SS28V/H-K08530-CH	0.8	53	0.95	45
SS28V/H-K10410-CH	1.0	41	0.65	45
SS28V/H-K15155-CH	1.5	15.5	0.35	50
SS28V/H-K20115-CH	2.0	11.5	0.22	45
SS28V/H-K25075-CH	2.5	7.5	0.16	45
SS28V/H-R08600-CH	0.8	60	0.95	45
SS28V/H-R10450-CH	1.0	45	0.65	45
SS28V/H-R15170-CH	1.5	17	0.35	50
SS28V/H-R20130-CH	2.0	13	0.22	45
SS28V/H-R25080-CH	2.5	8.0	0.16	45

（注）インダクタンス測定条件：1kHz，1V，KC530

（c）標準コイル仕様

では，どのように最適化を考えれば良いのでしょうか．

もともとスイッチング電源は，回路方式によって発生するノイズの性格もスペクトラムも大きく異なります．低域の周波数にノイズが集中しているものや，高域に集中しているものなどさまざまです．

小型機器…小容量電源に主に採用されているRCC（Ringing Chork Converter）と呼ばれる回路方式があります．最近ではRCC方式をベースにした擬似共振コンバータと呼ばれる回路が好んで採用されていますが，この方式の発生するノイズは高域ではきわめて低く，1MHz以下の低域に集中しています．

このような場合には，できるだけ大きなインダクタンスのフィルタで低域を集中的に減衰させれば良いことになります．図7-19にこの擬似共振RCCコンバータの例を示しますが，この例における雑音端子電圧の測定データを図7-20に示しておきます．けっして広帯域用フィルタではなく，大きなインダクタンスだけを得られる小型コモン・モード・コイルだけですが，十分に低いノイズ・レベルになっていることがわかります．

また，中容量の電源回路として近年多く使用されるようになってきた，*LLC*共振と呼ばれるハーフ・ブリッジあるいはフル・ブリッジによる電流共振型コンバータにおいても，同様に低域ノイズを減衰させられるようなノイズ・フィルタに集中すれば，十分な特性を得ることが可能になります．

● ノイズの帯域が広いときは2段直列ノイズ・フィルタ

フォワード・コンバータ方式は逆に，非常に広い帯域でのノイズを発生します．ということは，1段型ノイズ・フィルタでは十分な減衰特性を得るのは難しくなります．30MHz以上は放射雑音として規制がされていますが，この帯域のノイズがACラインに戻って，ラインから放射ノイズとなって空中に出ていくのです．

ですから，ノイズ・フィルタで30MHzの雑音を低減させることによって，放射雑音を低減できるということが多々あるのです．このようなときには，ノイズ・フィルタを2段にすると良い結果を得られることがあります．

図7-21は2段直列にしたフィルタの例です．このうちに1段目は，High μ 材によるインダクタンスの大きなコモン・モード・コイルとしておきます．つまり，低域ノイズをここで減衰させるのです．そしてもう1段は，Ni-Znフェライト・コアを使ったインダクタンスをあまり大きくしない，つまりコイルの巻き数をあまり巻かないコモン・モード・コイルとするのです．Ni-Znフェイライトは，200MHz程度まで μ を保ちますから，少ない巻き数である程度のインダクタンスを確保できる

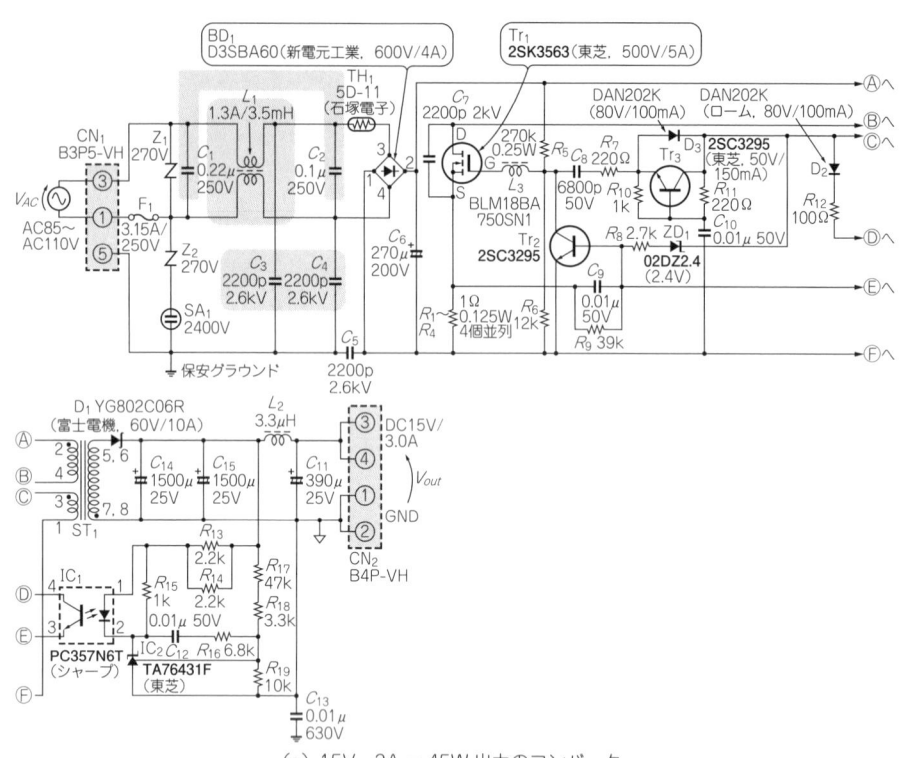

(a) 15V・3A = 45W 出力のコンバータ

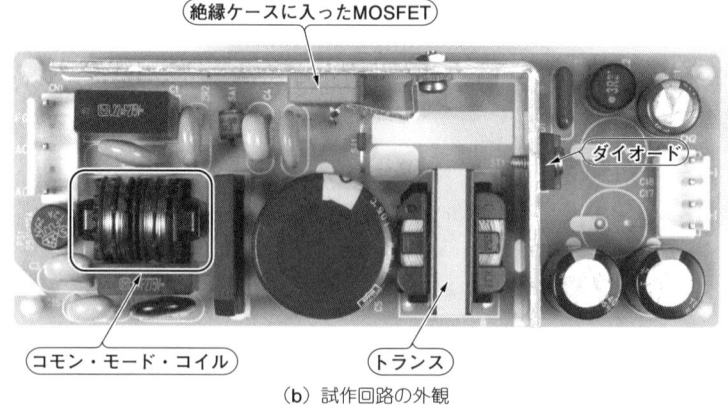

(b) 試作回路の外観

[図7-19][20] 擬似共振型RCCコンバータの回路例
RCCコンバータは小容量スイッチング電源の典型．近年はノイズを抑える目的で擬似共振回路と組み合わせる例が増えている．パワーMOS FET Tr1に並列接続したコンデンサC_7が共振用コンデンサ

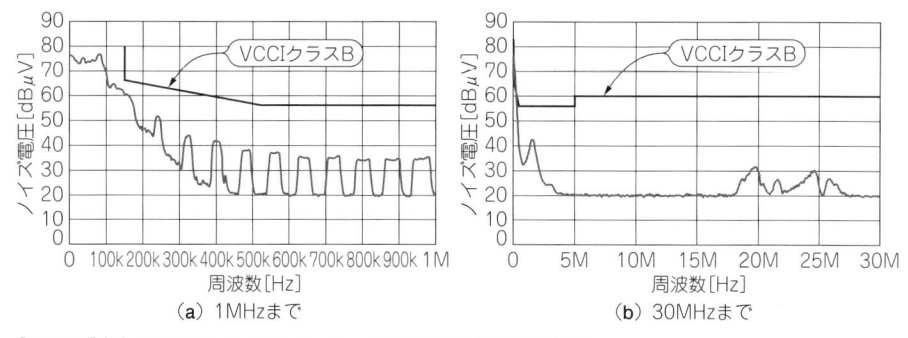

[図7-20] [20] 図7-19におけるコンバータの雑音端子電圧測定例

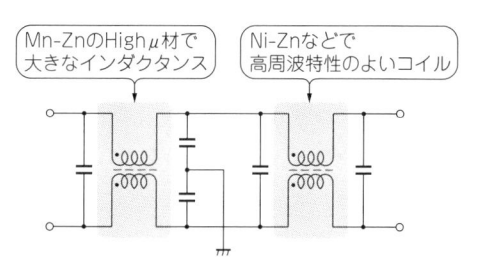

(a) 1MHzまで

(b) 30MHzまで

[図7-21] 2段型コモン・モード・フィルタの構成
フォワード・コンバータなどで使用されている例．
二つのコモン・モード・コイルにはそれぞれ担当する周波数帯域を決めておくことが重要

し，周波数が高いぶん大きなインピーダンスを確保することができるわけです．

このような工夫によって，広い帯域で良好な減衰効果をもったコモン・モード・ノイズ・フィルタを構成することが可能になります．

7-5　フェライト・ビーズでノイズを抑える

● 線を通すことを目的とした形状…ビーズ・コア

フェライト・ビーズという名称は聞かれたことがあると思います．ビーズ形状のフェライト・コアで，通常はNi-Zn系材料が使われています．ビーズ・コアと呼ばれることもあります．

写真7-2に示すように，ビーズ・コアはトロイダル・コアの一種です．長さ方向（一般にこれをI寸法と呼んでいる）が長いのが特徴で，逆に円の直径は小さくできています．これより断面積A_eは比較的大きくなり，コア定数$C_1 = \ell_e/A_e$が小さくなるので，インダクタンスが大きくとりやすくなります．表7-5にNi-Znフェライトによるビーズ・コアの一例を示します．

ビーズ・コアは必ずしもフェライトだけではなくて，アモルファス・コアやファ

インメット・コアなどもありますが，形状は同じようなものです．一般的な用途としてノイズ対策部品として使用されています．

フェライト・ビーズの動作はよく勘違いされやすいのですが，決して回路で発生したノイズをシールドするようなものではありません．実際には二つの目的で使用されています．

一つは，簡易的にコモン・モード・コイルを形成するものです．図7-22をご覧ください．たとえば，ノイズ成分を多く含んだ配線があり，機器と機器の間を接続しているような場合です．たんなる配線では機器間をノイズが伝導するばかりではなく，雑音を空中に放出して障害を与えてしまいます．

そこで配線のプラスとマイナスをまとめてビーズの中を通したり，何回かビーズ

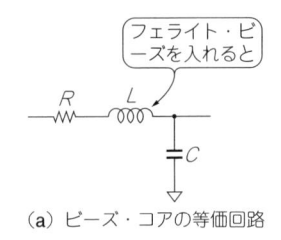

(a) ビーズ・コアの等価回路

(b) パワーMOS FETに使用している例

(c) ビーズ・コアの外観

[写真7-2] ビーズ・コア

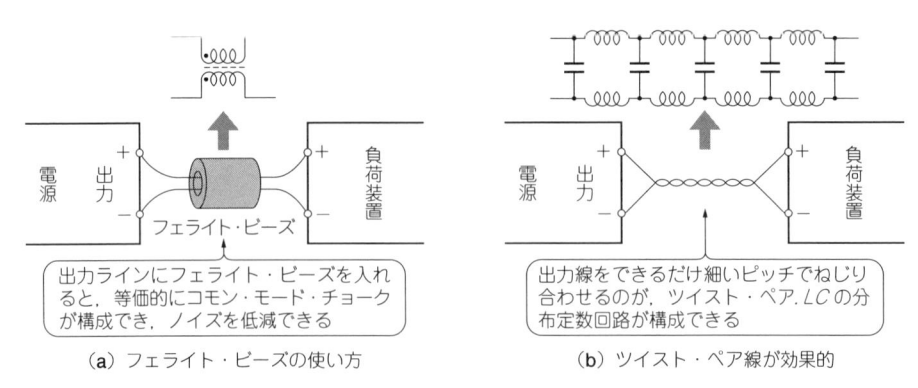

(a) フェライト・ビーズの使い方

出力ラインにフェライト・ビーズを入れると，等価的にコモン・モード・チョークが構成でき，ノイズを低減できる

(b) ツイスト・ペア線が効果的

出力線をできるだけ細いピッチでねじり合わせるのが，ツイスト・ペア．LCの分布定数回路が構成できる

[図7-22] 簡易型コモン・モード・コイルとなるビーズ・コア
ビーズ・コアにケーブルを貫通させるとそこは1ターン・コイルのように作用する．スイッチング電源の出力線などに使用すると効果的．出力ケーブルをツイストしておくとさらに効果的

[表7-5] [21] Ni-Znフェライトによるビーズ・コアの一例(トミタ電機㈱RIタイプ)
ビーズ・コアはトロイダル・コアの小型版ともいえる．形名の前に材質名を追加する必要がある．初透磁率の違いから指定できる

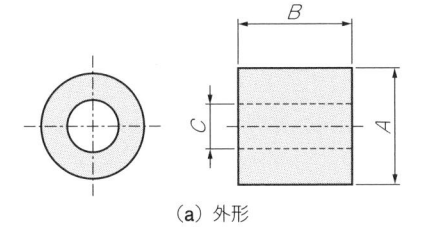

(a) 外形

(b) 材質

材質	μ_i
3A6	1400
3A4	800
D12A	260
6B2	30

(c) 形名と寸法

形　名	寸法[mm] A	B	C
RI-1.6 × 3.3-0.7	1.6	3.3	0.7
RI-2.5 × 1.2-1	2.5	1.2	1.0
RI-2.7 × 3.7-1.2	2.7	3.7	1.2
RI-3 × 3-1	3.0	3.0	1.0
RI-3 × 4-1	3.0	4.0	1.0
RI-3.5 × 1.5-1A	3.5	1.5	1.0
RI-3.5 × 2.5-1A	3.5	2.5	1.0
RI-3.5 × 3.5-1A	3.5	3.5	1.0
RI-3.5 × 5-1.2	3.5	5.0	1.2
RI-3.5 × 7-1.2	3.5	7.0	1.2
RI-3.7 × 5.1-1.4	3.7	5.1	1.4
RI-5 × 6-2.5	5.0	6.0	2.5
RI-5 × 10.7-2.3	5.0	10.7	2.3
RI-5.8 × 6.4-2	5.8	6.4	2.0

(注)形名の先頭に材質記号が入る

(a) 外観

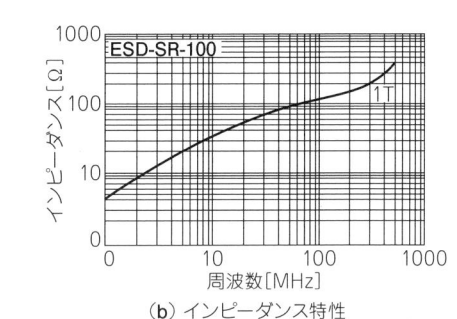

(b) インピーダンス特性

[写真7-3] スプリット型スリーブ・コアの一例
ビーズ・コアは配線を終了した個所に後付けで挿入するは難しい．後付け用にはクランプ型を利用すると良い

に巻きつけたりします．それによって，等価的にコモン・モード・コイルが形成されるのです．場合によってビーズは比較的大型のものになり，これを**スリーブ・コア**などとも呼んでいます．中でも**写真7-3**に示すようにコアが二つに分かれていて，配線をした後からコアを挟み込み，コモン・モード・コイルを形成するような構造もあります．これを**スプリット型スリーブ・コア**と呼んでいて，配線をした後からでも追加できるので便利です．

● ダイオード逆回復時のノイズ発生を抑える

　ビーズ・コアは，ノイズ発生源においてもともとのノイズ発生量を抑えるという目的でも使われています．

　図7-23に示すのはDC-DCコンバータにおけるスイッチング回路の一例です．この回路において，ダイオードを流れるのは，必ずしもアノードからカソードへの順方向だけではありません．逆方向にも非常に大きな電流が流れることがあるのです．

　今，ダイオードに順電流I_fが流れている途中で逆電圧が印加されたとします．すると，この瞬間にダイオードはOFFしてしまうはずですが，実際には逆電流が流れてしまいます．短い時間ですが，大きな短絡電流が流れてしまいます．これをダイオードの**逆回復特性**と呼んでいて，この電流が流れている時間を逆回復時間t_{rr}と呼んでいます．

　この短絡電流が流れるループは，メインの出力電流が流れている経路ですから，設計的には極力低いインピーダンスとなるようにしています．ということは，逆回復特性による短絡電流を制限するものがなく，非常に大きな値となってしまうので

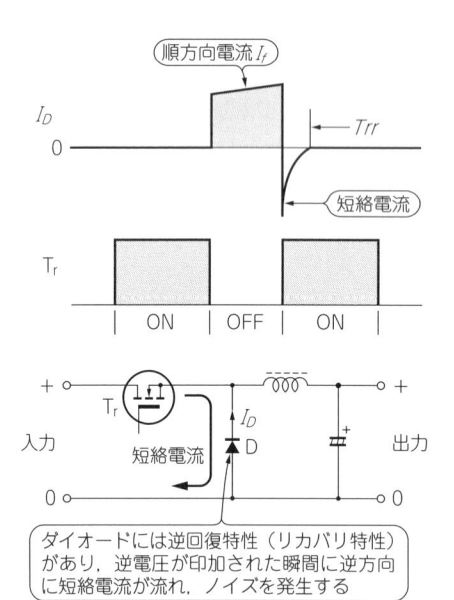

[図7-23] **ダイオードの短絡電流の抑制**
スイッチング電源ではスイッチング・トランジスタ（パワーMOS FET）とペアで使用されるダイオードの逆回復特性が大きなノイズ要因となっている

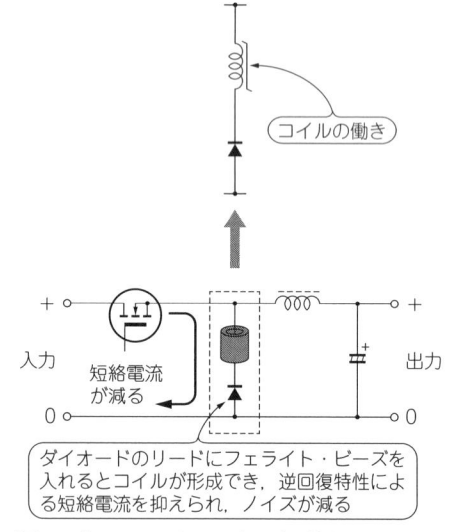

[図7-24] **フェライト・ビーズが使える**
ダイオードのリードにフェライト・ビーズを挿入すると逆回復時の短絡電流を抑えることができ，ノイズを小さくすることができる

す．その結果，ダイオードで大きな損失が発生したり，大きなノイズが発生する要因にもなってしまうのです．

一般にスイッチング電源の整流用ダイオードには，ショットキー・バリア・ダイオードSBDや高速ダイオードLLDと呼ばれるものが用いられますが，それでも逆回復時間t_{rr}は数十nsもあるのです．短絡電流は，ときには30Aもの大きな値に達することもあります．

短絡電流を抑えるためにはもちろん抵抗を入れてもいいのですが，それでは定常状態のメイン電流によって大きな損失が発生してしまいます．そこで，短絡電流を制限する目的でビーズ・コアが使われるのです．

図7-24に示すように，短絡電流の流れるルート…ダイオードのリード線にビーズ・コアを挿入します．すると，ビーズ・コアが等価的にコイルを作ることになるのです．コアの透磁率μで1ターンのコイルができ，大きなインダクタンス分を生じます．このときのインピーダンス$Z_B = \omega L_B$によって電流を制限するわけです．コイルの中に電流が流れても電力損失の発生はありませんから，無効な電力消費をさせることはありません．

● アモルファスやファインメット・ビーズ・コアが効く

Mn-Zn系フェライトは，ビーズ・コアとしての用途には使えません．先に述べたように，コア自体の比抵抗が低いからです．ビーズ・コアとしての用途は，ダイオードやトランジスタの足…リードに直接挿入するので，たとえば高電圧の加わっている回路だとコアで短絡を生じてしまうからです．では，Ni-Zn系フェライトを選択すれば良いのではとなりますが，残念なことに材料の透磁率μが低く，1ターンでは十分なインダクタンスを得ることができません．

そこで，μの大きなアモルファス・コアやファインメット・コアが登場します．幸い，ビーズ・コアが用意されており，この種の用途には適しているといえます．アモルファス・コアは金属系材料ですが，表面は樹脂塗料でコーテングされていたり，絶縁のキャップを被せてありますから回路の短絡の心配はありません．

図7-25はアモルファス・コアによるビーズ・コアの特性を示したものです．B-H曲線の立ち上がりがきわめて急峻で，透磁率$\mu = B/H$もたいへん大きいことがわかります．ですから，たとえ1ターンであっても大きなインダクタンスを得ることが可能となり，ダイオードの逆回復時の短絡電流を低く抑えることができそうです．

図7-26にアモルファス・コアの動作状態での磁束の変化ΔBのようすを示します．磁束密度Bが上昇する，つまり+ΔBは回路の定常の電流によります．電流が

(a) コアのB-H曲線

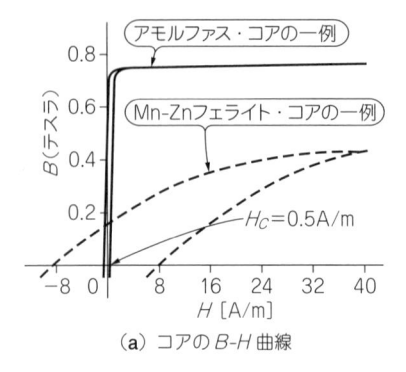

材 質	コバルト・ベース アモルファス(注2)		Mn-Zn フェライト
実効透磁率(1kHz)	80000	35000	12000
同上 μ_e(100kHz)	16000	16000	10000
保磁力 H_c[A/m]	0.32	0.55	2.4
飽和磁束密度 B_s[T]	0.53	0.78	0.38
コア損失(注1)	300	350	–
キュリー温度[K]	453	543	388
結晶化温度[K]	811	798	–

(注1) 周波数100kHz, 磁束レベル0.2Tにおける鉄損 [kW/m²]
(注2) 板厚20μm(日立金属 ACO-3M, 4M)

(b) コアの特性

品 名	コア寸法[mm]			総磁束 (Wb×10⁻⁸)	初期インダクタンス [μH]
	外径	内径	長さ		
AB 3×2×3	3	2	3	110	3.6
AB 3×2×4.5	3	2	4.5	165	5.4
AB4×2×4.5	4	2	4.5	330	9
AB4×2×6	4	2	6	450	12
AB4×2×8	4	2	8	600	16

(c) アモビーズの例

[図7-25] [12] [16] **アモルファス・コアの特性**
アモルファス・コアの特徴は透磁率が大きく, B-H特性が角形になっていること. よって磁気飽和しない…可飽和であることが大きな特徴. アモビーズは東芝の商品名

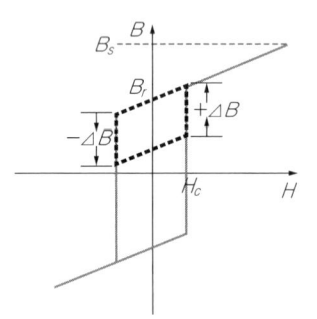

[図7-26]
アモルファス・コアの動作時のB-H曲線

流れている期間は長くなりますから, コアはすぐに飽和磁束密度B_sに達して磁気飽和を起こします.

その後ダイオードの短絡電流によってコアの中には逆方向の電流が流れて, $-\Delta B$だけ磁束が減少します. このときに決してB-H曲線のマイナス方向で磁気飽和を起こしてはなりません. せっかくインダクタンス分で短絡電流を抑制しているのに,

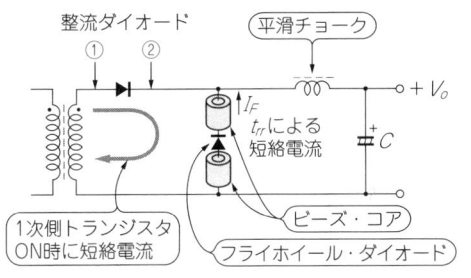

[図7-27] フォワード・コンバータにおけるアモルファス・ビーズの挿入

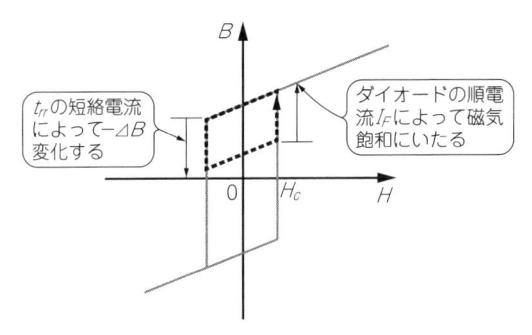

[図7-28] ΔBの変化のようす

磁気飽和を起こしてしまってはインダクタンスが激減してしまうからです．電流制限の機能を果たせなくなってしまいます．

● フォワード・コンバータにおけるダイオード逆回復特性の改善

図7-27はフォワード・コンバータにおける2次側回路の構成を示しています．ダイオードの逆回復特性による短絡電流は，主にフライホイール・ダイオード側で発生します．この電流の流れるループなら，どこでもビーズ・コアの効果がありそうですが，そうはいきません．

たとえば，①や②の箇所に挿入したとします．たしかに短絡電流を制限するかのように見えますが，ここでは効果がないのです．というのは，この回路ではビーズ・コアに逆方向の電流が流れず，磁束がB-H曲線の飽和磁束密度B_sに達することができず，磁気飽和にいたりません．

つまり図7-28に示すように，磁束は毎周期ごとにダイオードの短絡電流によってマイナスΔBだけ下降して，何周期化後にはマイナス側で磁気飽和を起こしたま

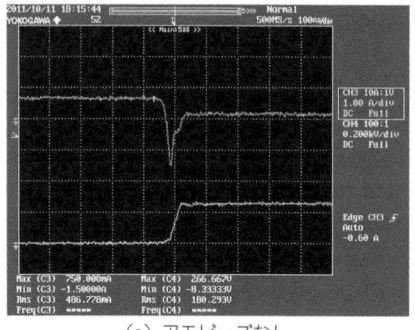

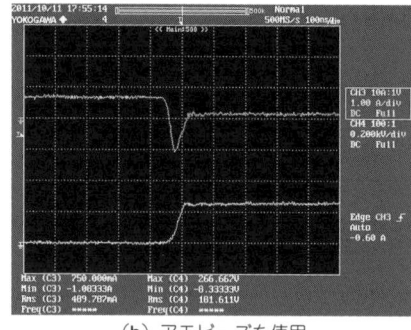

(a) アモビーズなし　　　　　　　　　(b) アモビーズを使用

[写真7-4] アモビーズを使用したことによるダイオード逆回復特性の改善
それぞれ上の波形がダイオードの逆回復特性を示している

まになってしまいます．これでは，インダクタンスを確保することができません．
　このように，1周期ごとに磁束を元の状態に戻すことを磁気リセットと呼んでいます．ビーズ・コアを含めて可飽和リアクトルは必ず，毎周期ごとに磁気リセットを行うようにしないと，その効果が発揮できないのです．
　写真7-4は，250V・200W出力のフォワード・コンバータにおいて，ダイオードの逆回復特性の改善について，可飽和リアクタであるアモビーズの効果を確認した例です．ダイオードの逆回復時間抑制に使用したときの動作波形を示しています．

スイッチング電源のコイル/トランス設計

第8章
コイル/トランスの測定

でき上がったコイルやトランスは，設計どおりになっているかどうかを検証しなければなりません．
測定方法をしっかり身につけておくこともとても重要です．
本章では，欠かせない基本的な測定項目と測定技術について紹介します．

8-1　コイル/トランスにおける基本測定

　もともとコイルやトランスを構成するすべての磁性材料が，カタログやデータ・シートに記載されているとおりの特性であるということはありません．もちろん通常は，記載された数値はほとんどの項目において余裕，つまりマージンを見込んでいます．コイルやトランスの設計時点ではこの数値を適用せざるを得ませんので，でき上がったコイルなどを測定して，設計値との間に大きな差異がある場合には，最終的には多少の修正・調整を行わなければならない項目も出てきてしまうのが実情です．

● インダクタンスの測定

　コイルあるいはトランスでは，インダクタンスの測定が基本になります．しかし，インダクタンスは簡易的に測定するというわけにはいきません．専用測定器…インダクタンス・メータがないと実際の数値を把握することはできません．高精度の測定器は高価格で，簡単には入手することができませんが，じつは電源回路では数％程度の誤差があってもあまり大きな問題になることはありません．

　写真8-1に示すのは，できれば用意しておきたい実験・試作に適した高速・高精度のLCRメータです．測定周波数を低周波(20mHz)～高周波(5.5MHz)まで変えることができるので，スイッチング電源などにおけるインダクタンス測定に適しています．

　ハンディ型マルチメータでは，コンデンサの容量…キャパシタンスを測定する機

[写真8-1] 実験・試作用高速・高精度LCRメータの一例(エヌエフ回路設計ブロック㈱ZM2375)
分解能6桁で，基本確度0.08%となっている．やや高価だが，パソコン・インターフェースももっているので幅広く利用することができる

能や，インダクタンスを測定する機能をもったものが市販されています．これらであれば数万円以下で購入することも可能です．ただし，これらの測定器ではインダクタンスを測定をする条件として，通常，測定周波数が1kHz，測定電圧は1Vと決められています．しかし，実際のスイッチング電源などの動作周波数は数100kHzにもなります．「どうしたら良いだろうか？」と迷うところですが，特別なコアを使ったコイル以外では，測定周波数による測定値誤差はわずかです．

● 直流電流重畳特性の測定

スイッチング電源などにおけるコイルやトランスでは，直流電流重畳特性がとくに重要です．直流電流重畳特性を知るには，インダクタンス値を測定します．自動でコイルに直流を重畳し，測定してデータも自動的に表示してくれる装置もあります．しかし，このような設備は簡単には入手できません．ここでは手動で測定する方法を説明します．

図8-1に示すのが直流電流重畳特性の測定法です．出力電流可変の直流電源から試料のコイルに直流電流を供給します．このときのインダクタンスを測定するものです．インダクタンスの測定そのものは，静的な特性を測定することと変わりありません．直流電源から供給する電流が直流重畳になります．重畳する電流を0Aから少しずつ増やしていき，いくつかのポイントでインダクタンスを測定します．図8-2に示すように何箇所かでの測定値をプロットしていけば特性を得ることができます．

直流電源は十分に大きな電流を流せるものが必要ですが，電圧値としてはさほど大きな値を必要とはしません．

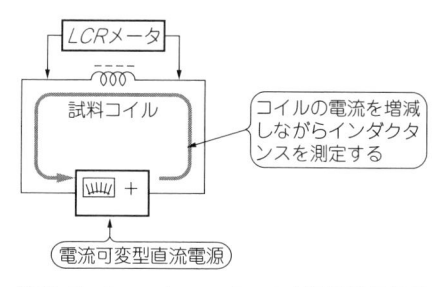

[図8-1] チョーク・コイルの直流電流重畳特性の測定
インダクタンスの測定は一般に交流結合で行われるので、コイルに直流電流を流した状態でのインダクタンスの変化を捉えることができる．電源は一般の直流定電圧・定電流電源を使用すればよい

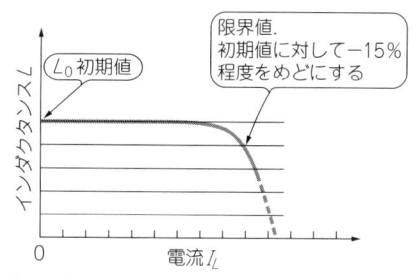

[図8-2] 直流電流重畳特性の判定
インダクタンス値を測定しながら定電流電源の電流値を0から少しずつ増加させていく．コアの種類にもよるが，インダクタンス値が低下しだすと磁気飽和が近づいていることになる

　直流電流重畳特性を測定するとき，図8-2においてインダクタンスが急激に減少する前後では電流はあまり大きく変化させず細かく測定するようにすれば，磁気飽和点の詳細を把握することができます．

● トランス巻き数比…ターン・レシオの測定
　ターン・レシオとは，言葉のとおり，トランスにおける各巻き線の巻き数比のことです．たとえば図8-3に示すように，トランスの各巻き線のターン・レシオを測定するとします．これもLCRメータを使用すれば簡単に測定することが可能です．
　例として巻き線N_1, N_2, N_3のインダクタンスを測定してみます．すでに説明をしていますが，巻き数とインダクタンスとの間には，

$$L \propto N^2 \tag{8-1}$$

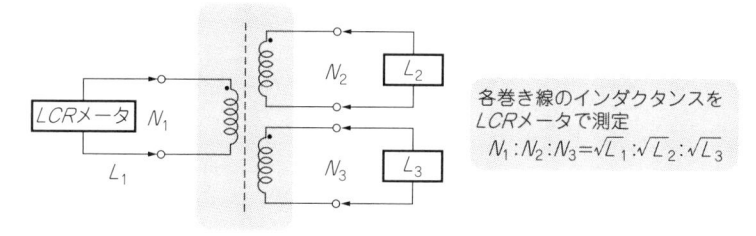

[図8-3] トランスにおける巻き数比測定
トランスの巻き数比はインダクタンス値の測定から推測することができる．別の方法としては，図8-7で示しているオシロスコープで波形を観測する例がある．数十kHz程度の信号源からN_1に信号を加え，出力波形の大きさから巻き数比を推測することができる

8-1 コイル/トランスにおける基本測定　257

```
                ┌──────────────┐
                │    ┌───┐     │
                │    │ L₁│     │
                │    └───┘     │
                │     N₁       │     ショート(1)の状態で測定した
  ショート(2)   │   ○○○○○    │ ショート(1)  インダクタンスは単独の4倍．
                │   ─────      │     ショート(2)の状態ではインダ
                │   ○○○○○    │     クタンスは0になる
                │     N₂       │
                │    ┌───┐     │
                │    │ L₂│     │
                │    └───┘     │
                └──────────────┘
```

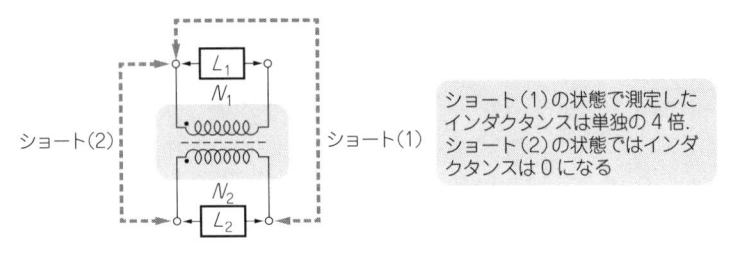

[図8-4] コモン・モード・コイルの測定
コモン・モード・コイルは，二つのまったく同じコイルから成り立っていることを利用している

の関係があります．したがってインダクタンスの測定値 L_1, L_2, L_3 から，巻き数比は，

$$N_1 : N_2 : N_3 = \sqrt{L_1} : \sqrt{L_2} : \sqrt{L_3} \quad \cdots\cdots\cdots (8\text{-}2)$$

と簡単に求めることができます．

インダクタンスの測定には多少の誤差が付きまといますが，各コイルの巻き数は基本的に整数になっているので，上の計算で求めた値の近い整数がターン・レシオであると考えて差し支えありません．

● **コモン・モード・コイルの測定**

コモン・モード・コイルの測定では，**図8-4**に示すようにインダクタンスとターン・レシオとが，二つの巻き線でバランスが取れている必要があります．

もちろん，それぞれの巻き線のインダクタンスを別個に測定してもいいのですが，二つの巻き線を以下の方法で一度に測定する方法もあります．

まず図中の**ショート(1)**に示すように，それぞれのコイルの極性を直列に接続します．そして残った二つの端子間インダクタンスを測定します．すると，単独のインダクタンスに対して4倍の値を表示することになります．というのは，巻き数が2倍になったことと等しい形になるからです．この測定値を基に，巻き線のインダクタンスを知ることができます．

次に巻き数が二つとも同じかどうかを判定します．今度は図の**ショート(2)**に示すように，それぞれの極性を逆にして直列接続にします．これでインダクタンスを測定すると，基本的には値は0になります．逆極性で同じ巻き数であれば，互いのインダクタンスを打ち消し合ってしまうからです．つまり，この測定値が0にならなければ，巻き線のバランスが取れていないと判断ができるわけです．

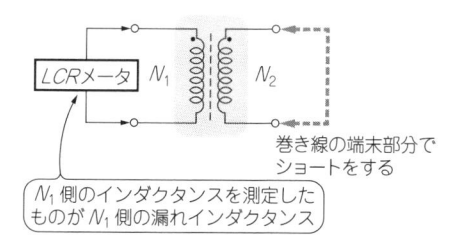

● 結合の良し悪しを測る…漏れインダクタンスの測定

　標準的なトランスでは，トランスの各巻き線の結合が良いかどうかはとても重要です．結合度を確認をしておく必要があります．しかし，結合度を直接測定する手段はありません．そこで結合度を知る手段として，漏れインダクタンスがどのくらいかを確認しておく必要があります．これも結局はインダクタンスを測定することになります．

　図8-5をご覧ください．これは，1次側巻き線N_1と2次側巻き線N_2との間にある漏れインダクタンスを測定しようというものです．2次側巻き線であるN_2側を端子同士で短絡して，そのときの1次側巻き線のインダクタンスを測定します．この値が，N_1側からみた漏れインダクタンスL_ℓになります．

　図8-6に示すのはT型等価回路と呼ばれるもので，N_2を短絡したということは，Mで表した結合している部分のインダクタンスが短絡されたことを意味しています．したがって，結合していないインダクタンス成分が測定値として現れたわけです．

　N_2の端子間を開放して測定したN_1のインダクタンスは，全インダクタンスL_pです．したがって，この二つの比率をKとすると，

$$K = \frac{L_p - L_\ell}{L_p} \quad \cdots\cdots\cdots\cdots\cdots\cdots\cdots\cdots\cdots\cdots\cdots\cdots\cdots\cdots\cdots\cdots\cdots\cdots\cdots\cdots\cdots\cdots (8\text{-}3)$$

となって，結合度を求めることができます．

[図8-5] 漏れインダクタンスの測定
2次側巻き線を短絡して1次側インダクタンスを測定すると，1次側の漏れインダクタンスを，逆に1次側巻き線を短絡して2次側インダクタンスを測定すると2次側漏れインダクタンスを知ることができる．ギャップなしの通常トランスにおける漏れインダクタンスの大きさは，巻き線インダクタンスの数%以下であれば正常と言える

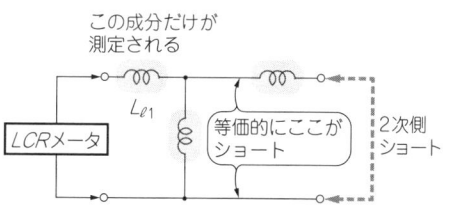

[図8-6] トランスのT型等価回路

● **トランス巻き線極性の確認**

　トランスにとって，各巻き線間の極性が合っているかどうかは決定的な問題です．万が一極性が逆になっていたとすると，回路が正常動作しないばかりか，回路部品の破損にまで至ってしまうことがあります．ここでは汎用測定器を使用して，極性と，さらにはターン・レシオを測定する方法を紹介します．

　用意するのは**オシロスコープ**と**発振器**です．発振器の波形はどのようなものでもかまいませんが，方形波でプラス／マイナスの比率，つまりデューティ比が変化できるほうが判定が容易になります．

　発振器の周波数は10kHz程度で十分で，印加電圧は数V程度とします．周波数をあまり上げない代わりに電圧を低めに設定しておけば，トランスのコアが磁気飽和を起こす心配がなくなります．

　図8-7に示すように，発振器の信号を1次側巻き線に印加します．オシロスコープは2現象タイプを使用しますが，ch1側を1次側巻き線の両端，ch2を2次側巻き線の両端に接続し，波形を同時に観測します．極性が合っていれば，二つの測定波形が相似形になります．そうならなければ極性が間違っていることになります．ですから，印加する波形のデューティ比を変更できるほうが判定しやすくなります．

　次にch1側，ch2側の両波形の電圧を測定します．ターン・レシオは巻き数に比例して出てくるので簡単に，

$$V_1 : V_2 = N_1 : N_2 \quad \cdots\cdots\cdots\cdots\cdots\cdots\cdots\cdots\cdots\cdots\cdots\cdots\cdots\cdots (8\text{-}4)$$

となっているかどうかでターン・レシオを判定できることになります．

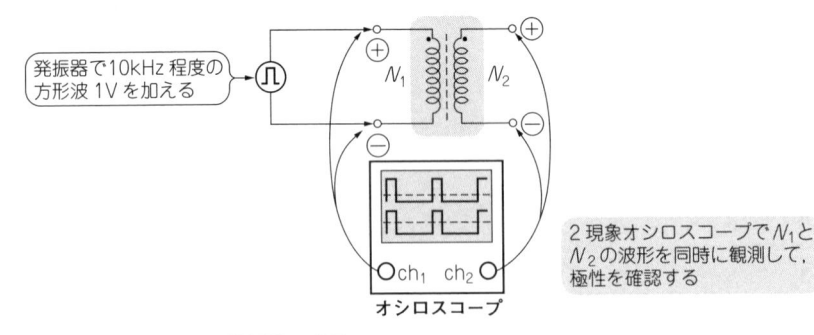

[図8-7] **トランス巻き線極性の確認**
トランスの極性を確認するには，実際に動かしてみるしかない．もっとも簡易的な動作が信号発生器(発振器)から信号を加え，1次側と2次側とで波形を確認すること．トランスの使用周波数範囲内の信号で行う

| 8-2 | スイッチング電源としての安全性確認 |

● 絶縁特性の確認

電気的に絶縁しながら電力を変換しようというのがトランスの役割です．したがって，絶縁性能はきわめて重要です．ただし，絶縁試験となると専用測定器がないと行えません．

測定を行う項目は3箇所あります．図8-8に示しておきますが，
- 第一は1次側巻き線：2次側巻き線間
- 第二は1次側巻き線：コア間
- 第三は2次側巻き線：コア間

になります．なぜ，対コア間の絶縁性が問題になるかというと，Mn-Znフェライト・コアや電磁鋼鈑は比抵抗値が低いため，巻き線とコアを通して絶縁性能が劣化しては困るからです．

絶縁抵抗を測定するには専用試験機である**メガー**と呼ばれるものを使用します．数百MΩ以上の高抵抗値を測定する機能をもっています．通常は測定のための試験電圧を切り替えることができますが，一般には500Vの条件で実施する例が多いようです．

絶縁抵抗は，最低でも10MΩ以上は必要です．できれば100MΩをめざしたいところです．絶縁抵抗は季節によって測定値が変わってしまうのも悩ましいところです．梅雨時のように湿度が高いときには，湿度の影響で絶縁抵抗は低くなるし，冬

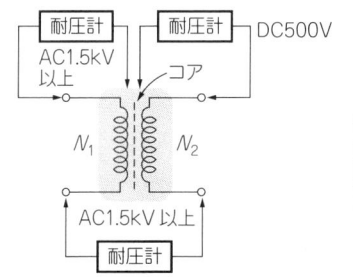

[図8-8] トランスの絶縁および耐圧試験

[写真8-2] 耐電圧・絶縁抵抗試験機の一例（菊水電子工業㈱ TOS5300シリーズ）
25～1000Vのステップ電圧で絶縁抵抗を測定できる．また，5kV/100mAまでのAC耐電圧試験を行うことができる．パソコン・インターフェースも備えている

場のように乾燥しているときは絶縁抵抗が大きく出てきます．

　ただし，絶縁特性や次に述べる絶縁耐圧は，トランス単体の性能として求められるものではなく，スイッチング電源そのものに求められるものです．したがって，この試験はスイッチング電源装置においても行う必要があります．そのとき注意すべきことが，一般に電源の1次側に同じく安全対策のために装備されている**避雷器**や**サージ・アブソーバ**に関してです．絶縁抵抗や絶縁耐圧の測定においてはこれらを外して行わないと，何を測定しているのかわからなくなってしまいます．

　なお，近年では絶縁と耐圧試験を1台で行えるものが用意されています．その一例を**写真**8-2に示します．

● 絶縁耐圧の確認

　次に耐圧試験です．これにも専用の耐圧試験機（HI-POTテスタ）と呼ばれるものを使用します．先に示した三つの測定箇所のうち，とりわけ第一の1次側巻き線-2次側巻き線間は，高い耐圧を保持していなければなりません．雷などが電源の1次側に飛来してきたとき，耐圧が低いと低圧側である2次側に出てしまっては困るからです．

　耐圧の試験電圧は各国の安全規格などで規定されていますが，一般には最低でもAC1.5kV，できればAC2kVは確保したいところです．なお，耐圧試験ではこのような高圧を印加するので，どうしても多少の漏れ電流は出てしまいます．よって，耐圧試験機にはGO/NO GO判定をする際の試験電流が設定できるようになっています．通常は10mAの設定で実施する例が多いようです．

　実際のトランスでは，指定された試験電圧に対して10％ほど高い電圧すなわちAC2.2kVで3秒間程度の試験を実施している例がほとんどです．

● 温度上昇の測定（抵抗法と温度計法）

　温度上昇は，コイルでもトランスでも各国の安全規格で厳しく規制がされています．このため温度上昇については，必ず確認しておかなければなりません．ただし，これは単体で試験ができるわけではなくて，電源装置に実装した状態で，最悪条件を設定して測定を行います．

　測定方法には2種類あります．

　電磁鋼鈑を使用した商用周波数トランスのように，比較的大型でしかも巻き数が多い場合などに用いられるのは**抵抗法**と呼ばれるものです．巻き線銅線の抵抗値が温度によって正の係数をもち，温度上昇に応じて抵抗値が上がっていく法則を利用

したものです.

　たとえば，常温25℃における1次側巻き線の直流抵抗を始めに測定しておき，この値をR_0とします．次に回路を動作状態にしてしばらく放置しておきます．とくに電磁鋼鈑を使った大型トランスでは，温度が上昇し切るには1時間以上を要するので，温度上昇が飽和するまで放置しなければなりません．

　そして，回路の動作を停止した瞬間に再度巻き線の直流抵抗R_1を測定します．銅の抵抗値の温度特性を$α$とすれば上昇値$\varDelta T$は，

$$\varDelta T = α(R_1 - R_0) \quad\cdots\cdots\cdots\cdots\cdots\cdots\cdots\cdots\cdots\cdots\cdots\cdots\cdots\cdots\cdots\cdots\cdots\cdots\cdots\cdots (8\text{-}5)$$

となり，何度上昇したかがわかります．

　とりわけ大型トランスでは，表面温度と内部温度とでは大きな差異を生じてしまいます．当然内部温度のほうが高いわけですが，これは簡単に測定するわけにはいかないのでこのような方法が用いられているわけです．

　スイッチング電源用トランスのように小型で巻き数が少ないものは，温度計で直接表面の温度を測定する温度計法を用いるのが一般的です．巻き数も少なく表面温度と内部温度の差異が少なく，簡便に測定が可能だからです．

　図8-9に示すように，トランス表面の数箇所のポイントに熱電対を接触させます．というのは，トランスの表面温度は必ずしもどの場所でも均一になっているとは限らないからです．

　これを記録計付き温度計やハイブリッド・レコーダと呼ばれる計測器で測定します．このとき温度測定のための熱電対は，測定しようとする表面にきちんと接触して，実際の温度を性格にピックアップできるようにしておきます．瞬間接着剤などで測定点に固定する方法も取られています．なお，温度計測器として非接触型赤外線温度計や1点式接触型温度計で測定してももちろん問題はありません．

　ただし，トランスはコア形状や大きさによって測定部表面の温度と，大電流の流

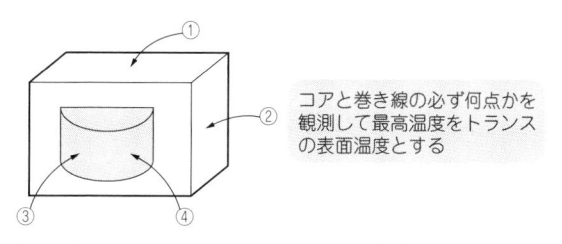

[図8-9] チョーク・コイル／トランスの温度測定
定格負荷(定格出力)を接続した状態での測定が必要．試験用の負荷として近年は電子負荷を使用することが多くなっている

コアと巻き線の必ず何点かを観測して最高温度をトランスの表面温度とする

8-2 スイッチング電源としての安全性確認

[表8-1] トランス形状による，表面温度と内部温度との温度差の推測

コア・サイズ	EE-22	EER-25.5	EER-28.5	EER-30M	EER-35A	EER-40	EER-49
温度差($\Delta T℃$)	1.5	2	2	3	3	4	5

＊一般的なトランスとして使用したとき
＊線径や巻き数などの条件によって多少の誤差が生じる
＊最大温度上昇の条件(全負荷条件)

[写真8-3] 各種電源装置の測定に使用される電子負荷装置の一例(多機能ユニット・タイプの例…菊水電子工業㈱ PLZ-Uシリーズ)

れている巻き線中央部とで必ず温度差が生じているものです．しかし，この温度差を測定するのは少したいへんです．参考までに表8-1に，おもなトランスの形状・大きさと表面との温度差について，経験値からの推測値を示しておきます．

このような温度測定は実際の定格出力状態で測定しなければ意味がありません．スイッチング電源における他の電気的測定と同じく，近年は電源装置の負荷を電子的に制御するタイプのいわゆる電子負荷装置と呼ばれるものを使用するケースが多くなっています．写真8-3にその一例を示します．測定の効率を上げるため，パソコンなどからの負荷制御も行えるようになっています．

参考・引用＊文献

(1)＊ 梅前尚，トランスの製作工程，トランジスタ技術 2009年6月号，CQ出版㈱
(2)＊ 興和電子工業㈱，WEBデータから，電流センサ，http://www.kowa-denshi.com/
(3)＊ TDK㈱，スイッチング電源用フェライト・コア・カタログより
(4)＊ ㈱タムラ製作所，チョーク・コイル・カタログより
(5)＊ JFEフェライト㈱，フェライト・コア・カタログより
(6) 戸川治朗，コイルの製作法，トラ技ORIGINAL No.4「CとLと回路の世界」，CQ出版㈱
(7)＊ 星野康男，コイルを使う人のためのお話，トランジスタ技術 2011年5月号 別冊付録，CQ出版㈱
(8) Lloyd H.Dixon, Magnetics Design for Switching Power Supplies, Texas Instruments (Unitrode Products)
(9)＊ 日本ケミコン㈱，アモルファス／ダスト チョークコイル・カタログ CAT No.1008P
(10)＊ 東邦亜鉛㈱，総合カタログ 2010年版
(11)＊ Changsung Corporation（韓国），MAGNETIC POWDER CORES，http://www.changsung.com，東京支店：東京都港区虎ノ門1-5-6，晩翠ビル
(12)＊ 日立金属㈱，ファインメット・カタログ，2010年版
(13)＊ NECトーキン㈱，フェライトコア・カタログ Vol.04
(14)＊ JIS C 61000-3-2，電磁両立性-第3-2部，限度値-高調波電流発生限度値（1相当たりの入力電流が20A以下の機器），㈶日本規格協会
(15)＊ TDK㈱，Ni-Zn フェライト・コア・カタログより
(16)＊ 東芝マテリアル㈱，アモルファス磁性部品カタログ
(17)＊ NECトーキン㈱，ACラインフィルタ（Vol.12）カタログ
(18)＊ トレックス・セミコンダクター㈱，XC9105データシート
(19)＊ NECトーキン㈱，トランス（Vol.06）カタログ
(20)＊ 武田泰樹，15V・3A擬似共振RCC電源の設計と試作，グリーン・エレクトロニクス No.1，CQ出版㈱
(21)＊ トミタ電機㈱，RIB，RIコア，TPLJシリーズ・カタログ
(22)＊ 中部電材㈱，電線ストア.com，巻線マグネットワイヤーより
(23)＊ 多摩川電線㈱，製品カタログ
(24)＊ 古河電気工業㈱，製品カタログ

(25)* 浦谷エンジニアリング㈱, http://www.uratani-eng.com/
(26)* 日立電線㈱, 日立マグネットワイヤ・カタログ, マグネットワイヤの選択とその使用方法
(27)* ㈱マイクロ電子, トロイダル・コア・カタログ
(28)* 多摩川電機㈱, オリジナル・ボビン・カタログ
(29)* ㈱染谷電子, トランス総合カタログ No.5
(30)* 杉本雅俊/城山博伸, 昇圧コンバータによる力率改善回路の設計, 電源回路設計2009, トランジスタ技術 増刊, CQ出版㈱
(31)* インターナショナル・レクティファイヤージャパン㈱, IR2117データ・シート
(32)* 稲葉 保, パワーMOSFETの高速スイッチング応用, CQ出版㈱
(33)* 稲葉 保, パワーMOSFET活用の基礎と実際, CQ出版㈱
(34)* TDK㈱, ノイズ・フィルタ・カタログ
(35)* VCCI協会, VCCI EMI規格表
(36)* 山菱電気㈱, 摺動式(ボルトスライダー)カタログ
(37) 戸川治朗, 実用電源回路設計ハンドブック, CQ出版㈱

索引

【数字・アルファベット】
「日」の字形コア —— 241
12V・50A＝600W出力トランス —— 199
1次側巻き線 —— 21, 29, 107, 190, 198
0種 —— 88
1種 —— 88
1層巻き —— 99
24V・1.5A＝36W用出力トランス —— 206
2UEW —— 88
2次側出力電圧 —— 180
2次側電圧の変動 —— 183
2次側巻き線 —— 21, 29, 192, 198
2種 —— 88
2段直列ノイズ・フィルタ —— 245
3種 —— 88
3層絶縁電線 —— 92
3端子レギュレータ —— 180
5V・30A＝150Wコンバータ —— 193
77材 —— 97
ACアダプタ —— 185
AC入力スイッチング電源 —— 186
A_e —— 31
AIW —— 88
AIW平角線 —— 96
A_L値 —— 31
AT積 —— 124
AWG No. —— 89
B-H曲線 —— 33, 45, 48, 57, 60, 67, 132, 172, 174
B_m —— 35, 172
B_r —— 36, 173
B_{rm} —— 173
B_s —— 35, 41, 45, 170
C_1 —— 31
CCFL —— 82, 177
CGS→SI変換 —— 53
Co基アモルファス —— 66
CS270125 —— 125, 126, 133, 136
CS400125 —— 151
CT —— 23, 83
DC5V・0.8A電源回路 —— 182
DC-DCコンバータ —— 16, 74
DCRリセット回路 —— 170
EE/EIコア —— 84
EE-60 —— 200
EER-25.5B —— 126
EER-28.5B —— 206
EER-30M —— 194
EERコア —— 50, 80, 84, 112
EEコア —— 79, 84, 240
EI/EEコア —— 112
EI-19 —— 219
EIW —— 88

EIコア —— 55, 79, 84, 108, 206
EMIフィルタ —— 224
EPCコア —— 82, 85, 113
ETコア —— 241
Fair Rite社 —— 97
FT63A —— 99
H_c —— 36
High B —— 67
High μ —— 67, 72, 77, 189, 237
JFEフェライト —— 112, 190
JIS C 61000-3-2 —— 146
L2HACD785040 —— 158
LCRメータ —— 255
LCフィルタ —— 116
LPF —— 116
ℓ_e —— 31
Magnetics Designer —— 187
MB1 —— 68
MB1H —— 68, 70, 140, 202
MB3 —— 67, 68, 126, 219
MB4 —— 67, 68
MBF4 —— 71
MBT1 —— 68, 71, 190
MBT2 —— 68, 72, 196
mmゲージ —— 90
Mn-Znフェライト —— 30, 46, 54, 66, 77, 152, 188
MPP —— 61
MPPコア —— 55, 60
NECトーキン —— 118, 188
Ni-Znフェライト —— 30, 55, 66, 73, 158, 249
NI積 —— 151
OD234125 —— 103
OD270125 —— 103
OFFドライブ回路 —— 220
ONドライブ回路 —— 219
ONドライブ方式 —— 215
PC40 —— 67, 173
PC44 —— 67
PC47 —— 68
PC90 —— 68
PC95 —— 68, 72
P_{CV} —— 71
PEY —— 88
PFC —— 120
PFC回路 —— 227
PQコア —— 81, 85, 113
PVF —— 88
PWM制御フライバック・コンバータ用トランス —— 209
PWM方式 —— 210
Q —— 19
RCC方式 —— 186, 210

索引 267

RCC方式出力トランス —— 201
RIタイプ —— 249
SNコイル —— 118
SR —— 65
SRF —— 19
TCH-0740-R66 —— 155
TEX-ELZ —— 95
TEX線 —— 93
t_f —— 218
TOREX社 —— 156
T型等価回路 —— 168
UEW —— 87, 88
UUコア —— 83, 216
VCCI —— 238
XC9105 —— 156
Xコンデンサ —— 228
Yコンデンサ —— 231
μ —— 30

【あ・ア行】
アクロス・ザ・ライン・コンデンサ —— 228
アモビーズ —— 252
アモルファス —— 30, 55, 61
アモルファス・コア —— 162, 247, 251
アモルファス・チョーク・コイル —— 47
安全規格 —— 87
安全性確認 —— 261
アンペアの法則 —— 29, 33
一般用材 —— 67
インダクション係数 —— 31
インダクタ —— 11
インダクタンス —— 12, 27, 31, 255
インダクタンス成分 —— 225
インピーダンス —— 13
インピーダンス・バランス —— 226
インピーダンス・マッチング用 —— 25
インピーダンス-周波数特性 —— 238
インピーダンス変換器 —— 24
薄型化 —— 29
渦電流 —— 29, 52, 175
渦電流損 —— 41
永久磁石 —— 36
エッジ・ワイズ線 —— 97
エナメル線 —— 88, 95
エネルギー —— 15
エネルギー変換 —— 21
エポキシ含浸粘着テープ —— 106
沿面距離 —— 94
大型コア —— 32
オートトランス —— 178
オシロスコープ —— 260
オフ遅延時間 —— 218
オフライン・コンバータ —— 185
オン遅延時間 —— 218
温度計法 —— 263

【か・カ行】
外装テープ —— 106
角形比 —— 57, 162
カット・コア —— 56
過電流保護 —— 133, 150
可飽和リアクトル —— 65, 159
逆起電圧 —— 16
逆起電力 —— 16
ガラ巻き —— 108

カレント・トランス —— 23
間欠発振 —— 141
還流 —— 120
還流ダイオード —— 123
疑似共振RCCコンバータ —— 245
起磁力 —— 33
ギャップ —— 48, 78, 172, 205
ギャップ付きトランス —— 174
ギャップ対A_L値特性 —— 127, 140
キュリー温度 —— 40
共振型 —— 227
極性の確認 —— 260
極性反転コンバータ —— 120
空芯コア —— 48
空芯コイル —— 27
くさびギャップ —— 143
珪素鋼板 —— 30, 42
結合度 —— 259
コア —— 21, 27
コア損失 —— 46, 71
コア定数 —— 31
コアの磁束変化 —— 170
コイル —— 12
コイル・バラスト方式 —— 178
コイル台座 —— 77
降圧コンバータ —— 118, 153
硬質磁性材料 —— 54
高周波コイル —— 19
高周波材 —— 67
高周波電流 —— 91
高周波用フェライト・コア —— 69
広帯域特性 —— 236
高調波規制 —— 147
小型ドラム・コア —— 158
コバルト —— 39
コバルト系アモルファス —— 54, 64
コモン・モード・コイル —— 77, 83, 230, 258
コモン・モード・ノイズ —— 225
コモン・モード・フィルタ —— 67, 227, 230
コンデンサ・バラスト方式 —— 177
コンデンサ入力型整流 —— 146, 182

【さ・サ行】
サージ・アブソーバ —— 262
サージ電圧 —— 18, 176
最大残留磁束 —— 173
最大磁束密度 —— 35, 172
雑音端子電圧 —— 233
残留磁束密度 —— 36, 173
シールド —— 172
シールド・リング —— 52, 175
磁界 —— 33
磁化曲線 —— 34
磁気エネルギー —— 17, 21, 29, 166
磁気回路部品 —— 27
磁気増幅器 —— 159
磁気抵抗 —— 30
磁気飽和 —— 30, 35, 41, 45, 48, 169, 229
磁気リセット —— 162, 168
磁区 —— 42
自己共振周波数 —— 19
自作できる —— 11
磁性材料 —— 27
磁束 —— 21

磁束密度 —— 33
実効磁路長 —— 31
実効断面積 —— 31
実効透磁率 —— 33, 38
ジュール損 —— 43, 89
ジュール量 —— 15
出力トランス設計 —— 188
出力トランスの大きさ —— 187
昇圧型PFC —— 145
昇圧コンバータ —— 120, 155
消費電力 —— 12
商用周波数トランス —— 55
初透磁率 —— 33, 38
磁路 —— 30
スイッチング・ノイズ —— 223
スイッチング電源 —— 67, 84
スインギング・チョーク —— 141
ストレ・キャパシタ —— 43
スピード・アップ・コンデンサ —— 215
スピン —— 42
スプリット型スリーブ・コア —— 249
スプリング —— 97
スペーサ —— 145
スペーサ・ギャップ —— 50, 175
スライダック・トランス —— 178
正弦波電流 —— 13
整流・平滑回路 —— 117
整流用ダイオード・ブリッジ —— 181
整流リプル電圧 —— 181
整列巻き —— 109
絶縁 —— 87
絶縁種 —— 184
絶縁耐圧 —— 262
絶縁チューブ —— 106
絶縁テープ —— 93, 106
設計者の経験値 —— 187
セラミック・コンデンサ —— 232
ゼロ相電流検出器 —— 57
占積率 —— 95
センタ・ギャップ —— 50, 152, 175
センタ・タップ方式 —— 198
センダスト —— 30, 55, 59, 61, 78, 121, 132, 150
層間紙 —— 95
層間テープ —— 106
㈱染谷電子 —— 113
ソルコート —— 88
【た・タ行】
ターン・レシオ —— 257
耐圧試験機 —— 262
ダイオード —— 120
ダイオードの逆回復特性 —— 250, 253
大電流用チョーク・コイル —— 78
耐熱 —— 87
耐熱性テフロン・チューブ —— 106
ダスト —— 54
ダスト・ドラム・コア —— 155
立ち上がり時間 —— 218
立ち下がり時間 —— 218
ダブル・フォワード・コンバータ —— 134, 186
多摩川電機㈱ —— 91, 111
チャンスン社 —— 100, 125
中部電材㈱ —— 89

チョーク・コイル —— 11, 45, 67, 81, 102, 115, 121, 153, 166
チョーク入力型整流回路 —— 14
直流磁化特性 —— 35
直流重畳許容電流 —— 51
直流重畳電流 —— 47, 123, 150, 210
直流電流重畳特性 —— 229, 256
チョッパ型コンバータ —— 16
積みコア —— 55, 56
抵抗器 —— 11
抵抗法 —— 262
低損失コア —— 67, 71, 196
低損失タイプ —— 189
低損失フェライト・コア —— 71
テスラ —— 34
鉄 —— 39
鉄系アモルファス —— 54, 64
鉄系ナノ結晶 —— 30
鉄芯 —— 21, 27
鉄損 —— 41
鉄ダスト —— 55, 58, 229
鉄ダスト・トロイダル・コア —— 59
電圧変成器 —— 23
電圧変動 —— 169
転移温度 —— 40
電気エネルギー —— 21, 166
電源トランスの仕様 —— 184
電磁鋼板 —— 39, 55
電磁シールド —— 52, 57
電磁銅 —— 54
電子負荷装置 —— 264
電線 —— 87
電線の許容電流 —— 90
伝導性エミッション —— 233
電流センサ —— 23
電流不連続モード —— 130
電流変成器 —— 23
電流密度 —— 89, 195
電流臨界点 —— 130
電流臨界モード —— 148, 209
電流連続モード —— 148, 209
電流不連続モード —— 210
電力量 —— 15
透磁率 —— 30, 33, 48
透磁率-温度特性 —— 40
銅損 —— 32, 42
東邦亜鉛㈱ —— 121, 144
トミタ電機㈱ —— 249
ドライブ・トランス —— 25, 213
ドラム・コア —— 74
トランジスタ・ターンOFF —— 177
トランス —— 20, 29, 165
トランスの温度上昇 —— 184
トランスの磁気飽和 —— 183
トランスの仕様 —— 182
トランスの仕様書 —— 209
トランスの等価回路 —— 168
トランスフォーマ —— 20
トリファイラ巻き —— 109
トロイダル・コア —— 75, 97, 132, 235, 240
トロイダル形 —— 32
ドロッパ電源 —— 181
【な・ナ行】

索引 269

軟質磁性材料 —— 54
二捨三入 —— 205
ニッケル —— 39
粘着テープ —— 109
ノイズ —— 52
ノイズ・フィルタ —— 116，223
ノイズ打消し —— 234
ノイズ原因 —— 18
ノーマル・モード・ノイズ —— 225
ノーマル・モード・フィルタ —— 227
【は・ハ行】
バー・コア —— 74
ハーフ・ブリッジ —— 186
ハーフ・ブリッジ・コンバータ —— 137
パーマロイ —— 30，54，57
ハイ・サイド・スイッチ —— 214
ハイ・サイド駆動 —— 213
倍電圧整流回路 —— 137
バイファイラ巻き —— 109，199，220
ハイフラックス —— 55，60
波形率
発振器 —— 260
バリア・テープ —— 93
パルス・トランス —— 25，213
パルス波形 —— 12
ハンディ型マルチメータ —— 255
ビーズ・コア —— 247，249
ヒステリシス・カーブ —— 35
ヒステリシス損 —— 41
日立電線㈱ —— 96
比抵抗 —— 43，73
比透磁率 —— 33
表皮効果 —— 44，91
避雷器 —— 262
平角線 —— 78，95，139
ファイバ・ボード —— 104
ファインメット —— 54，55
ファインメット・コア —— 65，162，247，251
ファラデーの法則 —— 33
フィルム・コンデンサ —— 229，232
フェーズ・シフト位相制御 —— 198
フェライト —— 54，61，84
フェライト・ビーズ —— 250
フォール・タイム —— 218
フォワード・コンバータ —— 122，141，168，186
フォワード・コンバータ用トランス —— 188
フォワード方式 —— 189
浮遊容量 —— 243
不要輻射 —— 224
フライバック・コンバータ —— 69，155，167，174，186，189，201
フライホイール・ダイオード —— 153
ブリーダ抵抗 —— 142
古河電気工業 —— 94，95
フル・ブリッジ —— 186
フル・ブリッジ・コンバータ —— 138
フル・ブリッジ・コンバータ用トランス —— 195
フル・ブリッジ出力回路 —— 26
不連続モード —— 157
分割巻き —— 241
分割巻き構造 —— 77

平均磁路長 —— 31
閉磁路型コア —— 29
並列巻き —— 109
変流器 —— 23
偏励磁現象 —— 198
方向性電磁鋼板 —— 56
放熱 —— 187
飽和磁束密度 —— 35，41，45
飽和磁束密度-温度特性 —— 70
保磁力 —— 36
ボビン —— 104，111
ポリアミドイミド銅線 —— 88
ポリウレタン銅線 —— 88
ポリエステルイミド銅線 —— 88
ポリエステルナイロン銅線 —— 88
ホルマール線 —— 88
【ま・マ行】
㈱マイクロ電子 —— 98
巻き線 —— 87
巻き線長の算出 —— 99
巻き線類の耐熱クラス —— 88
巻き膨れ —— 79
マグアンプ —— 65，159
マグネット・ワイヤ —— 87
マルチ出力 —— 179，193
無効電力 —— 168
無方向性電磁鋼板 —— 56
メガー —— 261
メガフラックス —— 61
面実装型パワー・インダクタ —— 75
漏れインダクタンス —— 168，176，259
漏れ磁束 —— 29，44，52，168，172
【ら・ラ行】
ライン・オペレート型 —— 185
ライン・ドロップ —— 192
ライン・バイパス・コンデンサ —— 232
ライン・フィルタ —— 224
リアクタンス —— 19
リアクトル —— 11
リーケージ・トランス —— 177
リーケージ・フラックス —— 29
力率改善 —— 120，145
リセット電圧 —— 171
リセット巻き線 —— 171，216
リッツ線 —— 44，91，139，152
リプル成分 —— 225
リプル電圧 —— 14
リプル電流 —— 129，135
リプル・フィルタ —— 116
両波整流回路 —— 198
リング・コア —— 75
レア・ショート —— 108
レア・メタル —— 60
励磁インダクタンス —— 166
励磁電流 —— 165，166
励磁巻き線 —— 21，29
漏電ブレーカ —— 57
ロー・パス・フィルタ —— 116
【わ・ワ行】
ワールド・ワイド対応 —— 92
ワニスの含浸 —— 110

〈著者略歴〉

戸川 治朗（とがわ じろう）

昭和 24 年	栃木県に生まれる．
昭和 48 年	新潟大学工学部卒業．長野日本無線㈱，サンケン電気㈱，岩崎通信機㈱に勤務．
	高周波・低雑音スイッチング・レギュレータの研究・開発業務に従事．
平成 4 年	㈲戸川技術研究所を設立．代表取締役 所長．
	国内外の多数の企業に，パワー・エレクトロニクス関連技術のコンサルティングおよびアドバイスを実施．
著　　書	スイッチング・レギュレータの設計法とパワーデバイスの使い方（誠文堂新光社）
	スイッチング電源応用設計上の問題と対策（トリケップス）
	実用電源回路設計ハンドブック（CQ 出版社）など

- ●本書記載の社名，製品名について ── 本書に記載されている社名および製品名は，一般に開発メーカーの登録商標です．なお，本文中では ™，®，© の各表示を明記していません．
- ●本書掲載記事の利用についてのご注意 ── 本書掲載記事は著作権法により保護され，また産業財産権が確立されている場合があります．したがって，記事として掲載された技術情報をもとに製品化をするには，著作権者および産業財産権者の許可が必要です．また，掲載された技術情報を利用することにより発生した損害などに関して，CQ出版社および著作権者ならびに産業財産権者は責任を負いかねますのでご了承ください．
- ●本書に関するご質問について ── 文章，数式などの記述上の不明点についてのご質問は，必ず往復はがきか返信用封筒を同封した封書でお願いいたします．ご質問は著者に回送し直接回答していただきますので，多少時間がかかります．また，本書の記載範囲を越えるご質問には応じられませんので，ご了承ください．
- ●本書の複製等について ── 本書のコピー，スキャン，デジタル化等の無断複製は著作権法上での例外を除き禁じられています．本書を代行業者等の第三者に依頼してスキャンやデジタル化することは，たとえ個人や家庭内の利用でも認められておりません．

JCOPY 〈(社)出版者著作権管理機構委託出版物〉
本書の全部または一部を無断で複写複製(コピー)することは，著作権法上での例外を除き，禁じられています．本書からの複製を希望される場合は，(社)出版者著作権管理機構（TEL：03-3513-6969）にご連絡ください．

スイッチング電源のコイル/トランス設計

2012年10月1日　初版発行　© 戸川 治朗 2012
2019年 2月1日　第5版発行

著　者　戸川 治朗
発行人　寺前 裕司
発行所　CQ出版株式会社
　　　　東京都文京区千石 4-29-14（〒112-8619）
電話　編集　　03-5395-2123
　　　販売　　03-5395-2141

編集担当　蒲生 良治
DTP・印刷・製本　三晃印刷㈱
乱丁・落丁本はお面倒でも小社宛お送りください．送料小社負担にてお取り替えいたします．
定価はカバーに表示してあります．
ISBN978-4-7898-4639-4
Printed in Japan